盐碱地特色药用植物规范化栽培模式

王 婧 张 莉 著

中国农业科学技术出版社

图书在版编目（CIP）数据

盐碱地特色药用植物规范化栽培模式 / 王婧，张莉著. --北京：中国农业科学技术出版社，2022. 12

ISBN 978-7-5116-6095-4

Ⅰ. ①盐… Ⅱ. ①王… ②张… Ⅲ. ①盐碱地－药用植物－栽培技术 Ⅳ. ①S567

中国版本图书馆CIP数据核字（2022）第 241970 号

责任编辑 贺可香
责任校对 李向荣
责任印制 姜义伟 王思文

出 版 者 中国农业科学技术出版社
北京市中关村南大街 12 号 邮编：100081
电 话 （010）82106638（编辑室） （010）82109702（发行部）
（010）82109709（读者服务部）
网 址 https: // castp.caas.cn
经 销 者 各地新华书店
印 刷 者 北京地大彩印有限公司
开 本 170 mm × 240 mm 1/16
印 张 16.75 彩插 30 面
字 数 260 千字
版 次 2022 年 12 月第 1 版 2022 年 12 月第 1 次印刷
定 价 88.00 元

本书受国家重点研发计划（2021YFD1901002）、内蒙古科技计划项目（2022YFDZ0067，2021GG0065）和中国农业科学院基本科研业务费专项项目院级统筹工作任务“盐碱地农业综合利用技术需求应急研究”（Y2021YJ20）资助。

《盐碱地特色药用植物规范化栽培模式》

编著委员会

主　　著　王　婧　张　莉

副 主 著（按姓氏笔画排序）

马国珠　李　华　李玉义　逄焕成

著者名单（按姓氏笔画排序）

于　茹　王永庆　王希全　王鑫博　丛　萍
冯文豪　仲生柱　闫　洪　李二珍　李生平
李晓彬　李浩若　李彬瑞　杨　晶　宋佳珅
张　霞　张怀志　张宏媛　陈猛猛　武雪萍
苗俊侠　郭果枝　常芳弟　董睿潇　景宇鹏
温晓亮　靳存旺

前　言

Foreword

据第二次全国土壤普查结果，我国拥有各类可利用的盐碱地资源5.27亿亩，主要分布于东北、华北、西北、长江中下游及滨海等地区。面对我国人多地少、土地后备资源不足的基本国情以及土地资源浪费的严峻形势，习近平总书记多次强调，要像保护大熊猫那样保护耕地，严防死守18亿亩耕地红线，充分开发利用5亿亩盐碱地。近些年国内外学者对盐碱地改良与利用开展了大量研究，主要包括物理改良、化学改良、农艺措施、生物改良等技术，其中，生物改良具有成本低、效益高的特点。2021年习近平总书记在山东省东营市考察调研时也强调，要加强种质资源、耕地保护和利用等基础性研究，转变育种观念，由治理盐碱地适应作物向选育耐盐碱植物适应盐碱地转变。因此，筛选适合于盐碱地种植的植物，对盐碱地综合利用及种植业可持续发展具有重要意义。

中药材是中医药大健康产业发展的物质基础。随着人们生活水平的提高、保健意识的增强，中药材需求量逐年递增，尤其是新冠疫情期间，中医药抗疫效果显著，中药材市场需求量呈急剧增加态势。为满足中药工业增长需求，中药材种植规模不断扩大，据统计，2020年我国药用植物种植面积已超过533.3万hm^2，其中，华北地区和西北地区药用植物种植面积高达163.93万hm^2，占全国总种植面积的34.19%，因此，在华北和西北地区，发展盐碱地药用植物规范化栽培能缓解中药材种植与粮食生产之间的争地矛盾，保障中医药事业稳健发展意义重大。

鉴于此，我们编写《盐碱地特色药用植物规范化栽培模式》一书，旨在促进盐生药用植物规范化种植，提高盐碱地产能，推进盐碱地特色产业发展，提升盐碱地种植中药材的产量和品质。

全书共分为3篇：第一篇为绪论，从盐碱地资源利用现状、发展盐碱地药用植物栽培的意义和盐碱地药用植物栽培3个方面论述，以期让读者了解目前我国盐碱地综合利用技术以及发展盐碱地药用植物栽培的广阔前景。第二篇主要讲述我国人工栽培盐生药用植物的种植面积及分布，为道地药材生产基地的建设提供理论依据。第三篇是本书的重点章节，主要论述盐碱地特色药用植物的规范化栽培技术。按照药用植物的入药部位，分别介绍了根及根茎类、全草类、果实类、种子类和花类盐碱地特色药用植物的栽培技术。对于每种药用植物，均采用统一的撰写体例，从药用植物的生长习性、盐碱地栽培技术、采收和初加工等方面做了具体阐述。在栽培技术部分，从选地与整地、繁殖方法、田间管理（包括间苗定苗、肥水措施、中耕除草）、病虫害防治等环节上进行了简要的介绍，具有较强的实用性。

本书由中国农业科学院农业资源与农业区划研究所王婧、信阳农林学院张莉负责总体设计，编写分工如下：第一章、第二章由信阳农林学院张莉负责设计与撰写，第三章由中国农业科学院农业资源与农业区划研究所王婧、信阳农林学院张莉总体负责，带领著者分工执笔撰稿。全书由张莉负责统稿。

本书的主要读者对象是从事中药材种植研究和推广的科研人员以及从事中药材种植的农户和公司。

由于编写者水平有限，时间仓促，错误和不当之处在所难免，敬请同行专家和广大读者指正。

作者

目　录

Contents

第一篇　绪　论

盐碱地是指土壤中积聚的盐分含量超过正常耕作土壤水平而影响作物正常生长的一类土壤。盐碱地大多分布在非洲、亚洲和拉丁美洲的自然干旱或半干旱地带，据估算，全球盐碱地的总面积超过8.33亿公顷，约占地球面积的8.7%（FAO，2021）。据第二次全国土壤普查结果，我国拥有各类可利用的盐碱地资源5.27亿亩。其中，近期具备农业改良利用潜力的约1亿亩。面对我国人多地少、土地后备资源不足的基本国情以及土地浪费的严峻形势，盐碱地的改良与利用成为缓解土壤资源紧缺、扩大种植规模的重要方式。2021年10月，习近平总书记来到黄河三角洲农业高新技术产业示范区考察调研时特别强调指出18亿亩耕地红线要守住，5亿亩盐碱地也要充分开发利用。综合利用盐碱地对保障粮食安全、端稳中国饭碗和生态安全具有重要意义。

近年来，国内外科研人员在盐碱地改良利用方面开展了大量工作，如采用物理改良、化学改良、农艺措施等技术降低土壤盐含量，减轻盐碱地对植物生长的抑制作用，但这些措施也存在着一些问题：物理措施改良程度有限；化学措施改良成本高，且易污染环境；工程措施改良用水量大、耗资大。而生物改良可以克服以上措施的不足，可利用成本低廉、产出较高的植物资源对盐碱土地进行改良利用（王佺珍等，2017），是快速解决土壤盐碱化和实现盐碱地资源化利用的一种有效措施。2021年，习近平总书记在山东省东营市考察调研时也强调：要加强种质资源、耕地保护和利用等基础性研究，转变育种观念，由治理盐碱地适应作物向选育耐盐碱植物适应盐碱地转变，努力在关键核心技术和重要创新领域取得突破……。因此，研究筛选适宜于盐碱地种植的植物种质，对盐碱地的改良和种植业可持续发展具有重要意义，如在淡水资源丰富的地区，可以种植海水稻、牧草、向日葵等耐盐植物，但是植物的耐盐程度因种类的不同而存在差异，为了更好地利用我国不同程度的盐碱地，亟须开发更多经济价值较高、生态效益较好的耐盐植物进行栽培，进而更有效地利用盐碱地和改善生态环境。

中药材是中医药和大健康产业发展的物质基础，是关系到国计民生的战略性资源。随着人们生活水平的不断提高、保健意识的增强，中药材需求量逐年递增，尤其是新冠疫情期间，中医药抗疫效果显著，其作用日益得到国际社会的认可和欢迎，市场需求量呈急剧增加态势，导致各地中药材资源过度开发利用，生态及植物多样性遭到极其严重的破坏，亟须扩大药用植物的人工栽培面积，提高中药材产量以满足中药产业增长的需求，保护野生资源。据统计，目前我国药用植物种植面积已超过533.3万hm^2，随着中药材种植规模的不断扩大，中药材种植与粮食生产之间的争地矛盾日益凸显，尤其是2020年11月17日国务院办公厅发布了《国务院办公厅关于防止耕地“非粮化”稳定粮食生产的意见》，耕地“非粮化”意见的出台意味着中药材种植可利用土地资源必然减少，因此，需要开发新的土地资源保障中药材稳定生产和原料药材的持续稳定供应。我国药用植物有12 000种，其中4 000多种药用植物，主要分布于东北、西北、西南三大主产区，相对于东北和西南地区，西北盐碱地耐盐药用植物种类较多，盐碱地上种植耐盐植物对土地资源高效利用、中医药事业的快速发展、中药资源的可持续发展和生态环境保护具有重要意义。

1　盐碱地资源利用现状

1.1　我国盐碱地利用概况

土壤盐渍化是可溶性盐分在土壤中积聚，导致土壤基本特性恶化和质量下降的过程。盐渍土是一系列受土体中盐碱成分作用（包括各种盐土、碱土和不同程度盐化和碱化）的各类土壤（王遵亲等，1993）。盐渍土广泛分布于全球100多个国家和地区，我国盐渍土面积9 913万hm^2，约占世界盐渍土面积的1/10，其中各类可利用盐渍土约为3 600万hm^2，具有农业利用前景的盐渍土面积约为670万hm^2。多年来，国内外科研工作者，结合盐碱地的性质，在盐碱地综合利用方面开展了大量工作，也取得了显著成效，具体来说分为盐田、海水养殖和农业种植，其中，农业种植可以分为以下五类：

（1）种植耐盐旱生作物

盐碱地种植作物要参考不同作物耐盐程度，选择适宜的种植作物种类和品种，轻度盐化土壤可以种植玉米、小麦、大豆、燕麦等作物，中度盐化潮土、重度盐化土壤要经过春灌洗盐，使0～20 cm含盐量低于苗期耐盐指标后，一般中度盐化土壤可种植小麦、棉花、油菜，而重度盐化土壤可种植棉花、高粱、向日葵等。

（2）种植耐盐水生作物

水稻是重要的粮食作物，本身具有分泌有机酸和吸收盐分的能力，能有效降低土壤盐分，减轻盐碱胁迫对作物的抑制作用。同时，水盐运移一般遵循"盐随水来，盐随水去"，水稻整个生育期都处于淹水状态，可以淋溶一些土体的可溶性盐，有效降低土壤溶液盐浓度至作物耐盐极限以下，以保证植物生长。因此，在淡水资源相对充裕的地区，常通过种植水稻，灌水冲洗盐，改良盐渍化土壤。近年来，耐盐水稻的研究作为耐盐作物的重点内容，通过长期科学研究，筛选出能在盐碱超过0.3%以上正常生长发育的水稻品种，如国家或省级审定了盐稻18号、盐稻21号、中科盐4号、南粳盐1号、盐田育3号、盐田育4号、荃9优1393、华内优086、华荃优187等20多个耐盐水稻新品种，从而更有效地利用盐碱地，扩大水稻种植面积，提高水稻单位面积产量和总产量，取得了较好的经济效益（孙明法，2022）。但值得注意的是，种稻改盐需要集中连片实施的同时，要建立完善的深浅沟相结合的农田灌排系统，防止因地下水位抬升而引起周边盐碱化加重。

（3）种植耐盐牧草

盐渍化草地种植牧草，可以通过自生特有的生理生化特性降低盐胁迫损害，并可以疏松土壤，增强土壤通气透水性，减少表面土壤的积盐量（朱赟，2019）。同时待秋天枯草腐烂分解后，产生的有机酸和CO_2，可起中和改碱的作用。但不同的牧草耐盐碱能力和抗盐碱地能力不同。盐碱地种植牧草时，要根据土壤盐碱化程度选择，如在轻盐碱地，可选择有一定耐盐碱能力的品种，如碱茅、沙打旺、紫穗槐、田菁、沙蒿、长穗冰草、锤穗披碱草、鞘雀稗、灯芯新麦草；中等盐碱地，可选择种植耐盐碱能力强的品种，如紫花苜蓿、草木樨、毛苕子、燕麦、黑麦。盐碱地种植牧草，不仅为我国东北带来了巨大的经济效益，而且还能给我国中西部、盐碱地、干旱地都带来了显著效益。此外，盐碱地通过种植苜蓿等多年生牧草来控制因地下水位抬高所造成的土壤次生盐渍化，碱茅属植物也是其盐渍化土壤改良所选用的先锋植物之一。此外，在退化贫瘠的盐渍地，种植饲用价值高的耐盐灌木，引种多种天然耐盐灌木进行适应栽培，形成适用于不同盐渍化土地类型的耐盐灌木的栽培方案，通过合理利用盐化土地，全面拓展发展林业和畜牧业。

（4）种植油料作物

我国是一个油料资源十分丰富的国家，常见作物有花生、大豆、油菜、芝麻、向日葵，其中，向日葵对盐碱地有较强的忍耐力，是生物治理盐碱地的主要作物之一。研究表明，种植过向日葵的土壤表层含盐量降低，土壤肥力提高（妥德宝等，2015）。据内蒙古巴彦淖尔盟农业科学研究所测定，向日葵理论上可以从田间吸收盐分4 287 kg/hm^2，减少了土壤中的盐分含量。同时，向日葵的叶片繁茂宽大，可减少地面蒸发量，抑制盐分积累（张立华，2006）。阎海平在位于山西省的伍姓湖农场盐碱地种植向日葵，发现种植前土壤的平均含盐量为1.26%，收获后降为0.338%，同时当季收获利润达658.5元/hm^2，一举两得。另外，在经向日葵修复后的土地上种植小麦，小麦出苗率可高达90%（阎海平，1994）。

（5）种植瓜果蔬菜

我国是世界上栽培甜瓜最早的国家之一，甜瓜含有大量的糖类、维生素、蛋白质、矿物质和碳水化合物等营养成分，食用价值很高，并且还具有较高的药用价值。目前新疆甜瓜、宁夏西瓜被列为国家重点发展的优势农产品，但其种子的萌发、产量和品质受盐碱影响。因此，在生产中，通常在改良的盐碱地种植甜瓜，来提升产量和品质（杨志莹等，2018）。

1.2 盐碱地综合利用存在的问题

目前，盐碱地改良利用技术本质上归结于4个方面：一是通过灌排体系中水盐运动的原理，脱除表层土壤中过量的盐分离子，调控土壤酸碱平衡；二是采取措施阻控底层土壤或者地下水中的盐分上移积累，防止土壤返盐；三是抑制盐分对表层土壤和植物的危害；四是在条件许可时尽可能排除底层土壤和地下水中的盐分。其中，最重要的就是采取有效措施发挥调控土壤/土地水盐平衡，降低局部土壤盐浓度，以适宜植物生长发育。充足的淡水资源是调控土壤水盐平衡的前提。农业用水通常来自灌溉和降水，而我国盐碱地多集中在干旱半干旱区域，由于降水稀少、蒸发强烈，降水量远远小于植物生长需求量和田间蒸发量。为了降低土壤盐浓度，保证植物正常生长发育，在生产中，常采用引黄灌溉或开采地下水的方式进行灌溉，而地下水作为储量资源，数量有限，长期过度开发利用，容易引起区域土壤或土地资源的沙漠化。此外，长期引黄灌溉，沿河两岸自然灌溉区地下水位较高，浅层地下水矿化度较高，当黄河水分较少，气候干燥、蒸发量大时，浅层地下水借助毛管孔隙上升，将盐分带到土壤表层，引起土壤次生盐碱化。同时，仅靠施用改良剂就能改良利用的盐碱地，盐分不能随水排出，随着土地植物利用强度增加，蒸散（蒸腾、蒸发）加大，这会增加表土积盐强度，造成次生盐渍（碱）化，导致土地不可持续利用。虽然国内外学者研究了微咸水灌溉，这只是暂时降低植物生长季节土壤盐浓度，但是由于绝大部分植物只吸收水，不吸收盐，长期咸水灌溉，将会引起盐分逐渐积累，最终导致土壤可溶性盐离子浓度超过了植物可耐受程度，不利于植物生长。

与山地、沙漠和戈壁一样，盐碱地是一种自然现象或生态系统。我们应尊重自然规律，遵循水盐运动的科学理论。对有较充沛降水的滨海盐碱地和滩涂地开发，一定要科学论证、慎重有序开发。例如，东北地表淡水资源丰富，盐碱地可以利用种植水稻进行改良利用；西北内陆盐碱地，水资源短缺且已过度开发利用，可以培育更加耐盐碱的优质农作物和植物品种，在保护区域脆弱自然盐渍生态环境系统的同时高效利用盐碱地资源。另外，盐碱地上应打破只种农作物的思维定势，应因地制宜，开展种植耐盐碱的中草药、牧草、林果等特色作物的相关研究，进而能在更大的广度上挖掘盐碱地的农业生产潜力，深入贯彻习近平生态文明思想，坚持生态优先、绿色发展的战略要求，也开辟我国盐碱地改良利用和产能提升、生态保护相结合的新道路（李保国，2022）。

2 盐碱地发展药用植物栽培的意义

2.1 中药材市场需求量不断增加

中药是中华民族传承五千年的瑰宝，不仅可以治病，而且可以入膳，具有强身健体、益寿延年的作用。随着人们生活水平的不断提高、保健意识的增强以及世界对中医药的认可，中药材产品逐渐成为保健品行业的宠儿。2018年，我国中医药大健康产业的市场规模已经达到2.1万亿元（中国中医药行业现状及发展前景预测分析，2019）。根据国务院新闻办发布的《中国的中医药》白皮书，到2020年，我国中医药大健康产业将突破3万亿元，年均复合增长率将保持在20%（《中国的中医药》白皮书，2016）。中医药市场需求量的增加促使中药行业市场规模不断扩大，中药饮片及中成药是中医药健康产品的原料和临床用药，是中医药大健康产业的重要组成部分。在2011—2017年的6年时间里，中成药规模以上企业增加了402家，销售收入从3 378.67亿元增加到57 735.80亿元；中药饮片规模以上企业增加了496家，销售收入从853.72亿元增加到2 165.30亿元，预计2020年中药饮片市场规模将有望达3 920亿元（中国中医药行业现状及发展前景预测分析，2019）。中药材是中医药事业传承和发展的物质基础，中医药行业市场需求及规模的不断扩大，导致中药材的市场需求量也在不断增加。因此，必须保证中药材充足的供应，才能保障中医药行业的顺利发展。

2.2 中药材种植土地利用现状及需求分析

我国是世界上最大的中药材生产国和出口国。近年来，在“甲流”“新冠肺炎”期间，中医药抗疫效果显著，中医药的疗效和作用日益得到国际社会的认可，以及中医药在“健康中国”中的持续发力，中药产业的快速发展势不可挡，中药市场的需求将不断扩大，中药材种植面积必将继续扩大，中药材种植所需的土地面积也将会不断增长。《“健康中国2030”规划纲要》中提出了明确目标，“至2020年健康服务业总规模要超过8万亿元，到2030年将达到16万亿元（健康中国2030，2016）”。按照健康服务业10%的增长速度计算，到2030年中医药大健康产业将发展至6万多亿元，中药材种植面积将达到999.01万hm^2。但中药材种植规模的不断扩大，则进一步加剧了中药材种植与粮食生产间的争地矛盾，开发新的土地资源以保证中药材生产的稳定就成为中草药种植亟待解决的突出问题。

2.3 盐碱地发展药用植物栽培重要意义

我国是世界第三大盐碱地分布地区（云雪雪等，2020），主要分布于东北、华北、华东和西北四大区域，总面积约为1亿 hm^2（魏博娴，2012）。因此，在盐碱地种植药用盐生植物，不仅能缓解与粮争地的矛盾，而且又能利用荒沙、盐碱地等边际土地，改善盐碱地区的生态条件，促进农业的可持续发展。此外，中药材品质主要是指药用植物次级代谢产物的种类及其含量。当植物在受到环境胁迫时，往往通过自身产生的次生代谢产物来抵御外界环境胁迫，以保证植物的生长发育。环境胁迫主要包括生物胁迫与非生物胁迫，其中，非生物胁迫，如光照、水分和土壤等都是影响植物次生代谢产物合成、积累的重要因素，也是影响中药材活性成分含量的重要因子。土壤盐碱化是植物面临盐碱胁迫、制约植物生长的主要非生物胁迫之一（王佺珍等，2017）。因此，在盐碱地上种植药用植物对提升中药材品质也存在很大的可能性。

根据中国地理区划，将我国中药材生产区域划分为华北地区、东北地区、西北地区、西南地区、中南地区、华东地区共6个大区。其中，华北、西北、东北是我国盐碱地分布的主要地区。华北地区主要包括北京市、天津市、河北省、山西省和内蒙古自治区；东北地区主要包括辽宁省、吉林省和黑龙江省；西北地区主要包括陕西省、甘肃省、青海省、宁夏回族自治区和新疆维吾尔自治区［据《全国中药材生产统计报告（2020）》，黄璐琦和张小波，2021］。国家统计局数据显示，2011—2018年华北、西北、东北三个地区中药材种植面积平均为73.605万hm^2，占全国药用植物播种面积的40%以上。因此，研究盐碱地药用植物规范化栽培模式对中药材产量提升和品质改善具有重要意义。

表1-1 我国药材播种面积 （万hm^2）

地区	省份	2018	2017	2016	2015	2014	2013	2012	2011
华北地区	内蒙古	14.162	11.863	8.969	5.864	4.512	2.715	2.635	2.371
	河北	8.550	7.487	6.675	6.213	4.760	4.600	3.977	3.369
	山西	7.467	6.754	4.505	3.018	3.066	2.818	2.563	2.575
	北京	0.207	0.216	0.252	0.225	0.274	0.226	0.247	0.255
	天津	0.109	0.337	0.353	0.161	0.035	0.018	0	0
东北地区	黑龙江	4.157	3.289	2.870	2.148	2.987	3.851	4.735	5.113
	辽宁	2.633	2.233	2.032	2.073	2.646	2.575	1.966	2.361
	吉林	2.303	1.229	1.319	1.472	1.868	2.003	1.996	2.205
西北地区	陕西	18.822	17.238	16.055	16.522	16.049	15.709	15.637	15.603
	甘肃	23.224	22.647	21.852	20.798	20.370	19.139	17.799	16.101
	青海	4.406	3.792	3.476	3.213	2.401	2.293	2.108	1.904
	宁夏	5.824	5.270	4.870	4.845	4.841	4.694	4.378	4.177
	新疆	6.359	7.402	6.817	4.395	3.066	2.815	3.020	1.640
全国		239.243	216.107	193.244	186.096	175.889	164.841	151.900	138.249

注：数据来自国家统计局。

3 盐碱地药用植物栽培现状

3.1 盐生药用植物栽培种类少

全球耐盐植物有1 560余种，117科，550余属，其中，藜科植物中盐生植物最多，仅滨藜属植物400多种，其次番杏科、石竹科、十字花科、禾本科、菊科、豆科和白花丹科（图1-1）。据2002年赵可夫的调查研究表明，我国共有盐生植物资源502种，分属71科，218属，约占世界盐生植物总量的1/4，其中，耐盐植物最多的有藜科（106种）、菊科（72种）、禾本科（53种）和豆科（33种），4科种数的总和约占我国盐生植物的52.6%（赵可夫等，2002）。自2000年以来，国内外盐碱地药用植物栽培技术较多的品种有枸杞、甘草、银柴胡、麻黄、黄芪、小茴香、菟丝子、柴胡、葫芦巴、肉苁蓉、秦艽、大黄、板蓝根、黄芩、党参、郁李仁、当归、苦杏仁、牛蒡子、金莲花、芍药、菊花、独活、射干、酸枣、山药、草红花、木香、防风、地黄、白芷、桔梗、甘遂、莱菔子、沙苑子、苦参、艾草等37种，这些品种仅占盐生植物的7.6%。

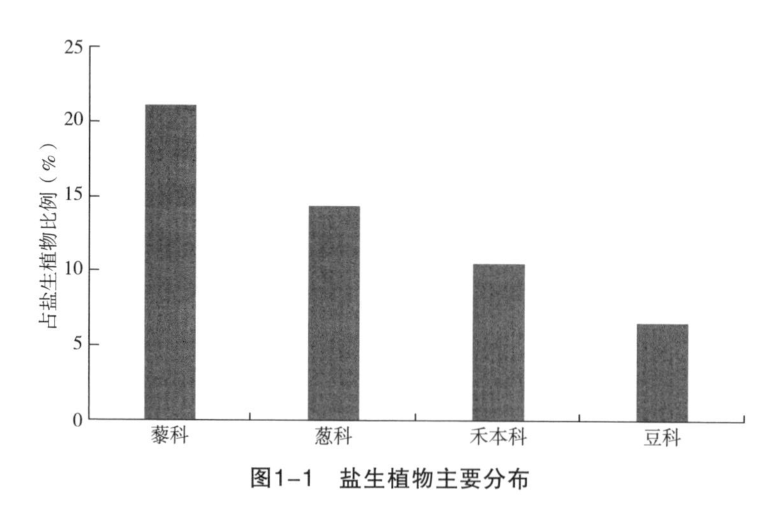

图1-1 盐生植物主要分布

进一步分析发现（图1-2），栽培的盐生药用植物属于伞形科有6种、豆科和菊科各有5种，分别占栽培盐生植物的16.22%、13.51%、13.51%。通过对比图1-1和图1-2可知，栽培盐生药用植物种类与耐盐植物分布存在很大不同。栽培品种中大部分为菊科和豆科，藜科和禾本科盐生药用植物栽培面积较小。

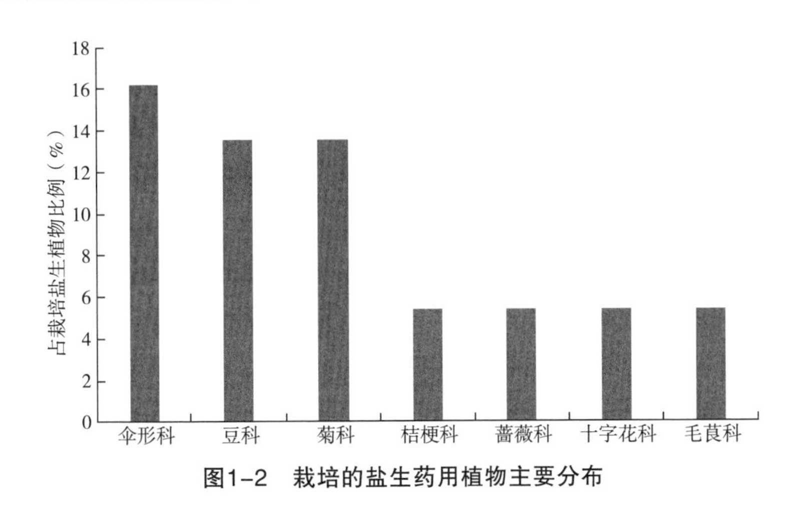

图1-2 栽培的盐生药用植物主要分布

3.2 盐生药用植物栽培面积小

根据全国中药材生产统计报告显示，全国中药材种植总面积为555.93万 hm^2，且不同中药材种植面积差异较大，以2019年统计数据的为例，在我国中药材种植面积6万 hm^2 以上有10种，人参、枸杞、黄芪种植面积分别为25.73万、12.94万、10.07万 hm^2；16种中药材种植面积在3.3万～6.7万 hm^2，其中，党参种植面积为5.73万 hm^2、丹参5.13万 hm^2、当归7.67万 hm^2、黄精3.93万 hm^2、黄连3.47万 hm^2、三七3.33万 hm^2；6种中药材面积为2.67万 hm^2 左右，其中，天麻种植面积为2.8万 hm^2、甘草2.67万 hm^2、石斛3.03万 hm^2。其中，大面积栽培的品种中仅有枸杞、黄芪、天麻、甘草为耐盐碱药用植物，这4种耐盐生植物种植面积分别占全国中药材种植面积的2.33%、1.81%、0.50%和0.48%，总面积仅占全国中药材种植面积的5.12%，其他盐生药用植物栽培的面积则更小。

4 盐碱地药用植物栽培发展对策

（1）加强盐生药用植物的引种栽培，建设药材产业基地

盐碱地高效利用的同时也要看到，盐碱地药用植物栽培中的植物资源相对贫乏，生态系统结构简单、稳定性差，易受外界因素的干扰。应在认真开展资源普查，调研适宜品种和市场需求，分析本地区土壤、气候等资源条件的基础上，统筹经济、社会、生态发展制定药用植物资源保护与栽培发展规划。对药

用植物资源保护、栽培区域布局、发展重点、技术推广等方面做出合理安排，加大药用植物栽培宣传示范，统筹布局一批药企自备和道地、特色药材基地，推动盐生药用植物栽培发展。

（2）构建盐生药用植物栽培技术体系

盐生药用植物利用历史久远，但一直处于自然野生状态，随着对其利用价值的深入研究，近年盐生药用植物人工栽培悄然兴起，药用植物生物特性与生态环境适应性、种质资源保护与良种选育、生产关键技术、产量和品质相关性等研究较为薄弱，关于盐碱地药用植物栽培技术及栽培模式研究更少，生产中不合理的种植技术，不仅会引起产量和品质的下降，而且还会影响药用植物规模化种植。因此，应开展盐生药用植物的耐盐阈值的研究，以探明盐生药用植物耐盐机理，引进复合型技术人才或开展产学研活动，提高药农的栽培技能。

（3）整合种植面积，建立联合机制

大部分盐生药用植物生长于野生环境下，尤其是一些非建群种和优势种如罗布麻、骆驼蓬、苦豆子和地肤等它们的群落盖度低、分布零散，往往有许多伴生种植物存在，这使得其采收产量低，所需成本较高，如能结合盐碱地地区的气候特点及种植优势，合理划分产区，进行人工引种和栽培，实行基地化和产业化管理，既能保证批量生产、保证原料供应，又能减少投资，增大效益。此外，出台药用植物栽培基地建设、土地流转、产品加工等优惠和扶持政策，鼓励和支持药用植物栽培发展，开展药用植物质量检测、鉴定和品牌的注册、申报、认证工作，引导药用植物规范化栽培，标准化加工，加大招商引资，吸引龙头企业，探索建立“政府+龙头企业+合作社+基地+农户”的产业扶贫模式，通过合作社将农村劳动力、土地等资源聚合起来，规模化生产，统一管理，提高产业发展组织化水平，变“一家一户”分散经营“抱团”发展。

（4）引进药品加工企业，促产加销融合发展

国家产业政策是支持导向，市场需求才是源头动力，两者协调发展才能更好地适应市场，把握市场。因此，促进产加融合，摆脱单一的原材料提供方，对原材料进行深加工，延长产业链，调整利润分配，增加药农收入，提高药农的积极性和主动性。

（5）实施品牌战略，打造道地盐生药用植物基地

中药材具有独特的品质特征和生长特性，与追求产量的传统农业作物不

同，人们更重视中药材的品质。黄璐琦院士提倡挖掘老品种、回归传统，才能保持道地性和药性。我们应充分挖掘道地盐生药用植物，建设优质道地药材基地，利用特色盐生药用植物的种质资源，按照绿色食品生产标准进行生产，科学防治病虫害，保证所生产的中草药材符合绿色产品标准，创立品牌中草药材，为中药工业、健康产业提供安全、优质充足的原材料。

第二篇　常用盐生药用植物生产统计

按照药用植物入药部位，可以将盐生药用植物分为根及根茎类、全草类（包括地上部类、叶类、茎类）、果实类、种子类、花类。基于第4次中药普查获得数据，综合考虑中药材种植面积和不同类别，共计纳入27种中药材，具体如表2-1所示。根及根茎类药材共计10种，全草类共计3种、果实类共计6种、种子类共计2种、花类共计3种，茎类共计3种。其中，根及根茎类盐生药用植物栽培面积最大，占栽培盐生植物总面积的34.69%。

表2-1　中药材分类

类别	面积（万hm^2）	种类数	中药材
根及根茎	38.76	10	黄芪、黄芩、甘草、防风、桔梗、北苍术、柴胡、板蓝根、苦参、北沙参
全草类	1.28	3	益母草、返魂草、远志
果实类	49.39	6	蒺藜、枸杞、沙棘、连翘、牛蒡子、飞水蓟
种子类	1.54	2	菟丝子、亚麻子
花类	13.21	3	西红花、红花、金银花
茎	7.54	3	锁阳、麻黄、肉苁蓉

1　根及根茎类

1.1　黄芪

黄芪，别名黄耆、木耆、绵黄芪、王孙，是豆科黄耆属多年生草本植物，为蒙古黄芪*Astragalus memeranaceus*（Fisch.）Bge. Var. *mongholicus*（Bge.）Hsiao或膜荚黄芪*A.membranaceus*（Fisch.）Bge.的干燥根，《中华人民共和国药典》2020年版（一部）收载。性甘，微湿，具有补气生阳，固表止汗，利尿，托毒生肌的功效。主治脾气虚证，肺气虚证，气虚自汗证，气血亏虚，疮疡难溃难腐，或溃久难敛等。

黄芪喜凉爽，阳光充足的气候，耐旱、忌涝。对温度具有较强适应性，夏季温度高于38 ℃仍不至于枯萎，冬季温度低至-40 ℃也可安全越冬。水分过于充裕，常会分叉甚至烂根死亡。对土壤要求不严，以土层深厚、土质疏松、排水良好、背风向阳的高燥山坡为佳。低洼积水，土壤黏重不适宜生长，具体生态因子见表2-2。2020年专委会调查数据显示，我国黄芪主要分布于甘肃、山西、河北、宁夏、黑龙江、陕西、内蒙古、青海、新疆、吉林、辽宁等11个省份，其中，甘肃和山西黄芪种植面积为7.26万hm^2，占全国黄芪种植面积的74.60%（图2-1）。

表2-2　黄芪主要生态区域生态因子

	≥10 ℃积温（℃）	年均温度（℃）	1月均温度（℃）	1月最低温度（℃）	7月均温度（℃）	7月最高温度（℃）	年均相对湿度（%）	年均日照时数（h）	年均降水量（mm）
主要气候因子	328～4 854.7	5.4～20.0	−25.8～4.2	−31.0	15.3～26.6	31.2	48.8～79.0	1 239～3 061	251～1 204
土壤类型	褐土、栗钙土、棕壤、暗棕壤、草甸土等								

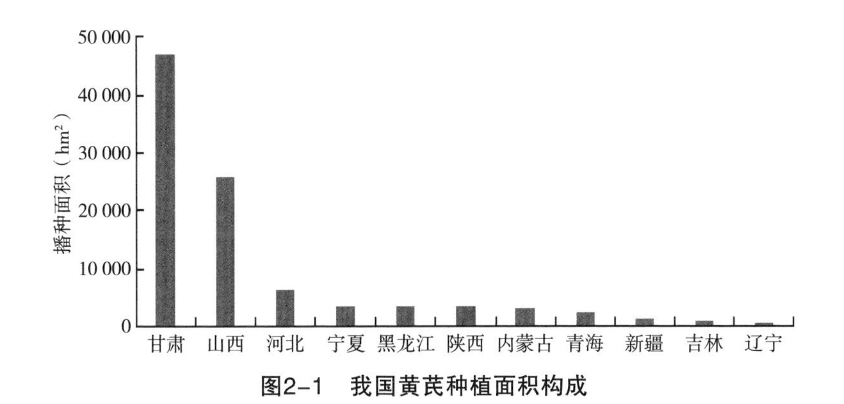

图2-1　我国黄芪种植面积构成

1.2 黄芩

黄芩，别名山茶根、土金茶根，是唇形科黄芩属黄芩（*Scutellaria baicalensis* Georgi）的干燥根，《中华人民共和国药典》2020年版（一部）收载。性苦寒，有清热燥湿、泻火解毒、止血、安胎等功效。主治温热病、上呼吸道感染、肺热咳嗽、湿热黄疸、肺炎、痢疾、咳血、目赤、胎动不安、高血压、痈肿疖疮等症。

黄芩喜阳、喜温、耐寒、耐旱，怕水涝、耐高温。冬季可耐-30 ℃的低温，夏季在35 ℃高温下仍可正常生长。低洼积水或雨水过多的地方生长不良，造成烂根死亡。土壤以含有一定腐殖质层的中性或微碱性沙质壤土为宜，具体生态因子见表2-3。2020年专委会调查数据显示，我国黄芩主要分布于河北、山西、内蒙古、陕西、北京、黑龙江、陕西、宁夏、辽宁、新疆等10个省（市），其中，河北和甘肃黄芩种植面积为5.53万hm^2，占全国黄芩种植面积的77.16%（图2-2）。

表2-3　黄芩主要生态区域生态因子

主要气候因子	≥10 ℃积温（℃）	年均温度（℃）	1月均温度（℃）	1月最低温度（℃）	7月均温度（℃）	7月最高温度（℃）	年均相对湿度（%）	年均日照时数（h）	年均降水量（mm）
	1 047.0～4 496.8	5.4～18.3	−25.8～0.1	−31.2	13.2～26.0	30.3	52.5～71.5	1 834～3 043	291～752
土壤类型	草甸土、暗棕壤、棕壤、褐土、黑钙土等								

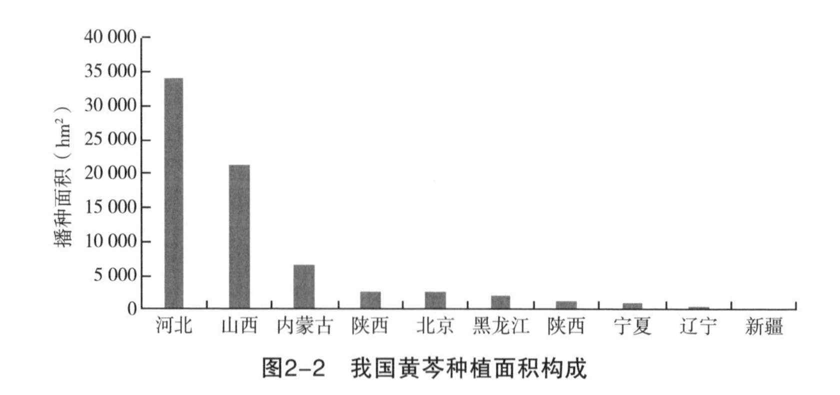

图2-2　我国黄芩种植面积构成

1.3　甘草

甘草是豆科甘草属甘草（*Glycyrrhiza uralensis* Fisch.）、胀果甘草（*Glycyrrhiza inflata* Batalin）或光果甘草（*Glycyrrhiza glabra* L.）的干燥根和根茎，《中华人民共和国药典》2020年版（一部）收载。性甘平，除具有补脾益气、润肺止咳、清热解毒和调和诸药等功效外，还可用于咽喉肿痛、脾胃虚寒、消化性溃疡、中毒等症状。因此甘草有“十药九草”的称呼。

甘草适宜在光照充足，雨量较少，夏季酷热，冬季严寒，昼夜温差大的生态条件下生长。甘草对土壤适宜性强，以土层深厚、排水良好、地下水位较深、pH值8.0左右的沙质壤土为宜，具体生态因子见表2-4。2020年专委会调查数据显示，我国甘草主要分布于陕西、新疆、宁夏、内蒙古、山西、吉林、青海等省份，其中，陕西、新疆和宁夏甘草种植面积合计为2.55万hm^2，占全国甘草种植面积的94.35%（图2-3）。

表2-4　甘草主要生态区域生态因子

主要气候因子	≥10 ℃积温（℃）	年均温度（℃）	1月均温度（℃）	1月最低温度（℃）	7月均温度（℃）	7月最高温度（℃）	年均相对湿度（%）	年均日照时数（h）	年均降水量（mm）
	310.0 ~ 4 386.3	3.9 ~ 18.9	-27.7 ~ -4.0	-32.9	9.6 ~ 26.6	32	36.1 ~ 74.8	2 345 ~ 3 371	58 ~ 626
土壤类型	棕壤、红壤、黄壤、固定草原风沙土等								

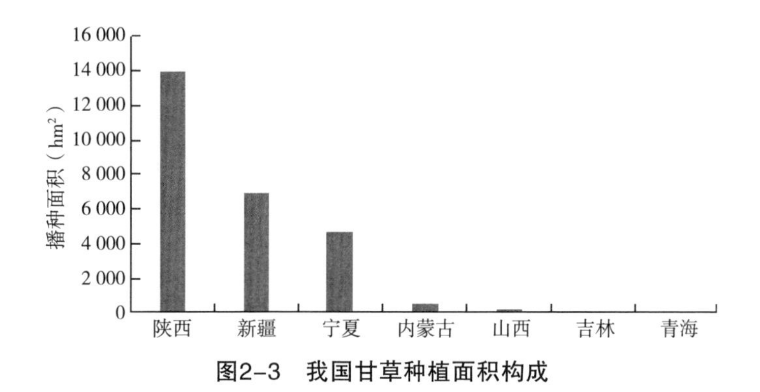

图2-3　我国甘草种植面积构成

1.4 防风

防风［*Saposhnikovia divaricata*（Trucz.）Schischk.］为伞形科防风属多年生草本植物的干燥根，《中华人民共和国药典》2020年版（一部）收载。性，辛、甘，微温，用于治感冒、头痛、周身关节痛、神经痛等症。

防风喜阳光充足、凉爽气候条件。光照不足，叶片会枯黄。耐寒-30 ℃时仍能存活。高温会使叶片枯黄或生长停滞。对水分要求不严格，苗期需要土壤湿润，成熟植株耐旱，水分过大或长期积水对其生长不利。对土壤适应性很强，以排水良好、土质疏松沙质壤土为佳，具体生态因子见表2-5。2020年专委会调查数据显示，我国防风主要分布于黑龙江、河北、内蒙古、吉林、新疆等5个省份，其中，黑龙江和河北防风种植面积总计为1.75万hm^2，占全国防风种植面积的89.02%（图2-4）。

表2-5 防风主要生态区域生态因子

主要气候因子	≥10 ℃积温（℃）	年均温度（℃）	1月均温度（℃）	1月最低温度（℃）	7月均温度（℃）	7月最高温度（℃）	年均相对湿度（%）	年均日照时数（h）	年均降水量（mm）
	1 340.7～4 469.1	6.2～18.8	−24.9～−1.8	−30.1	16.6～26.6	31.3	47.7～72.0	2 248～3 031	290～786
土壤类型	棕壤、灰褐土、褐土、潮土等								

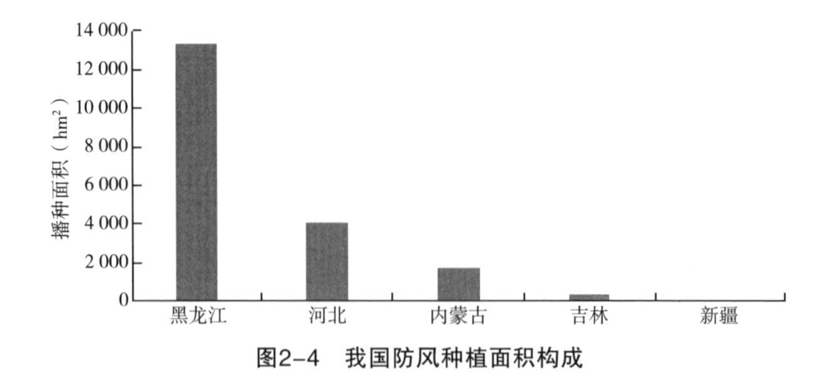

图2-4 我国防风种植面积构成

1.5 桔梗

桔梗别名包袱花、铃铛花、僧帽花，是桔梗科桔梗属多年生草本植物桔梗（*Platycodon grandiflorus*）的干燥根，《中华人民共和国药典》2020年版（一部）收载。性苦辛，具有止咳祛痰、宣肺、排脓等作用，是中医常用药。

桔梗喜凉爽气候，耐寒、喜阳光。宜栽培在海拔1 100 m以下的丘陵地带，半阴半阳的沙质壤土中，以富含磷钾肥的中性夹沙土生长较好，具体生态因子见表2-6。2020年专委会调查数据显示，我国桔梗主要分布于新疆、内蒙古、安徽、河北、陕西、河南、重庆、黑龙江、吉林、山西、辽宁、北京，其中，安徽、河北、内蒙古桔梗种植面积总计2.36万hm^2，占全国桔梗种植面积的70.3%（图2-5）。

表2-6　桔梗主要生态区域生态因子

	≥10 ℃积温（℃）	年均温（℃）	1月均温（℃）	1月最低温（℃）	7月均温（℃）	7月最高温（℃）	年均相对湿度（%）	年均日照时数（h）	年均降水量（mm）
主要气候因子	1 716.1 ~ 8 038.5	6.9 ~ 26.2	−24.0 ~ 13.7	−29.1	18.2 ~ 28.6	33.5	48.3 ~ 81.5	1 100 ~ 2 871	434 ~ 1 763
土壤类型	红壤、黄壤、黄棕壤、棕壤、暗棕壤等								

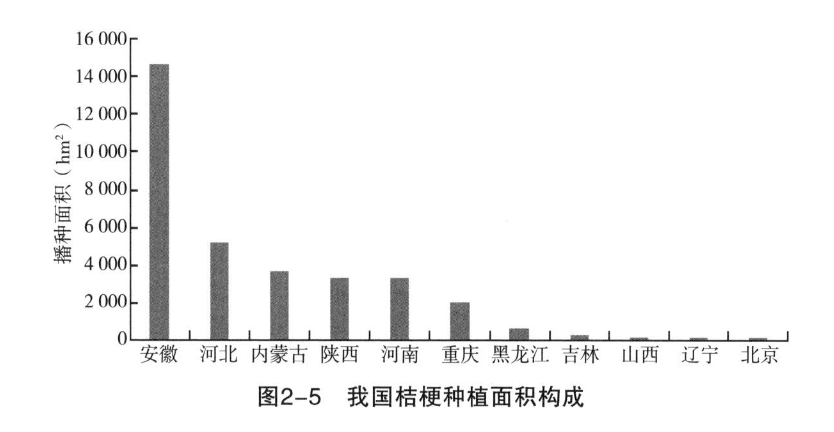

图2-5　我国桔梗种植面积构成

1.6　北苍术

北苍术为菊目菊科植物多年生草本北苍术［*Atractylodes chinensis*（DC.）Koidz.］的干燥根茎，《中华人民共和国药典》2020年版（一部）收载。性温、辛、苦，用于祛风湿，健胃。治疗腹胀，风湿性关节炎等，为我国传统的中药材，始载于《神农本草经》，被列为上品。

北苍术耐寒，喜凉爽、昼夜温差较大、光照充足的气候。对土壤要求不严，荒山、坡地、瘠土都可生长，以排水良好、地下水位低、土质疏松、腐殖质含量较高的沙壤土为好。2020年专委会调查数据显示，我国北苍术主要分布于黑龙江、河北、辽宁、吉林、内蒙古、北京，其中，河北、辽宁、吉林北苍术种植面积总计为5 533万hm^2，占全国北苍术种植面积的93.79%（图2-6）。

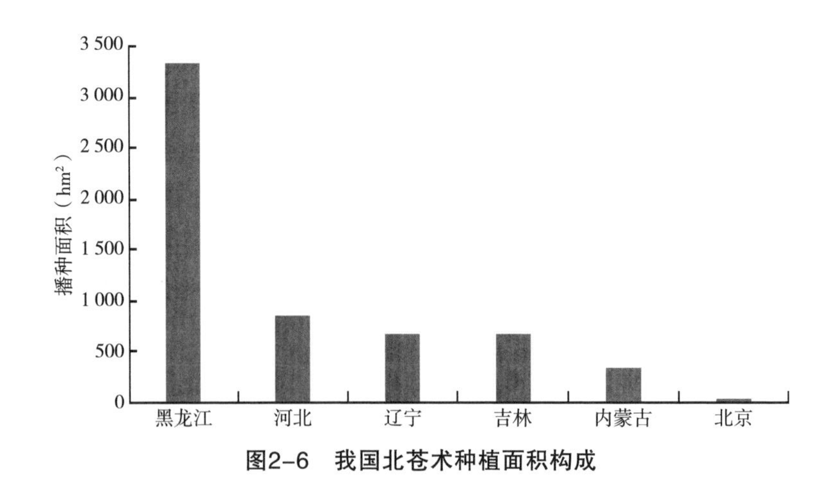

图2-6　我国北苍术种植面积构成

1.7　柴胡

柴胡为伞形科植物柴胡（*Bupleurum chinense* DC.）或狭叶柴胡（*Bupleurum scorzonerifolium* Willd.）的多年生植物柴胡的干燥根，《中华人民共和国药典》2020年版（一部）收载。性辛、苦，微寒，具有和解表里，疏肝解郁，升阳举陷，退热截疟的功能，用于感冒发热，寒热往来，胸胁胀痛，月经不调，子宫脱垂，脱肛等症。

柴胡喜冷凉、湿润气候条件。耐寒，在-40 ℃下能安全越冬。植株生长随气温升高而加快，但升至35 ℃以上生长受到抑制，以6—9月生长迅速，后期时根的生长增快。适应性强，耐旱，忌高温和涝洼积水，具体生态因子见表2-7。2020年专委会调查数据显示，我国柴胡主要分布于山西、陕西、河北、四川、河南、宁夏、湖北、内蒙古、黑龙江、新疆10个省份，其中，山西、陕西、河北柴胡种植面积占全国柴胡种植面积的87.51%（图2-7）。

表2-7　柴胡主要生态区域生态因子

	≥10 ℃积温（℃）	年均温（℃）	1月均温（℃）	1月最低温（℃）	7月均温（℃）	7月最高温（℃）	年均相对湿度（%）	年均日照时数（h）	年均降水量（mm）
主要气候因子	1 436.1～4 960.2	6.3～19.7	−26.1～2.3	−31.1	18.5～27.8	31.5	47.1～78.7	1 656～3 030	327～1 249
土壤类型	黄棕壤、褐土、棕壤、栗钙土等								

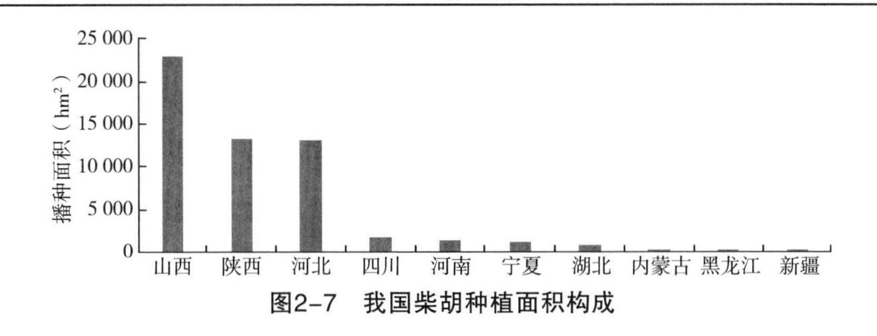

图2-7　我国柴胡种植面积构成

1.8　板蓝根

菘蓝，别名茶蓝、板蓝根、大青叶，为十字花科2年生草本植物菘蓝（*Isatis indigotica* Fortune）干燥根，《中华人民共和国药典》2020年版（一部）收载。性寒、味苦，具有清热解毒，凉血利咽功能。

菘蓝喜湿润温暖环境，耐寒、怕涝，种子繁殖，5—6月种子成熟。适应性很强，对自然环境和土壤要求不严，但排水良好、疏松肥沃的沙质壤土较适宜生长，具体生态因子见表2-8。2020年专委会调查数据显示，我国板蓝根主要分布于黑龙江、陕西、云南、河北、宁夏、河南、新疆、安徽、福建、山西、天津、北京12个省（市），其中，黑龙江、陕西、云南板蓝根种植面积占全国板蓝根种植面积的54.72%（图2-8）。

表2-8　板蓝根主要生态区域生态因子

	≥10 ℃积温（℃）	年均温度（℃）	1月均温度（℃）	1月最低温度（℃）	7月均温度（℃）	7月最高温度（℃）	年均相对湿度（%）	年均日照时数（h）	年均降水量（mm）
主要气候因子	319.3～6 895.2	7.7～24.4	−20.3～9.9	−26.2	15.5～29.1	33.5	50.5～80.6	1 141～3 049	140～1 463
土壤类型	黄棕壤、黄褐土、棕壤、灰褐土等								

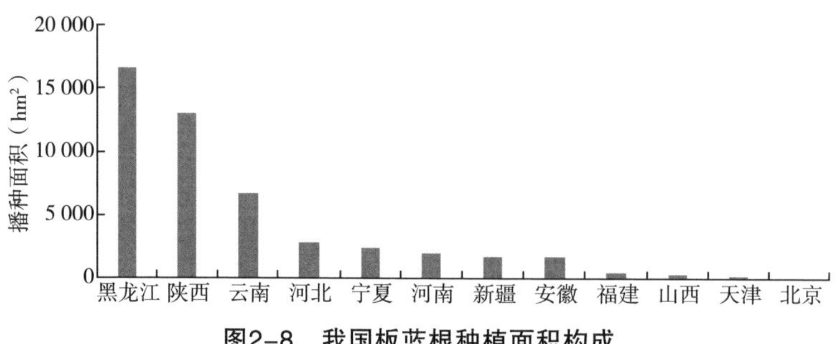

图2-8　我国板蓝根种植面积构成

1.9　苦参

苦参为豆科槐属草本或亚灌木植物苦参（*Sophora flavescens* Alt.）的干燥根，《中华人民共和国药典》2020年版（一部）收载。性苦，寒。有清热燥湿，杀虫，利尿之功。用于热痢，便血，黄疸尿闭，赤白带下，阴肿阴痒，湿疹，湿疮，皮肤瘙痒，疥癣麻风，外治滴虫性阴道炎。

分布于中国南北各个省（市）。印度、日本、朝鲜、俄罗斯西伯利亚地区也有分布。生于海拔1 500 m以下的山坡、沙地、草坡、灌木林中或田野附近。2020年专委会调查数据显示，我国苦参主要分布于河南、山西、河北、辽宁、内蒙古5个省份，其中，河南、山西、河北苦参种植面积总计为2.66万hm^2，占全国苦参种植面积的94.89%（图2-9）。

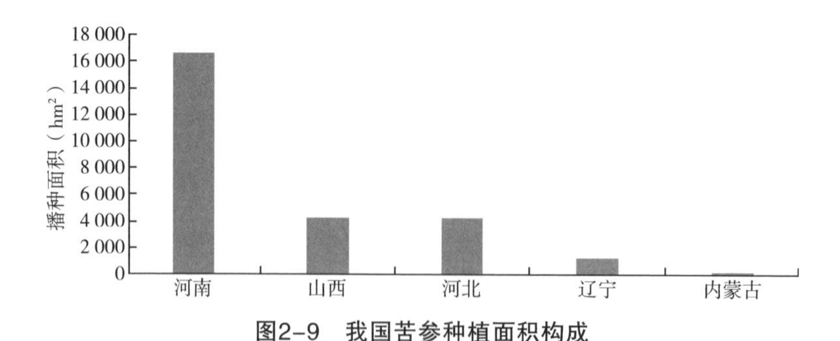

图2-9　我国苦参种植面积构成

1.10　北沙参

北沙参又名珊瑚菜，为伞形科珊瑚菜属多年生植物北沙参（*Glehnia littoralis* Fr. Schmidt ex Mip.）干燥根，《中华人民共和国药典》2020年版（一部）收载。性微寒，甘、微苦，具有养阴清肺、益胃生津的功能。

北沙参喜温暖湿润气候，对土壤要求不严格，耐盐碱，以土层深厚，土质肥沃、疏松，排水良好的沙壤土或淤沙土、风沙土为佳。具体生态因子见表2-9。2020年专委会调查数据显示，我国北沙参主要分布于内蒙古和河北2个省份，其中，内蒙古北沙参种植面积为1 666.7 hm^2，占全国北沙参种植面积的75.76%（图2-10）。

表2-9　北沙参主要生态区域生态因子

主要气候因子	≥10 ℃积温（℃）	年均温度（℃）	1月均温度（℃）	1月最低温度（℃）	7月均温度（℃）	7月最高温度（℃）	年均相对湿度（%）	年均日照时数（h）	年均降水量（mm）
	3 461.0～7 712.8	14.5～25.2	−6.4～13.6	−10.3	23.3～28.3	32.8	68.0～80.3	1 907～2 781	629～1 775
土壤类型	棕壤、潮土、红壤、黄壤等								

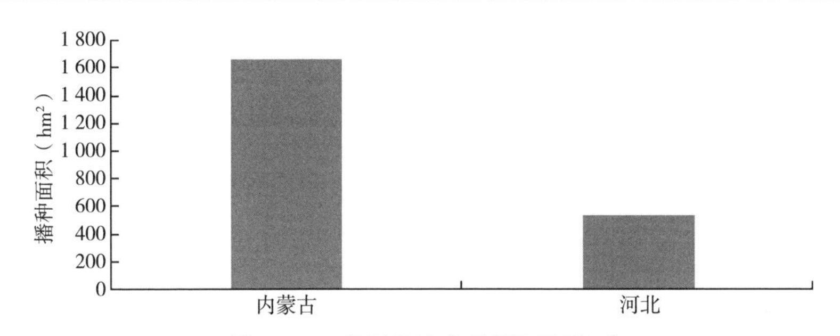

图2-10　我国北沙参种植面积构成

1.11　紫菀

紫菀，别名青苑、紫倩、小辫、返魂草，是菊科紫菀属多年生草本紫菀（*Aster tataricus* L. f.）干燥根和茎类，《中华人民共和国药典》2020年版（一部）收载。性苦温，具有温肺，下气，消痰，止咳的功效，用于治疗风寒咳嗽气喘，虚劳咳吐脓血，喉痹，小便不利。

紫菀耐涝、怕干旱，耐寒性较强，产于黑龙江、吉林、辽宁、内蒙古东部及南部、山西、河北、河南西部（卢氏）、陕西及甘肃南部（临洮、成县等）等地。2020年专委会调查数据显示，我国紫菀主要分布于内蒙古、吉林、黑龙江，其中，内蒙古种植面积为333 hm^2，占全国紫菀种植面积的45.45%（图2-11）。

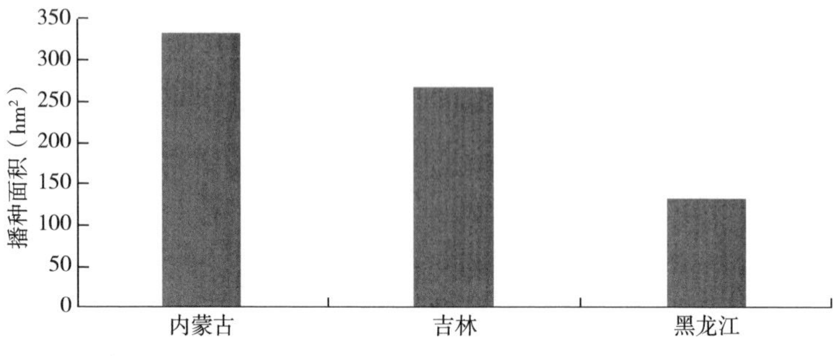

图2-11　我国紫菀种植面积构成

2　全草类

2.1　益母草

益母草为唇形科植物1年生或2年生草本益母草（*Leonurus japonicus* Houtt.）的新鲜或干燥地上部分，《中华人民共和国药典》2020年版（一部）收载。性苦、辛，微寒，有活血调经，利尿消肿，清热解毒的功效，用于月经不调，痛经经闭，恶露不尽，水肿尿少，疮疡肿毒。生于山野、河滩草丛中及溪边湿润处，广泛分布于全国各地。2020年专委会调查数据显示，我国益母草主要分布于河南，其种植面积占全国益母草种植面积的76.92%（图2-12）。

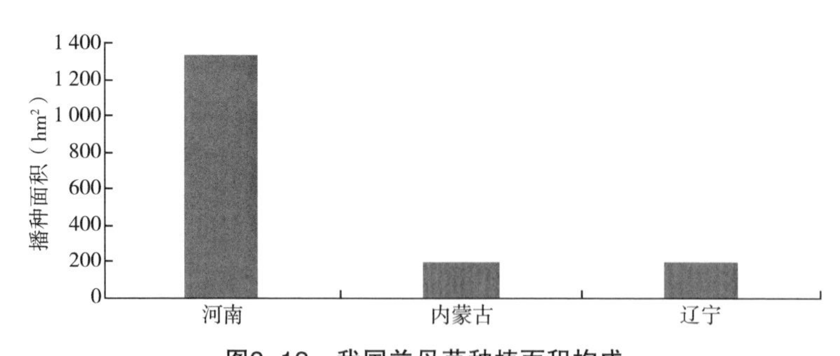

图2-12　我国益母草种植面积构成

2.2　麻黄

麻黄，为麻黄科、麻黄属草本植物麻黄（*Ephedra sinica* Stapf.）、中麻黄（*Ephedra intermedia* Schrenk ex C. A. Mey.）或木贼麻黄（*Ephedra equisetina* Bge.）的干燥草质茎，《中华人民共和国药典》2020年版（一部）收载。性

辛、微苦，温。有发汗散寒，宣肺平喘，利水消肿的功能，用于风寒感冒、胸闷喘咳，风水浮肿等症。

草麻黄为多年生草本状小灌木，适宜性强，兼有耐温热植物和耐寒植物的特性，可在-35 ℃的极端气温条件下生存。属喜光嗜温植物，适宜在光照充足的地区生长，光照时间延长能显著促进麻黄的生长发育，并提高生物碱含量。对土壤要求不严，沙质壤土、沙土、壤土等均可生长，忌盐碱，不宜在低洼地和排水不良、通透性较差的黏土中生长，具体生态因子见表2-10。2020年专委会调查数据显示，我国麻黄主要分布于陕西和内蒙古，种植面积分别为6 466.7 hm^2和553.3 hm^2，其中，陕西种植面积占全国麻黄种植面积的92.12%（图2-13）。

表2-10　麻黄主要生态区域生态因子

主要气候因子	≥10 ℃积温(℃)	年均温(℃)	1月均温(℃)	1月最低温(℃)	7月均温(℃)	7月最高温(℃)	年均相对湿度(%)	年均日照时数(h)	年均降水量(mm)
	2 282.6～4 096.2	8.5～17.7	−20.5～−2.5	−25.7	18.7～25.1	30.0	48.5～61.1	2 308～3 189	216～674
土壤类型	棕钙土、黄绵土、新积土、风沙土、栗钙土、栗褐土等								

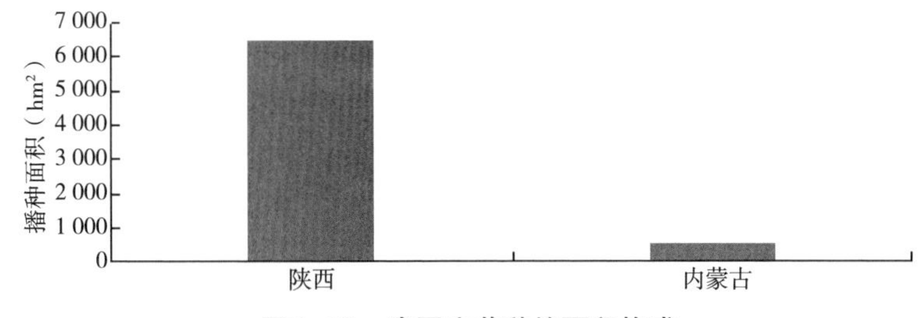

图2-13　我国麻黄种植面积构成

2.3　肉苁蓉

肉苁蓉，别名寸芸、苁蓉，为列当科植物肉苁蓉（*Cistanche deserticola* Ma）或管花肉苁蓉［*Cistanche tubulosa*（Schenk）Wight］的干燥带鳞叶的肉质茎，《中华人民共和国药典》2020年版（一部）收载。性温、甘、咸，具有补肾阳、益精血、润肠道的功能。常用于治疗肾阳虚衰、精血不足之阳痿、遗精、白浊、尿频余沥、腰痛脚弱、耳鸣目花、月经延期、宫寒不孕、肠燥便秘等症。

肉苁蓉抗逆性强，喜生于轻度盐渍化的松软沙地上，一般生长在沙地或半固定沙丘、干涸老河床、湖盆低地等，生境条件很差。适宜生长于气候干旱、降水量少、蒸发量大、日照时数长、昼夜温差大的地区。土壤以灰棕漠土、棕漠土为主，具体生态因子见表2-11。2020年专委会调查数据显示，我国肉苁蓉主要分布于新疆、内蒙古和陕西3个省份，其中，新疆肉苁蓉种植面积占全国肉苁蓉种植面积的43.00%（图2-14）。

表2-11　肉苁蓉主要生态区域生态因子

主要气候因子	≥10 ℃积温(℃)	年均温(℃)	1月均温(℃)	1月最低温(℃)	7月均温(℃)	7月最高温(℃)	年均相对湿度(%)	年均日照时数(h)	年均降水量(mm)
	1 340.7 ~ 4 469.1	6.2 ~ 18.8	−24.9 ~ −1.8	−30.1	16.6 ~ 26.6	31.3	47.7 ~ 72.0	2 248 ~ 3 031	290 ~ 786
土壤类型	棕壤、灰褐土、褐土、潮土等								

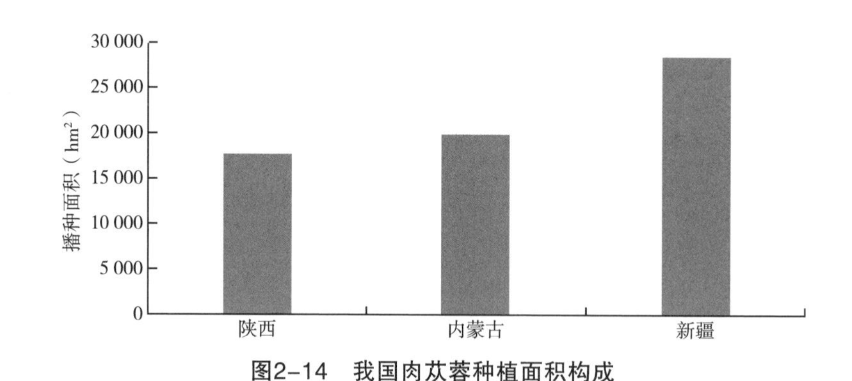

图2-14　我国肉苁蓉种植面积构成

2.4　锁阳

锁阳，为锁阳科、锁阳属多年生植物锁阳（*Cynomorium songaricum* Rupr.）干燥肉质茎，《中华人民共和国药典》2020年版（一部）收载。性甘、温，补肾阳，益精血，润肠通便，用于肾阳不足，精血亏损，腰膝萎软，阳痿滑精，肠燥便秘的治疗。为蒙古族、朝鲜族、维吾尔族等少数民族的常用药材。

锁阳为多年生肉质寄生草本植物。抗旱、耐盐碱、抗寒。在-20 ℃左右可正常越冬，生长之处不积雪、不封冻，具体生态因子见表2-12。2020年专委会调查数据显示，我国锁阳主要分布于陕西和内蒙古，种植面积分别为2 006.7 hm^{2}和200 hm^2，其中，陕西种植面积占全国锁阳种植面积的90.94%（图2-15）。

表2-12　锁阳主要生态区域生态因子

主要气候因子	≥10 ℃积温（℃）	年均温（℃）	1月均温（℃）	1月最低温（℃）	7月均温（℃）	7月最高温（℃）	年均相对湿度（%）	年均日照时数（h）	年均降水量（mm）
	1 137.5～4 157.1	10.1～18.3	−16.6～−6.7	−20.7	15.6～26.2	34.0	33.7～63.5	2 701～3 281	56～246
土壤类型	灰褐土、棕钙土、冷钙土、盐土等								

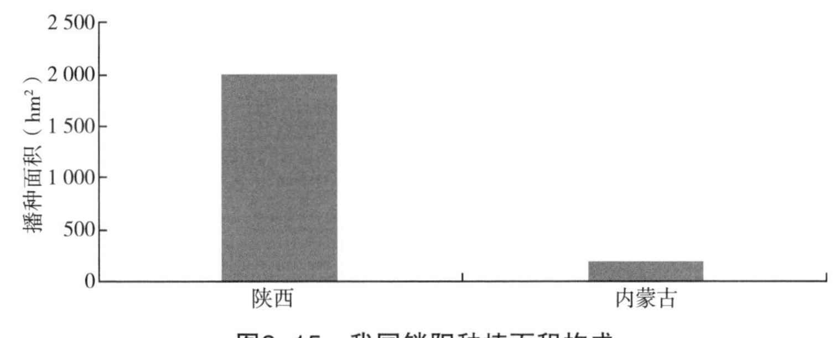

图2-15　我国锁阳种植面积构成

3　果实类

3.1　蒺藜

蒺藜为蒺藜科1年生匍匐草本植物蒺藜（*Tribulus terrestris* Linnaeus）的干燥成熟果实，《中华人民共和国药典》2020年版（一部）收载。性微温，味辛、苦。具有平肝解郁，活血祛风，明目，止痒的功能。蒺藜生长于沙地、荒地、山坡、居民点附近。2020年专委会调查数据显示，我国蒺藜主要分布于内蒙古（图2-16）。

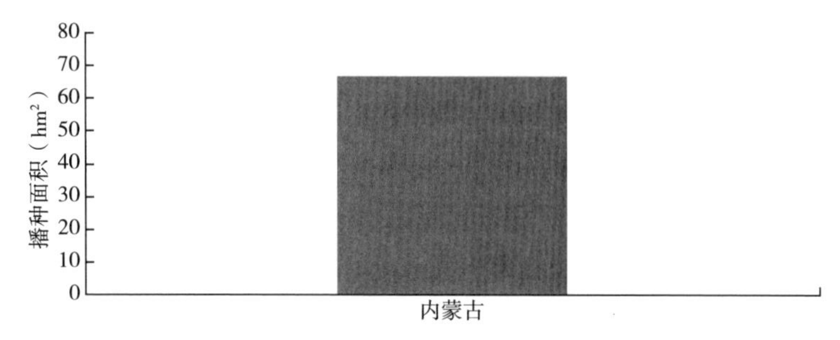

图2-16　我国蒺藜种植面积分布

3.2　枸杞

枸杞是茄科植物宁夏枸杞（*Lycium dasystemum barbarum* Pojark.）的成熟果实，《中华人民共和国药典》2020年版（一部）收载。性平、味甘。具有滋补肝肾、益精明目的功能。

枸杞喜温和气候、喜阳、喜肥、耐寒、耐旱、耐盐碱。对气温的适应范围广，花能经受微霜，而不致受害，植株生长和分枝孕蕾期需较高的气温；忌荫蔽，在全光照下生长迅速，发育健壮，在荫蔽下生长不良；喜湿润，怕涝；对土壤的要求不严，许多类型的土壤中都能生长，甚至干旱荒漠地区仍能生长，以肥沃、排水良好的沙质土壤为佳，中性或微碱性轻壤土最为适宜，沙壤和中壤次之，在含盐量0.15%以下土壤中生长良好。具体生态因子见表2-13。2020年专委会调查数据显示，我国枸杞主要分布于青海、陕西、宁夏、新疆、内蒙古、西藏6个省份，其中，青海、陕西、宁夏枸杞种植面积占全国枸杞种植面积的87.33%（图2-17）。

表2-13　枸杞主要生态区域生态因子

主要气候因子	≥10 ℃积温（℃）	年均温（℃）	1月均温（℃）	1月最低温（℃）	7月均温（℃）	7月最高温（℃）	年均相对湿度（%）	年均日照时数（h）	年均降水量（mm）
	1 043.4～4 411.4	6.6～16.2	−20.9～−4.4	−26.3	13.9～26.2	33.1	41.8～66.3	2 182～3 138	161～629
土壤类型	潮土、盐土、栗钙土、灰钙土、黄绵土等								

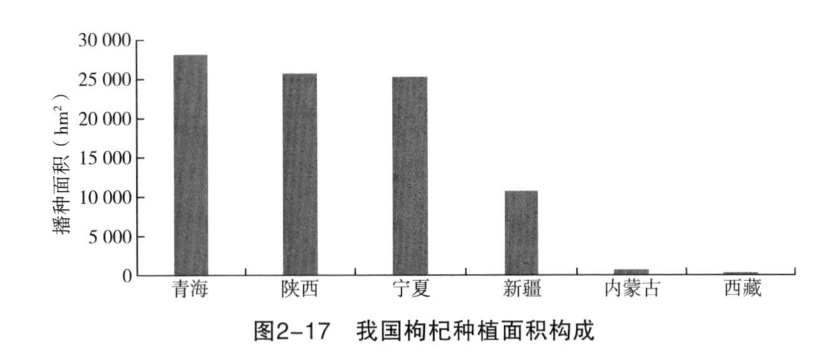

图2-17　我国枸杞种植面积构成

3.3　沙棘

沙棘是一种胡颓子科、沙棘属落叶性灌木（*Hippophae rhamnoides* Linn.）的干燥成熟果实，《中华人民共和国药典》2020年版（一部）收载。性酸、涩、温，具有健脾消食，止咳祛痰，活血散瘀，用于脾虚食少，食积腹痛，咳嗽痰多，胸痹心痛，瘀血经闭，跌扑瘀肿。为蒙古族、藏族的常用药。

沙棘喜光，耐寒，耐酷热，耐风沙及干旱气候。对土壤适应性强，可以在盐碱化土地上生存，被广泛用于水土保持。2020年专委会调查数据显示，我国沙棘主要分布于新疆、河北、黑龙江、内蒙古、西藏5个省份，其中，新疆沙棘种植面积占全国沙棘种植面积的92.19%（图2-18）。

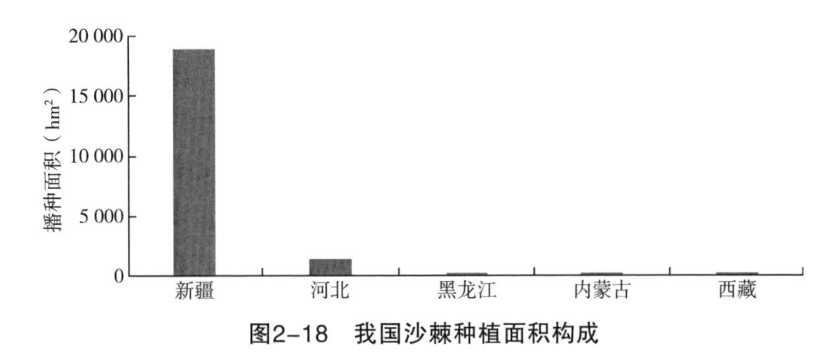

图2-18　我国沙棘种植面积构成

3.4　牛蒡子

牛蒡子是菊科2年生草本植物牛蒡（*Arcttium lappa* L.）的干燥成熟果实，《中华人民共和国药典》2020年版（一部）收载。性辛苦寒，具有疏散风热、宣肺透疹、解毒利咽的功效，用于风热感冒、咳嗽痰多、麻疹、风疹、咽喉肿痛等症。

牛蒡喜温暖湿润气候，生于山坡、山谷、林缘、林中、灌木丛中、河边潮湿地、村庄路旁或荒地，海拔750～3 500 m，生长期间既耐热又较耐寒，种子发芽适温20～25 ℃，植株生长的适温20～25 ℃，地上部分耐寒力弱，遇3 ℃低温枯死，直根耐寒性强，可耐-20 ℃的低温，冬季地上枯死以直根越冬，翌春萌芽生长。为长日照植物，生长期间要求较强的光照条件和较多的水分。2020年专委会调查数据显示，我国牛蒡主要分布于陕西，其种植面积为753.3 hm^2（图2-19）。

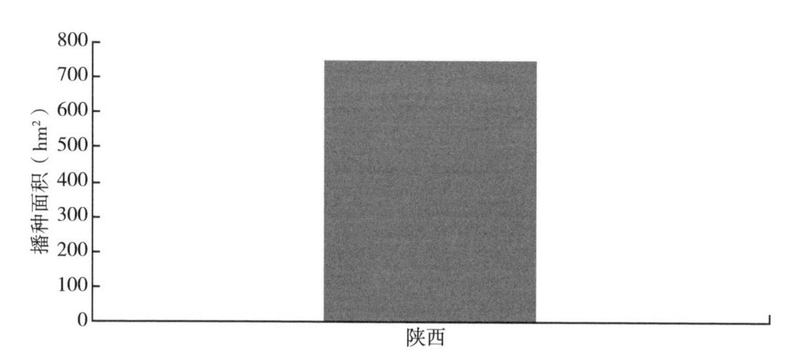

图2-19　我国牛蒡种植面积构成

3.5　水飞蓟

水飞蓟是菊科水飞蓟属1年生或2年生草本植物水飞蓟［*Silybum marianum*（L.）Gaertn.］的瘦果，《中华人民共和国药典》2020年版（一部）收载。性味苦凉，有清热、解毒、保肝利胆作用。2020年专委会调查数据显示，我国水飞蓟主要分布于内蒙古、辽宁、黑龙江3个省份，其中，内蒙古水飞蓟种植面积占全国水飞蓟种植面积的83.68%（图2-20）。

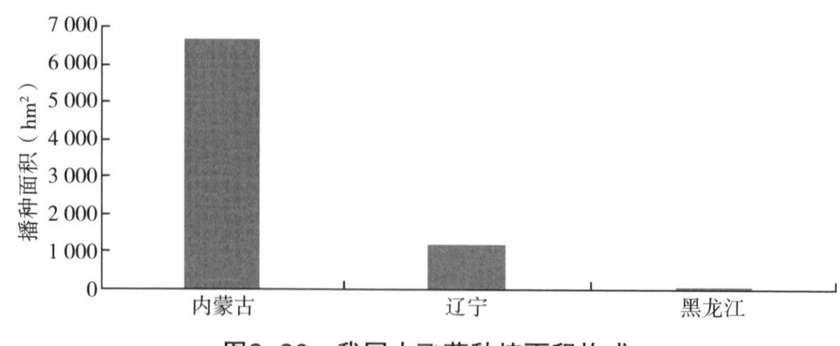

图2-20　我国水飞蓟种植面积构成

4 种子类

4.1 菟丝子

菟丝子，别名禅真、豆寄生、豆阎王、黄丝、黄丝藤、金丝藤等，为旋花科植物南方菟丝子（*Cuscuta australis* R.Br.）或菟丝子（*Cuscuta chinensis* Lam.）的干燥成熟种子，《中华人民共和国药典》2020年版（一部）收载。性辛、甘，平，具有补益肝肾，固精缩尿，安胎，明目，止泻之功效，外用具有消风祛斑之功效。常用于肝肾不足，腰膝酸软，阳痿遗精，遗尿尿频，肾虚胎漏，胎动不安，目昏耳鸣，脾肾虚泻；外治白癜风。

菟丝子生于海拔200～3 000 m的田边、山坡阳处、路边灌丛或海边沙丘，喜高温湿润气候，对土壤要求不严，适应性较强。常见于平原、荒地、坟头、地边，以及豆科、菊科等植物地内。2020年专委会调查数据显示，我国菟丝子主要分布于宁夏、内蒙古、黑龙江，其中，宁夏菟丝子种植面积为9 600 hm^2，占全国菟丝子种植面积的63.44%（图2-21）。

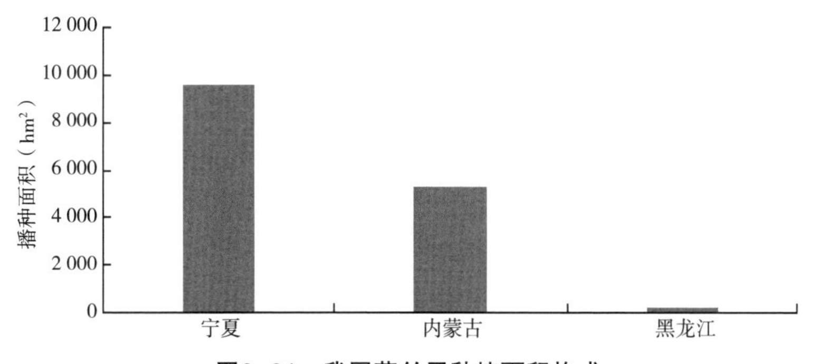

图2-21 我国菟丝子种植面积构成

4.2 亚麻子

亚麻子为亚麻科1年生植物亚麻（*Linum usitatissimum*）是亚麻的干燥成熟种子，《中华人民共和国药典》2020年版（一部）收载。性甘、平，具有平肝，活血之功效。常用于肝风头痛，跌打损伤，痈肿疔疮。2020年专委会调查数据显示，我国亚麻子主要分布于内蒙古、山西2个省份，其中，内蒙古亚麻子种植面积为153.3 hm^2，占全国亚麻子种植面积的63.44%（图2-22）。

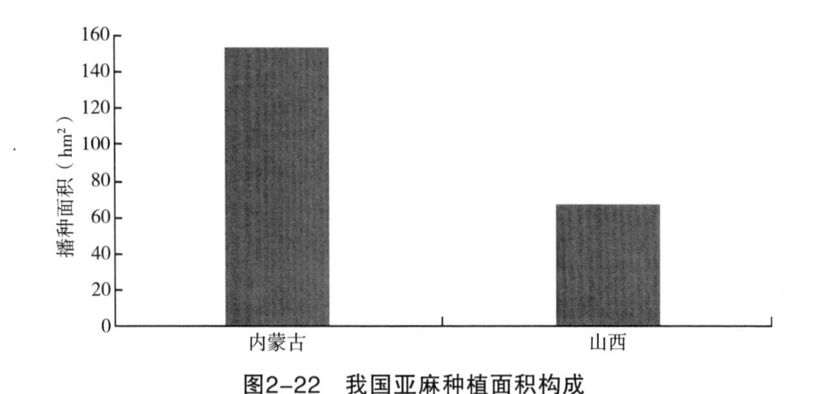

图2-22　我国亚麻种植面积构成

5　花类

5.1　西红花

西红花为鸢尾科植物番红花（*Crocus sativus* L.）的干燥柱头，《中华人民共和国药典》2020年版（一部）收载。性甘、平，具有活血化瘀，凉血解毒，解郁安神的功效。用于经闭症瘕，产后瘀阻，温毒发斑，忧郁痞闷，惊悸发狂。

西红花为多年生宿根草本，喜温暖、湿润的气候，较耐寒，怕涝，忌积水。适宜于冬季较温暖的地区种植。在较寒冷地区生长不良，当年尚能开花，翌年后却不开花。在土质肥沃、排水良好、富含腐殖质的沙质中性壤土中生长良好，具体生态因子见表2-14。2020年专委会调查数据显示，我国西红花主要分布于上海、西藏，其中，上海西红花种植面积为63.7 hm^2，占全国西红花种植面积的82.7%（图2-23）。

表2-14　西红花主要生态区域生态因子

主要气候因子	≥10 ℃积温（℃）	年均温（℃）	1月均温（℃）	1月最低温（℃）	7月均温（℃）	7月最高温（℃）	年均相对湿度（%）	年均日照时数（h）	年均降水量（mm）
	4 194.0～5 633.4	11.3～20.9	2.0～10.0	-5.9	20.0～28.5	33.2	40～85	1 789～3 171	120～1 400
土壤类型	潮土、新积土、棕壤、褐土、黄绵土等								

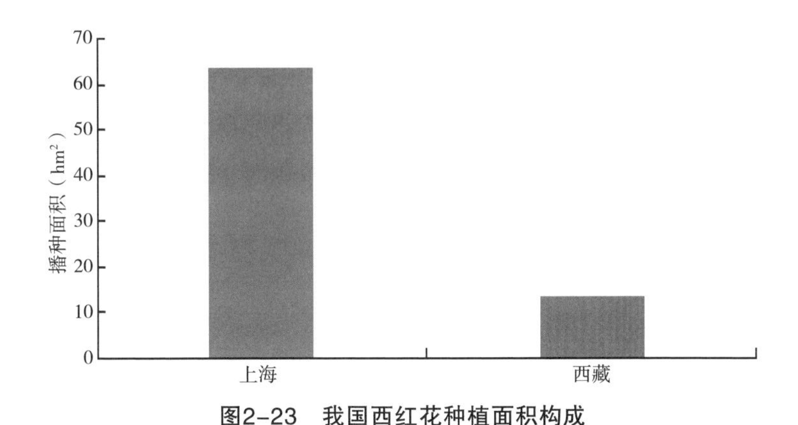

图2-23　我国西红花种植面积构成

5.2　红花

红花是菊科红花属1年生草本植物红花（*Carthamus tinctorius* L.）干燥花，《中华人民共和国药典》2020年版（一部）收载。性辛、温，具有活血通经、散瘀止痛的功能，用于治疗消渴，血虚萎黄，半身不遂，痹痛麻木，痈疽难溃，久溃不敛等症。

红花为1年生草本，喜较温暖气候，适应性较强，耐寒。耐旱，怕涝，对水分敏感。空气湿度过高，易导致病害发生。耐盐碱，怕高温。生长后期若有较长的日照，则能促进开花结果。对土壤要求不严，以土层深厚、排水良好、肥沃的中性沙壤土或黏质壤土为宜，具体生态因子见表2-15。2020年专委会调查数据显示，我国红花主要分布于新疆、陕西、宁夏、云南、河南、西藏6个省份，其中，新疆红花种植面积为2.6万hm^2，占全国红花种植面积的71.42%（图2-24）。

表2-15　红花主要生态区域生态因子

主要气候因子	≥10 ℃积温（℃）	年均温（℃）	1月均温（℃）	1月最低温（℃）	7月均温（℃）	7月最高温（℃）	年均相对湿度（%）	年均日照时数（h）	年均降水量（mm）
	632.4～5 880.9	8.1～23.0	−20.9～9.8	−25.6	12.8～28.3	34.5	41.6～82.7	1 114～3 151	93～1 042
土壤类型	黄壤、黄棕壤、棕壤、褐土、潮土、紫色土等								

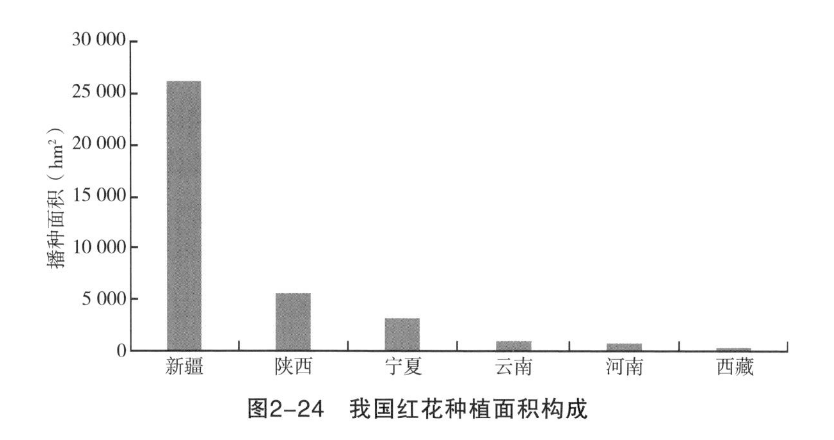

图2-24　我国红花种植面积构成

5.3　金银花

金银花为忍冬科忍冬属植物忍冬（*Lonicera japonica* Thunb.）的干燥花蕾或带初开的花，《中华人民共和国药典》2020年版（一部）收载。性甘、寒，具有清热解毒之功效。主治外感风热或温病发热，中暑，热毒血痢，痈肿疔疮，喉痹，多种感染性疾病。

忍冬为多年生半常绿的藤本灌木，根系发达，对环境的适应性较强。耐寒、耐旱、耐盐碱、耐瘠薄。喜温暖湿润、日照充足的温带大陆性气候区和亚热带海洋性气候，适于山区生长和栽培，具体生态因子见表2-16。2020年专委会调查数据显示，我国金银花主要分布于山东、河南、四川、陕西、浙江、湖北、江苏、宁夏、新疆、陕西、北京、西藏，其中，山东金银花种植面积为5.5万hm^2，占全国金银花种植面积的58.12%（图2-25）。

表2-16　金银花主要生态区域生态因子

主要气候因子	≥10 ℃积温（℃）	年均温（℃）	1月均温（℃）	1月最低温（℃）	7月均温（℃）	7月最高温（℃）	年均相对湿度（%）	年均日照时数（h）	年均降水量（mm）
	2 021.4 ~ 7 869.4	9.5 ~ 27.1	−24 ~ 14	−17.1	16 ~ 28.9	34.1	56.1 ~ 87.1	1 024 ~ 2 886	433 ~ 1 883
土壤类型	红壤、黄壤、黄棕壤、棕壤、暗棕壤等								

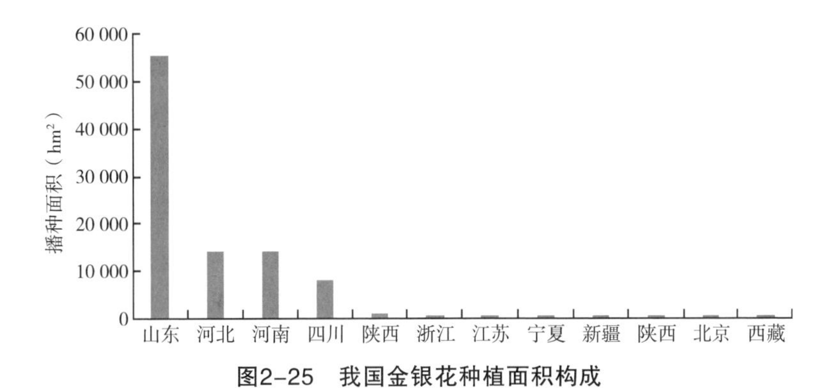

图2-25　我国金银花种植面积构成

第三篇　盐碱地特色药用植物规范化栽培模式

1　根及根茎类

1.1　黄芪

1.1.1　生物学特性

黄芪，豆科，黄耆属，多年生草本植物，又名绵芪、黄耆、独椹、蜀脂、百本、百药棉、黄参、血参等。高50～100 cm。主根肥厚，木质，常分枝，灰白色。茎直立，上部多分枝，有细棱，被白色柔毛。羽状复叶有13～27片小叶，长5～10 cm。总状花序稍密；总花梗与叶近等长或较长，至果期显著伸长。荚果薄膜质，稍膨胀，半椭圆形，果颈超出萼外；种子3～8颗。花期6—8月，果期7—9月。

药用价值：以根入药，收载于《中华人民共和国药典》2020年版（一部），味甘，性微温，具补气固表、利尿、强心、降压、抗菌、托毒、排脓、生肌、加强毛细血管抵抗力、止汗和类性激素的功效，治表虚自汗、气虚内伤、脾虚泄泻、浮肿及痈疽等。

适应性：生长于温带和暖温带地区，喜日照、凉爽气候，耐旱，不耐涝。有较强的耐寒能力，多生长在山坡中、下部的向阳坡及林缘、灌丛、林间草地、疏林下及草甸等处。

1.1.2　栽培技术要点

1.1.2.1　选地

适宜选择区域范围明确，土层深厚、疏松、肥沃，排灌方便，地力水平中等及以上，春季播前0～20 cm土层土壤全盐含量在0.2%以下，土壤pH值在7.00～8.50的沙壤地块，忌连作，不宜与马铃薯、胡麻轮作。

1.1.2.2　整地

移栽前15 d（4月初）整地，一般深翻30～40 cm，结合整地施优质农家肥22 500～37 500 kg/hm^2、磷酸二铵450～600 kg/hm^2，整平耙细后待用。

1.1.2.3　种苗选择

选取条长、粗壮、无断损、无病虫害的种苗进行移栽。

1.1.2.4　覆膜移栽

地膜一般选用幅宽70 cm、厚0.007 mm的地膜。采取畦上平栽方法，先栽植后覆膜。畦面宽70 cm，畦沟宽50 cm，在畦面上横向开深7～10 cm的沟，将黄芪头朝向畦沟，尾对尾错位栽植，株距15～20 cm，同畦两行黄芪头相距75 cm，栽植密度82 500～112 500株/hm^2。栽完后整平畦面镇压后覆膜，覆膜时要把种苗放出，以防烧苗，然后用畦面开沟时挖起的土，将地膜边沿和黄芪头压严。最后，在地膜上每隔2 m压“土腰带”，防止大风揭膜。

1.1.2.5　田间管理

播种后要经常检查地膜，发现有破口或未埋严的地方要及时用土封好。苗期及时放苗，防止烧芽。一般选择在17：00以后或晴天9：00以前放苗。出苗后，田间杂草要及时拔除干净，并运出田外。幼苗生长缓慢，需要足够的水分，遇到干旱时要及时灌溉，有灌溉条件的地方可根据土壤墒情适时灌水2～3次。雨季应特别注意排水，防止烂根。

1.1.2.6　病虫害防治

白粉病主要为害黄芪叶片，发病时选用25%粉锈宁可湿性粉剂800倍液，或50%多菌灵可湿性粉剂500～800倍液，或75%百菌清可湿性粉剂500～600倍液，或30%固体石硫合剂150倍液喷雾防治，每隔7～10 d喷1次，连喷3～4次。白绢病主要为害黄芪根，发病时选用50%混杀硫悬浮剂500倍液，或30%甲基硫菌悬浮剂500倍液，或20%三唑酮乳油2 000倍液灌穴防治，每隔5～7 d灌穴1次；也可用20%利克菌（甲基立枯磷）乳油800倍液于发病初期灌穴或淋施1～2次，每隔10～15 d施药1次。根结线虫病主要为害黄芪根部，一般在6月上中旬至10月中旬均有发生，发病时用30%甲基硫菌悬浮剂500倍液，或

20%三唑酮乳油2 000倍液进行灌穴防治，每隔5～7 d浇1次。根腐病常于5月下旬至6月初开始发病，7月以后严重发生，常导致植株成片枯死。发病时，可用30%氟菌唑可湿性粉剂2 000～3 000倍液，或70%甲基硫菌灵可湿性粉剂1 000倍液喷雾防治；若病情严重，隔7 d再喷1次，交替用药。食心虫主要有黄芪籽蜂、豆荚螟、苜蓿夜蛾、棉铃虫、菜青虫等，为害黄芪的种荚。盛花期和结果期，用40%乐果乳油1 000倍液各喷雾防治1次，种子采收前用5%西维因粉1 000倍液喷雾防治。蚜虫主要以槐蚜为主，多集中为害枝头幼嫩部分及花穗等，一般用40%乐果乳油1 500～2 000倍液，或1.5%乐果可湿性粉剂1 500～2 000倍液，或2.5%敌百虫可湿性粉剂1 500～2 000倍液喷雾防治，每隔3 d喷1次，连喷2～3次。

1.1.2.7　采收与加工

（1）采收

黄芪移栽后1年即可采收，在10月中下旬枝叶枯萎后，选晴天采收，采挖前3～5 d可先割除地上部分，揭去地膜，采挖时用钢叉将根部挖出，除去泥土。采收时注意不要将根挖断，以免造成减产和商品质量下降。

（2）加工

将采收的黄芪根去净泥土，趁鲜剪掉芦头，晒至七八成干时，剪去侧根及须根，分等级捆成小捆再阴干。以根条粗长，表面淡黄色，断面外层白色，中间淡黄色，粉性足、味甜者为佳。干品放在通风干燥处贮藏。

1.2　黄芩

1.2.1　生物学特性

黄芩，唇形科黄芩属植物，又叫黄金条根、山茶根、黄芩茶、条芩、枯芩等。多年生草本植物，株高30～60 cm。全株稍有毛。根粗壮，近圆锥形，断面鲜黄色。茎方形，自基部多分枝，基部稍木质化。叶交互对生，近无柄。开紫花，总状花序顶生，花排列紧密。果实小而坚硬，卵圆形，黑褐色。有瘤。花期为6—9月，果期为8—10月。

药用价值：以根入药，收载于《中华人民共和国药典》2020年版（一部），具有清热解毒、泻火解毒、止血、安胎等功能。用于治疗湿温、暑温、胸闷呕恶、湿热痞满、泻痢、黄疸、肺热咳嗽、高热烦渴、血热吐衄、痈肿疮毒、胎动不安等症。

适应性：喜阳光，抗旱、抗寒能力较强，但不耐涝，对土壤要求不严，以排水良好、肥沃的沙质壤土为优，在丘陵荒地均可种植，而在低洼积水地不宜栽种。常见于海拔600 ~ 1 500 m、向阳较干燥的山顶、山坡、林缘、路旁或高原、草原等处。

1.2.2　栽培技术要点

1.2.2.1　选地与整地

应选择排水良好，阳光充足，土层深厚、肥沃的沙质土壤为宜。如有条件的地方，可在种植前，施腐熟厩肥30.0 ~ 37.5 t/hm^2、过磷酸钙750 kg/hm^{2}作基肥，耕翻土壤深30 cm以上。移植前，整细耙平作畦，四周开好较深的排水沟，以便排水通畅。

1.2.2.2　采种

选择发育良好健壮的2 ~ 3年生植株作为采种母株，种子一般于8月开始成熟，但成熟期不一致，应分期分批采收。在大部分蒴果由绿变黄时，连果序一起剪下晒干，拍打出种子，置布袋中于阴凉干燥处储藏。

1.2.2.3　繁殖

（1）直播繁殖

用种量大，每公顷用种在15.0 ~ 25 kg。采用条播或直播。播前催芽，将种子用40 ~ 50 ℃的温水浸泡5 ~ 6 h，捞出置于20 ~ 30 ℃的条件下保温保湿催芽，待大部分种子裂口时即可播种。播种时按行距30 ~ 40 cm开1.0 ~ 1.5 cm宽的浅沟播种，播后覆土厚度1 cm左右，以不见种子为度，然后稍加镇压、喷水。为加快出苗，可加盖地膜。一般播后10 ~ 15 d即可出苗。幼苗出齐后，分2 ~ 3次剪掉过密和瘦弱的小苗，保持株距8 ~ 12 cm。

（2）扦插繁殖

春、夏、秋3季都可以进行扦插繁殖，但以春季5—6月扦插最好。成活后可于7月雨季时移栽，容易成活。此时移栽苗有足够时间生长，冬季到来前已长成大苗，可安全越冬。如在7—8月雨季时扦插，常因多雨基质过湿，造成插条腐烂。插条应选茎尖半木质化的幼嫩部位，不用任何处理，其扦插成活率即可达90%以上。茎的中下部扦插时，用0.05 mg/L ABT生根粉处理2 h，然后扦插。扦插后40～50 d即可出圃，按种子繁殖的株行距，移栽于大田。

（3）分根繁殖

春季将收获的新鲜黄芩，在尚未萌发新芽之前全株挖起，切取主根留供药用，然后依据根茎生长的自然分叉用刀劈开，每株根茎分切成3～4根小株，且都具有芽眼，即为繁殖材料。在栽植之前用0.05 mg/L ABT生根粉浸泡处理2 h，然后按种子繁殖的株行距，栽于大田。

（4）育苗移栽

①育苗：于春季进行，在整平耙细的苗床上，按行距20～27 cm开沟，深2 cm左右。播前将种子用40～45 ℃温水浸种6 h，然后捞出置于室温下保温保湿进行催芽，待多数种子裂口后取出均匀地播入沟内，覆盖细肥土，厚1 cm。每公顷用种量30 kg左右，播后用细孔喷壶洒水，畦面盖草以保温和保持土壤湿润，当气温在15～20 ℃时7～10 d即可出苗。出苗后要及时揭去盖草，进行中耕除草和间苗。苗高5 cm左右时按株距10 cm定苗，并及时追肥和灌溉。黄芩苗培育1年即可移栽。

②移植：黄芩于当年10月地上茎叶枯萎，翌年4月萌发返青。可于当年秋、冬季土壤封冻前或第2年春季萌芽前移栽。在整平耙细的畦面上，按行距25～27 cm垂直栽入沟内，以根头在土面下3 cm深为度，栽后填土压紧，及时浇水，再盖土与畦面齐平。定植行株距（25～30）cm×（12～15）cm，移栽后及时浇水。

1.2.2.4 田间管理

（1）间苗定苗

直播者，出苗后苗高5～6 cm时，按株距12～15 cm定苗。如发现缺株应及时补苗。补苗时，应带土移栽，栽后浇水，以利成活。育苗的不必间苗，但须加强管理，除去杂草。干旱时还须浇清粪水。定植行距为30 cm，株距10 cm，移栽后及时浇水，以确保成活。

（2）中耕除草

幼苗出土后，应及时松土除草，并结合松土向幼苗四周适当培土，保持表土疏松，无杂草，1年需除草3～4次。

（3）追肥

当苗高度达到7～8 cm时即可第1次补施以氮、磷、钾为主的叶面肥。苗高10～15 cm时，每公顷用人畜粪水22.5～30.0 t追肥1次，助苗生长。6—7月为幼苗生长发育旺盛期，可根据苗情适当追肥，一般每公顷追施尿素300 kg和过磷酸钙150 kg，在行间开沟施入，覆土后浇水1次。次年收的植株枯萎后，于行间开沟，每公顷施腐熟厩肥30 t、过磷酸钙300 kg、尿素75 kg、草木灰150 kg，然后覆土盖平。2年生植株6—7月开花前，如计划采收种子，则应适当多追肥，以促进种子饱满。

（4）排水

黄芩耐旱，且轻微干旱有利于根下伸，但干旱严重时需适当浇水或喷水，以在16：00时以后进行浇水或喷水为宜。雨后应及时排出积水，以防烂根。

（5）摘除花蕾

对不收种子的黄芩，在植株现蕾时应将花蕾摘掉，使养分集中供应根系，促进根部生长发育，提高产量。

1.2.2.5　病虫草害防治

叶枯病发病初期喷洒1：120波尔多液，或用50%多菌灵1 000倍液喷雾防治，每隔7～10 d喷药1次，连用2～3次。根腐病发病初期用50%多菌灵可湿性粉剂1 000倍液喷雾，每7～10 d喷药1次，连用2～3次；或用50%托布津1 000倍液浇灌病株。黄芩舞蛾发病期用90%敌百虫或40%乐果乳油喷雾防治。地老虎及蝼蛄用50%辛硫磷800倍液喷雾，或在种植定植前用辛硫磷拌麦麸施入沟内，诱杀害虫。菟丝子喷洒生物农药“鲁保1号”灭杀。

1.2.2.6　采收与加工

直播和扦插时，种植2～3年才能收获，而分根繁殖者，当年就能收获。一般于秋后茎叶枯黄时，选晴天将根挖出，去掉附着的茎叶，抖落泥土，晒至半干，剥去外皮，然后迅速晒干或烘干。晾晒时应避免阳光太强，晾晒过度会发红。同时防止雨水淋湿，千万不能水洗，因雨淋或水洗后根会变绿发黑而影响质量。产品以坚实无孔洞、内部呈鲜黄色者为佳。

1.3　甘草

1.3.1　生物学特性

甘草，豆科，甘草属，多年生草本植物，又名国老、甜草、甜根子、甜草根等。根与根状茎粗壮，直径1～3 cm，外皮褐色，里面淡黄色，具甜味。茎直立，多分枝，高30～120 cm，密被鳞片状腺点、刺毛状腺体及白色或褐色的绒毛，叶长5～20 cm；叶柄密被褐色腺点和短柔毛；小叶卵形、长卵形或近圆形，两面均密被黄褐色腺点及短柔毛，顶端钝，基部圆，边缘全缘或微呈波状。总状花序腋生，具多数花，总花梗短于叶，密生褐色的鳞片状腺点和短柔毛；苞片长圆状披针形，长3～4 mm，褐色，膜质；花萼钟状，长7～14 mm，密被黄色腺点及短柔毛；花冠紫色、白色或黄色，长10～24 mm，旗瓣长圆形，顶端微凹，基部具短瓣柄；子房密被刺毛状腺体。荚果弯曲呈镰刀状或呈环状，密集成球，密生瘤状突起和刺毛状腺体。种子暗绿色，圆形或肾形，长约3 mm。花期6—8月，果期7—10月。

药用价值：以根和根茎入药，收载于《中华人民共和国药典》2020年版（一部），具有祛痰、利尿、清肺、止咳、解毒、抗癌、延缓衰老的功效。

适应性：喜光照充足、昼夜温差大的环境，适种土壤包括风沙土、灌淤土、灰钙土、灰漠土、黄绵土、红黏土、黑垆土、盐渍土等，但不宜在土质黏重、重度盐碱地及排水不良的土壤种植。丰产栽培时应选择土层深厚，土质疏松，透水透气性较好的地块，忌强盐碱和积水地栽植，应避免与豆科作物轮作，忌连作。

1.3.2 栽培技术要点

1.3.2.1 选地

选择区域范围明确，排灌方便，地力水平中等及以上，春季播前0～20 cm土层土壤全盐含量在0.3%以下，土壤pH值为7.0～8.5的地块。

1.3.2.2 育苗

（1）育苗地选择

宜选择有多年耕种史，无病虫或严重草害史，土层深厚、结构疏松、地势平坦、土壤肥力较好、灌溉条件良好的沙壤或壤土地块，最好选择在交通方便、有防风林网的区域。

（2）育苗地整地施肥

育苗前必须细致整地。秋翻深度25～30 cm，随翻、随耙，清除残根、石块，耙平、耙细。水浇地灌冬水或早灌春水，旱地春季解冻后，趁降水及时整地，结合整地，施商品农家肥60～75 t/hm^2、过磷酸钙450 kg/hm^2、尿素150 kg/hm^2，或施商品农家肥60～75 t/hm^2、磷酸二铵112.5 kg/hm^2、尿素110 kg/hm^2，然后精细耙耱。耙平后做长10 m、宽2～3 m的畦，灌足底墒水，待播，播前再施入磷酸二铵300 kg/hm^{2}作种肥。

（3）精选良种与种子处理

精选合格种子，然后将其在农用碾米机上碾1～2遍，见种脐擦伤或种皮微破且不碾碎种子为宜。

水地或墒情较好的育苗地，播前10 h左右，用60～70 ℃热水，倒入种子内，边倒边搅拌至常温，再浸泡2～3 h，待种子吸水膨胀后取出，滤干水分，放置8 h左右即可播种。易造成板结的黏重土壤宜灌水后播种。易干旱的沙质轻壤土宜播后灌水。旱地或土壤墒情较差的育苗地，宜干籽播种。

（4）播种

当土壤5 cm地温稳定通过10 ℃时即可播种，4月中旬至5月上旬为适播期，在适播期内播种越早，当年生长期越长，培育的苗主根粗壮而长，有利于移栽成活和根的生长。可采用覆膜播种方式，采用宽窄行种植，宽行110 cm，窄行30 cm，播前1～2 d覆盖厚0.008 mm、幅宽120 cm的黑膜，膜两边用土压实。用手持打孔器在地膜上并排打孔，孔直径6 cm，深2～3 cm，株距10～11 cm，行距8～10 cm，每穴点入处理过的种子17～20粒，稍覆细土，再覆洁净细河沙，增温保墒防板结。覆膜播种最适宜播期为5月上旬，播量为150～165 kg/hm^2。

部分地区也可采用露地撒播方式，指将种子撒在耙耱平的地表，再耙耱1次，使种子入土2～3 cm，镇压后覆盖1 cm细沙或麦草保墒。露地播种最适宜播期为3月下旬至4月中旬，播量为240～300 kg/hm^2。

（5）适时灌水，中耕施肥

苗期一般灌水2～3次，除草松土3次。苗出齐后灌第1次水，待苗高7～10 cm时灌第2次水，地面稍干时除草松土，分枝期灌第3次水，再次除草、松土，以利于增温和蓄墒、保墒，促进主根纵深发育。每次灌水定额为90～120 m^3/hm^2。田间积水时应及时排出。年内没有起苗，可灌足冬水。

苗期追肥以施尿素120～150 kg/hm^{2}为宜。叶面肥宜选择磷酸二氢钾型叶面肥，在苗高10 cm以上和幼苗分枝期喷施，全年喷2～3次。

幼苗生长高度达10 cm时中耕，疏松土壤，耕深5 cm；生长期间每月中耕1次。

1.3.2.3　移栽地选择与整地施肥

移栽地要及早蓄墒、保墒，要求移栽时土壤相对含水量不低于70%～80%。选土层深厚、疏松肥沃的沙壤土或壤土地块，要求有机质含量≥1.0%，速效磷含量≥5 mg/kg，土层深1～2 m，地下水位≤3.5 m，土壤pH值7.2～8.5，总盐量≤0.3%。前茬以禾谷类作物最佳。选定地块后，及时机械深翻20～30 cm，充分暴晒，秋季精细耙耱，保证地表平整，土壤疏松。结合耙耱用50%辛硫磷乳油3 750 mL/hm^{2}加入细沙土300 kg制成“毒土”施入土内以杀灭地下害虫。结合整地，基施农家肥60～75 t/hm^2、磷酸二铵112.5 kg/hm^2、尿素110 kg/hm^2。

1.3.2.4　移栽定植

大田栽植的适宜时间为4月，在适宜栽植期内应适当早栽。移栽前对种苗集中喷施40%辛硫磷乳油800～1 000倍液，或10%杀灭菊酯乳油800～1 000倍液，用塑料薄膜覆盖放置1～2 d后移栽；或用50%多菌灵可湿性粉剂600倍液、27%皂素烟碱可溶性浓剂600倍液混合液浸苗10～30 min后移栽，防治根部病虫害。

当种苗苗龄达到1年，根茎长>20 cm，横径>2 mm时采挖移栽。土壤解冻后采挖越早越好，一般在翌年3月中旬至4月中旬。挖苗时要保持苗圃潮湿松软，以确保苗体完整，起苗前1 d育苗小畦应灌水。采挖先从地边开始，紧靠苗垄开深沟到苗根部底端，并顺垄逐行采挖全苗。挖出的种苗要及时覆盖，以防失水。将采挖出的种苗按标准分级打捆，扎成直径10 cm的带土小把，根长40 cm为一类苗、根长30～40 cm为二类苗、根长20～30 cm为三类苗、不足20 cm为四类苗，每捆200～300株。

平地按南北行向、缓坡地沿等高线种植。移栽时先犁开30 cm以上的深沟，在沟内施入磷酸二铵300 kg/hm^2、过磷酸钙450 kg/hm^2，然后顺垄沟呈35°～40°倾斜插放移栽苗，要求根头同方向，根尾部顺沟平放，不要打弯，株距10～15 cm，根头发芽部低于土表2～3 cm。栽完一行后，再按行距35～40 cm犁第2行，使翻出的土壤恰好将第一行移栽苗整株覆埋。苗头覆土厚度10～15 cm并压实。要求边开沟、边摆苗、边覆土、边耙磨。栽植密度22.5万～30.0万株/hm^2。同一地块移栽同一等级的苗，以利于生长整齐，便于统一管理，同期采挖。移栽定植完后要耙耱平整，对个别外露根头要人工补埋。

1.3.2.5　灌溉

应视土壤墒情确定灌水时间和灌水量。灌足底水是确保出苗的关键，随旱随浇，有条件的地方可采用滴灌或喷灌。一般苗出齐后灌第一水，苗高10 cm灌第二水，后期若干旱灌第三水。如遇降水，可适当减少灌溉次数。秋季雨水较多时，要注意排水。

1.3.2.6　追肥

分枝期结合灌水和降水施尿素150～225 kg/hm^2，在苗高10 cm以上和幼苗分枝期，分别叶面喷施1.5～2.0 g/kg磷酸二氢钾1次，以利地上茎叶生长，增加叶面积，促进根系发育。苗高20 cm时再进行1次追肥，追施磷酸二铵375 kg/hm^2；收获前30 d内不得追施无机肥。水浇地随灌水施入，旱地可结合中耕除草或雨后进行旱追施，具体方法为在根系两侧开沟追施，或将肥料均匀撒入地表，结合中耕除草使肥土混合。

1.3.2.7　中耕除草与培土

幼苗生长高度10 cm时及时中耕除草，疏松土壤，中耕深度5 cm。此后每月中耕1次，直至封冻。田间杂草防治应做到早除、勤除。生长期内至少除草5次。每年越冬前培土，覆没芦头，以免造成顶部干枯或中空。

1.3.2.8　病虫害防治

生长期经常发生的病害有锈病、褐斑病、白粉病、立枯病、根腐病、灰斑病等。病害发生时，应及时拔除发病株，秋季刈割、清洁田园病枝落叶，可减少翌年的病原。锈病可采用0.3～0.4波美度石硫合剂、20%三唑酮可湿性粉剂300～500倍液叶面喷雾防治，每隔10 d喷1次，连喷2～3次，防效可达80%以上；褐斑病选用70%甲基托布津可湿性粉剂1 500～2 000倍液、70%代森锰锌可湿性粉剂1 000～1 200倍液叶面喷雾防治，防效可达85%以上；白粉病选用50%硫磺悬乳剂600～800倍液叶面喷雾防治，防效可达85%以上；立枯病选用50%多菌灵可湿性粉剂10倍液、64%杀毒矾可湿性粉剂10倍液拌种。根腐病可用50%甲基托布津可湿性粉剂800倍液，或75%百菌清可湿性粉剂600倍液灌根防治。灰斑病用50%多菌灵可湿性粉剂500～600倍液，或75%百菌清可湿性粉剂500～600倍液喷雾防治，间隔10 d喷1次，连喷3次。

主要虫害有蚜虫、蛴螬、甘草叶甲、金针虫、地老虎、甘草豆象、种子小蜂、甘草胭蚧等。蚜虫可用20%氰戊菊酯乳油2 000～3 000倍液，或10%大功臣可湿性粉剂1 000倍液喷洒防治。防治蛴螬可翻耕整地，压低越冬虫量，或覆膜前用50%辛硫磷乳油15 kg/hm^{2}拌土600 kg制成“毒土”均匀地翻入土中进行土壤处理等。叶甲采用40%毒死蜱乳油1 000倍液喷雾防治。金针虫可将棉籽饼、油渣、麦麸等粉碎炒香后制成饵料，将5 kg饵料与150 mL 90%敌百虫晶体30倍液拌匀，加适量水拌湿，傍晚按30.0～37.5 kg/hm^{2}撒于行间防治。防治地老虎可将灰条、苦苣、旋花等杂草铡碎放在90%敌百虫晶体100倍液中浸泡10 min后撒于行间诱杀。种子小蜂可在播种前筛种，除去有虫的种子，在盛花期或种子乳熟期喷施敌百虫800～1 000倍液。豆象防治重点在种荚收获脱粒后入仓贮藏期，应定期用熏蒸剂熏蒸。

1.3.2.9 采收

育苗移栽甘草2～3年后便可采挖。春秋两季皆可采挖，但秋末冬初最适宜采挖，土壤冻结前全部挖完。在土壤墒情较好的情况下，挖开地表20～30 cm便可将主根逐个拔出。若墒情不好，采挖时先割去地上部分枯萎茎蔓，然后从地边贴苗开70 cm深沟，然后逐渐向里挖，尽量保全根，严防伤皮断根。

1.3.2.10 晾晒、包装、贮藏

采挖后根据主根直径大小和长度分类，除去残茎、枝杈、须根后，去掉泥土，依据直径大小加工成规定的长度。捋直、捆扎，选择地势高、干燥、通风、硬实，且经防潮处理的平台堆放晾干，按等级分别剪切修整，扎成大捆保管，勿暴晒。堆放前，应对场地进行全面清理，以防止杂草、杂质和有毒物质混入，雨雪天应及时用防雨布遮盖。

按级称重并扎成25 kg的大捆，然后装箱封口打包，箱外标注产地信息等。贮于干燥、通风良好的专用贮藏库。贮藏期间要勤检查、勤翻动、常通风，以防发霉和虫蛀。

1.4 防风

1.4.1 生物学特性

防风，伞形科防风属多年生草本植物。株高30～80 cm。根粗壮，有分枝，根茎处密被纤维状叶残基。茎单生，两歧分枝，分枝斜上升生长，有细棱。基生叶有长叶柄，基部鞘状，稍抱茎；叶片卵形或长圆形，2～3回羽状分

裂，第1次裂片卵形，有小叶柄，第2次裂片在顶部的无柄，在下部的有短柄，又分裂成狭窄的裂片，顶端锐尖；茎生叶较小，有较宽的叶鞘。复伞形花序多数，顶生，形成聚伞状圆锥花序，伞辐5～7，不等长，无总苞片，小总苞数片，披针形；萼齿三角状卵形；花瓣5枚，白色，先端钝截形；子房下位，2室，花柱2个，花柱基部圆锥形。双悬果卵形，幼嫩时有疣状突起，成熟时渐平滑，每棱槽中通常有油管1条，合生面有油管2条。花期为8—9月，果期为9—10月。

药用价值：以根入药，收载于《中华人民共和国药典》2020年版（一部），味辛、甘，性温。具有解表发汗、祛风除湿作用，主治风寒感冒、头痛、发热、关节酸痛、破伤风；此外，防风叶、防风花也可供药用。

适应性：防风耐寒、耐干旱，怕雨涝和积水，有极强的防风沙能力，适宜在夏季凉爽、地势高燥的地方种植。喜阳光充足、昼夜温差大的气候条件，多野生于草原和向阳山坡。

1.4.2　栽培技术要点

1.4.2.1　种子采收

防风播种当年不开花结实。秋季选无病害、健壮的根做种秧耕种。翌年8—9月，注意采收成熟的种子，否则发芽率很低或者不发芽，种子采收后放于阴凉处后熟5～7 d，然后脱粒、晾干、贮藏备用，新鲜种子的发芽率50%～75%，存放2年的种子发芽率低，甚至不能作种。

1.4.2.2　选地

防风为深根系植物，应选地势高燥、土层深厚、排水良好，生态环境和地势适宜，不易发生水灾，土壤通透性好，并远离交通干道和厂矿，确保附近无污染源。可利用平地、山坡地种植，也可利用果树、幼林行间种植。土壤以黑钙土、草甸土、黑土、暗棕壤及沙土均可。

1.4.2.3　整地施基肥

防风可平作、畦作也可垄作。整地时均要在秋收后或第2年春，深翻30～40 cm，以秋翻地为好。深翻时结合施基肥，每公顷施入优质农家肥45～60 t，加入过磷酸钙300～450 kg，翻地前将肥均匀撒在地表，然后深翻、耙细、整平。播种方式可根据当地的气候、土地、育苗还是移栽、直播等来确定。平播适于直播生产。畦播时畦宽1.2～1.5 m，畦高20 cm，畦长依地块而定，适于直播、育苗。垄播时垄宽50～60 cm，垄高20 cm，垄长依地块而定，适于直播或移栽、种子田。

1.4.2.4　繁殖方法

（1）种子直播

播前浸种，把种子放在平地上，轻轻磨搓使种皮稍破，然后用35 ℃温水浸泡4～5 h，捞出后拌细沙，种沙比例为1∶3，放在20～25 ℃处催芽，待幼芽萌动时播种；秋播时用干籽。开沟条播，秋播9—10月按行距30 cm，顺畦开1.5～2.0 cm的浅沟，将种子均匀地撒入沟内，覆土地稍加镇压、浇水。温度在25～28 ℃时，保持土壤湿润，20 d左右即可出苗。春播3月下旬至4月中旬方法同上。秋播比春播好，秋播产的防风粗壮、粉性大，不抽沟，每公顷用种30 kg。

（2）育苗移栽

为了促成种子播入土壤后早出苗出全苗，便于管理，春季播种前必须对种子进行催芽处理，目前多用沙贮法，即将经过精选的种子用35 ℃温水浸泡24 h，也可用40～50 ℃温水浸泡8～12 h，使种子充分吸水，掏净捞出与细沙按1∶2比例混均匀，保持适当湿润度和18～28 ℃温度置于背风向阳处，每天翻动2～3次，待18～22 d见种子萌动即可播种。

将打好的畦面浇透底水，表面稍干时进行人工开沟，行距15～20 cm，沟深2～3 cm，壤土稍浅、沙土略深。将处理好的种子均匀地播撒在沟内，覆土1.5～2 cm，然后踩压保墒，每公顷育苗用种60 kg左右。

在整好的移栽田内，按行距15～18 cm开沟，沟深15～20 cm，将起好的苗斜向摆放在沟内，每垄开双沟，垄距40 cm，单垄每米摆放20株，栽后覆土，让生长点既不外露也不埋土过深，然后压实，一次性浇足定根缓苗水。

1.4.2.5　田间管理

（1）苗期管理

出苗前如遇干旱应及时灌水，保持土壤湿润。除草松土，要求见草就除，同时进行中耕松土2～3遍，达到壮苗效果。出苗后15～20 d，苗高达3～5 cm时，进行疏苗，防止小苗过度拥挤生长细弱。生长到1个月左右时，苗高达10 cm以上，进行最后定苗，苗距2～3 cm。

（2）匀苗

当苗高6 cm左右时首次匀苗，条播的每隔3～4 cm留苗1株；穴播的每穴留苗5～6株。待苗高至10 cm左右时进行定苗，穴播的每穴留2～3株，条播的每隔6～10 cm留1株。

（3）除草与培土

匀苗时应结合拔除杂草，定苗时进行第1次中耕，在夏、秋季视杂草滋生情况各进行1次。当年中耕宜浅，翌年中耕除草时结合培土保护根部。立夏至立秋期间，是防风生长旺盛期，应停止中耕，以防伤根。

（4）追肥

追肥应结合中耕除草或培土进行，当年宜用清淡人畜粪水，第2年可用稍浓的人畜粪水或农家肥与过磷酸钙混合堆沤后施用，有条件的可单施复合肥450～750 kg/hm^2。如发现营养不足，可根外追肥，喷磷酸二氢钾等。

（5）打薹促根

防风第2年将有80%以上植株抽薹开花、结实，地上植株开花后，地下根开始木质化，严重影响药用根质量。为此，除留种田外，必须将花薹及早摘除。一般需进行2～3次。

（6）越冬管理

一是浇好越冬前封冻水，在10月底或11月上旬进行，严防春季干旱。二是返青期管理，防风根茎经冬休眠后，翌年春季萌发新芽，进入返青期，返青前需进行彻底清园，将地上枯干叶清除，以减轻病虫害的发生。

1.4.2.6　病虫害防治

（1）病害

立枯病用50%甲基托布津800～1 000倍液，或50%多菌灵600～800倍液喷雾防治，每7～10 d喷1次，连续喷2～3次。白粉病喷洒0.3～0.5波美度石硫合剂或15%粉锈宁800倍液，或50%多菌灵1 000倍液，或12.5%禾果利可湿性粉剂2 000～3 000倍液等防治，以后视病情隔7～10 d喷1次，共喷2～3次。斑枯病喷1：0.5：200的波尔多液，或50%多菌灵可湿性粉剂500～1 000倍液等防治。根腐病可用70%五氯硝基苯粉剂拌草木灰（1：10）施根的四周并覆土。

（2）虫害

蚜虫可用敌杀死1 500倍液喷治。黄凤蝶可用90%敌百虫800倍液或BT乳剂

300倍液喷雾防治。黄翅茴香螟可用90%敌百虫800倍液或BT乳剂300倍液喷雾防治。

1.4.2.7　采收与加工

用根插繁殖的防风，水肥条件好的一年就可收获，种子繁殖的一般两年收获。防风根部入土较深，为防止折断，采收时须从垄或畦的一端开深沟、顺序挖掘。挖出后除净残茎和泥土，晒至半干时去掉毛须，再晒至九成干，按根的粗细长短分级，捆成约1 kg重的小捆，继续晒干或烘干，在45 ℃下烘干至含水量10%左右。商品分为两等：一等根圆柱形，长15 cm以上，芦下直径0.6 cm以上；二等根偶有分枝，芦下直径0.4 cm以上，其余同一等。以根条粗壮、外皮细而紧、断面皮部浅棕色、木质部浅黄色的质量为好。贮存在阴凉干燥处。注意防虫防潮。

1.4.2.8　留种

选择生长旺盛而无病虫害的2年生植株留种。为使结实饱满，增施磷、钾肥，注意通风透光等。种子成熟后割下茎枝，搓下种子，晾干后装入袋内，置阴凉处备用。保留优良种苗，可在收获时选择生长健壮的根段，边收边栽，原地假植育苗。

1.5　桔梗

1.5.1　生物学特性

桔梗，桔梗科桔梗属多年生草本植物，别名为土人参，铃铛花、白药、梗草、紫花子等。全株光滑，高40 ~ 50 cm，体内具白色乳汁。根肥大肉质，呈长圆锥形或圆柱形，外皮黄褐色或灰褐色。茎直立，上部稍分枝。叶互生，近无柄，茎中部及下部对生或3 ~ 4叶轮生；叶片卵状披针形，边缘有不整齐的锐锯齿；上端叶小而窄。花单生或数朵呈疏生的总状花序；花萼钟状，花冠蓝紫色或白色，开口呈钟状；蒴果倒卵形，成熟时顶部盖裂为5瓣：种子多数，褐色、光滑。花期6—8月，果期9—10月。

药用价值：以根入药，收载于《中华人民共和国药典》2020年版（一部），具有宣肺、散寒、祛痰排脓的功效，主治外感咳嗽、咳痰不爽、咽喉肿痛、胸闷腹胀、支气管炎、肺脓疡、胸膜炎等症。

适应性：桔梗喜凉爽湿润气候，地下根部耐寒，当年播种的幼苗可露地越冬。怕风害、忌积水。野生多见于向阳山坡及草丛中，栽培时宜选择海拔1 100 m以下的丘陵地带，对土壤要求不严，但以栽培在富含磷、钾的沙土中较好。

1.5.2　栽培技术要点

1.5.2.1　采种与选种

选用2年生桔梗种子，大而饱满，颜色深，播种后出苗率高，植株生长快，产量高。桔梗花果期较长，9—10月果实由上至下陆续成熟，应分期分批采集。为了获得良种，留种植株可于6月上旬剪去小侧枝和顶部的花序，以使养分集中于上中部，保证果实充分发育成熟。当果实由绿色变为黄色、果柄由青变为黑色、种子变为黑色时，及时采集。果实采回后，置通风干燥的室内后熟4～5 d，然后晒干、脱粒，除去杂质，贮藏备用。桔梗种子寿命仅1年，发芽率70%左右。隔年陈种不宜作种用。

1.5.2.2　选地与整地

选择土层深厚、疏松肥沃、排水良好、含腐殖质丰富的沙质土壤。于上年冬季深翻土壤30 cm以上，翌春结合整地。每公顷施入厩肥或堆肥37.5～45.0 t、过磷酸钙300 kg，翻入土中作基肥。深耕30～40 cm，然后整平、耙细，做成宽130～150 cm，高15～20 cm的畦，畦沟宽40 cm，要求沟底平整，排水畅通。可在翻地时将杂草树叶翻入土，也可隔一定距离种植一行或两行豆科植物，利用豆科植物的根瘤菌来改善土壤。

1.5.2.3　繁殖

（1）直播

直播产量高于移栽，且根形分杈小，便于刮皮。质量好。播前用温水浸种2～4 d，或用0.3%高锰酸钾液浸种1～2 d，可提高发芽率。在生产上多采用条播。在畦面上按行距20～25 cm开条沟，深4～5 cm，播幅10 cm，为使种子播得均匀，可用2～3倍的细土或细沙拌匀播种，播后盖草木灰或覆土2 cm。用种量11.25～15.00 kg/hm^2。以10月下旬至11月下旬为播种适期，也可春播，最迟3月底。在整平耙细的畦面上按行距15～20 cm开横沟条播，要求沟深1.5～2.0 cm，播幅宽10 cm左右，沟底要平整。播前将种子用0.3%～0.5%高锰酸钾溶液浸种24 h，捞出后用清水冲洗2遍，洗去药液后晾干即可下种。播前将种子与草木灰拌匀，均匀地撒入沟内，覆盖一层细肥土，以不见种子为宜，最后盖草或覆沙，轻镇压，保温保湿，于翌年3—4月初出苗，最后按株距5 ~ 6 cm定苗。用种量7.5 kg/hm^2。

（2）育苗移栽

育苗于春季2—3月进行。选择避风向阳的沙质壤土地块，施入腐熟厩肥、堆肥和草木灰共22.5 ~ 30.0 t/hm^{2}作基肥，整平耙细，作畦条播。按行距10 ~ 15 cm开深1.5 cm的沟，将种子均匀地撒入沟内，覆盖细土1 cm，然后盖草或覆沙，保温保湿。当气温升至18 ~ 25 ℃时，过15 d左右出苗，出苗后及时揭去盖草，当苗高5 cm时按株距3 ~ 5 cm定苗。以后加强苗期管理，培育1年即可出圃移栽。用种量15 kg/hm^{2}左右。

移栽在育苗的当年秋冬季茎叶枯萎后至翌年春季萌发前进行，以春季3月中旬为适期。移栽前先将种根挖出，按大、中、小分级，分别栽植。栽时，在畦面上按行距15 ~ 18 cm开横沟，深20 cm，按株距5 ~ 7 cm将主根垂直栽入沟内，注意不要损伤须根，也不要剪去侧根，以免发杈；栽后覆土略高于根头。适当密植有利于增产，基本苗应保持在75万株/hm^{2}左右。

1.5.2.4　田间管理

（1）中耕除草和追肥

齐苗后进行1次中耕除草，结合中耕沟施稀人粪尿、畜粪18 ~ 22.5 t/hm^2，其后保持地内疏松无杂草。6—7月开花时，追施稀粪22.5 t/hm^2，入冬以后宜施入腐熟厩肥或堆肥22.5 t/hm^2、油饼肥1 500 kg/hm^2、过磷酸钙750 kg/hm^2，第2年返青后再追施稀粪22.5 t/hm^2，于株旁开沟施入，施后覆土盖肥，并进行培土。在收获前要适当控制氮肥，多施磷、钾肥，使茎秆和主根生长粗壮，还可防止倒伏。

（2）排水

在高温多雨季节要及时清沟排水，防止积水烂根。

（3）除花打顶

桔梗花期长，开花需消耗大量养分，而且当摘除顶端花蕾时又能萌发侧枝，形成新的花蕾，因此需人工除花。也可在桔梗盛花期喷施40%乙烯利的1 000 mL/kg溶液1 125 ~ 1 500 kg/hm^2，疏花效果显著。

（4）越冬

可第2年采挖，延长桔梗生长期，提高产量。可在秋冬气温10 ℃以下时倒苗，1年生桔梗根可在-17 ℃的低温下安全越冬。

1.5.2.5　病虫害防治

轮纹病和斑枯病发病初期用1∶1∶100波尔多液或50%多菌灵500倍液喷雾，7～10 d喷1次，连续2～3次。根结线虫病可实行与禾本科作物轮作；结合整地，用5%乐斯本30～45 kg/hm^{2}拌细干土300～450 kg撒于地面，翻入土中，进行土壤消毒。枯萎病可实行3～5年的轮作；雨后注意排水，不使田间有积水现象；发病初期喷50%多菌灵800～1 000倍液或50%托布津1 000倍液。紫纹羽病发病初期用50%甲基托布津800～1 000倍液喷雾，每隔10 d喷1次，连续喷2～3次。

拟地甲虫在3—4月成虫交尾期与5—6月幼虫期，用90%敌百虫800倍液或50%辛硫磷1 000倍液喷洒。

1.5.2.6　采收与加工

一般药用桔梗生长3年以上采收，采收期可在秋季9月底到10月中旬或次年春桔梗萌芽前，以秋季采者体重质实，质量较好。一般在地上茎叶枯萎时采挖，起挖时，用刨叉逐行采挖，不要伤根。挖出后割去茎叶、芦头，将根部泥土洗净后，浸在水中，趁鲜用竹片或玻璃片刮去表面粗皮，或用去皮机去皮后洗净，晒干或用无烟煤火炕干，即可出售。若桔梗收回太多加工不完，可用湿沙埋起来，防止外皮干燥收缩，这样容易去皮。以根条肥大、色白或略带微黄、味苦、有菊花纹者为佳。

1.5.2.7　留种

桔梗花期较长，果实成熟期很不一致，留种时，应选择2年生的植株，在植株苗高15 cm时进行打顶，以提高种子产量和质量。在9月上中旬剪去弱小的侧枝和顶端较嫩的花序，使营养集中在上中部果实，10月当蒴果变黄、果顶初裂时，分期分批采收。因桔梗成熟的种子易裂，造成种子散落，故应及时采收。采收时应连果梗、枝梗一起割下，先置室内通风处后熟3～4 d，然后再晒干、脱粒，除去瘪籽和杂质后，贮藏备用。

1.6　北苍术

1.6.1　生物学特性

北苍术，菊科多年生草本植物，又名华苍术、山刺儿菜、枪头菜。株高

40 ~ 50 cm。根状茎肥大，呈疙瘩状，株高30 ~ 80 cm，茎单一或者植株上部有分枝，叶互生，叶片较宽，呈椭圆形，边缘有不连续的刺状芽齿。头状花序生于茎梢顶部，花白色管状，长白形瘦果，密生银白色柔毛。花期7—8月，果期8—10月。

药用价值：以根茎入药，收载于《中华人民共和国药典》2020年版（一部），味苦、辛，性温，具有健脾燥湿、明目祛风、散寒等功效。

适应性：北苍术喜凉爽、温和的气候条件，耐寒性强，忌高温高湿，忌涝。适生于海拔高、通风好、土质贫瘠、向阳的山坡疏林边、灌木中。

1.6.2 栽培技术要点

1.6.2.1 选地

选择土层深厚疏松、排水良好的地段，墒情好土层深厚、疏松、中性或微碱性沙质壤土或沙壤土地块。以前茬作物为禾本科的植物为好，忌连作。

1.6.2.2 整地施肥

选好地块后，进行整地施肥。使用翻转犁深耕灭茬45 cm以上，翻耕后用旋耕机或圆盘耙对表层土壤进行细碎和平整处理，达到地表平整，土壤细碎疏松、上实下虚，便于机械播种的要求。有机肥45 ~ 60 t/hm^{2}施入土壤，作为基肥使用。深耕后使用旋耕起垄施肥机，均匀混肥，做到全层施肥，然后立即混土，按照人工或机械作业，深翻土壤30 cm以上，将基肥与土壤混合均匀，整平耙细。整平的土地上按照高15 ~ 25 cm，宽140 cm，间距40 cm宽作畦，浇足底墒水。

1.6.2.3 繁殖

（1）播种

较少使用。可春、秋两季播种，一般春播于4月中旬进行；秋播在10月上旬进行，由于苍术种子为低萌发类型，生产中秋播优于春播。必须挑选新种子。对纯度低、杂质多的种子应进行精选，保证种子纯净饱满，减少病虫草害。播种前1 ~ 2 d晒种，促进酶的活性，提高种子的活力。也可在播种前1 d，将种子用冷水浸泡24 h，最好事先在水中溶入少量多菌灵杀菌剂，以减少或避免播种后烂种。条播，在整好的畦面上开沟，行距15 ~ 20 cm，开深0.5 ~ 1.0 cm、幅宽7 ~ 9 cm的浅沟，播种量75 ~ 90 kg/hm^2，将种子均匀地撒入沟内，覆土0.5～1.0 cm，稍加镇压。覆盖薄膜或者草毡进行保温，播种后温度保持在18～22 ℃，20～25 d出苗，出苗后及时揭开草毡和薄膜，保持土壤湿润，促进苗壮。

（2）育苗移栽

为保证育苗效果，最好采取覆膜育苗。育种在春秋两季都可进行，但以春播为主。用宽120 cm的地膜，全膜平铺。在膜面上用点播器打穴眼，穴眼深0.5～0.6 cm，穴距2～4 cm，穴眼直径10 cm以内。将种子均匀地撒7～8粒，覆少量土盖住种子。覆土完成后上面再覆一层小麦秸秆，秸秆厚度平均5 cm左右，再用少量树枝压实防止秸秆被风刮走。10～15 d即可出苗。

移栽定植一般在阴雨天或午后，苗高10 cm左右即可。可选择垄栽或畦栽。垄栽可边挖边栽，平地起垄，垄距65 cm，垄高约30 cm，垄上开沟，株距15 cm，覆土以盖住根茎为宜，栽后镇压，移栽后浇水。畦栽按行距25～30 cm，株距15 cm栽植，覆土以盖住根茎为宜，栽后镇压，移栽后浇水。

（3）分株移栽

采挖的野生苍术或人工栽培的北苍术大块根茎，将根茎连根挖出，抖掉泥土，将根茎切成长5 cm左右，带2～3个芽的小段，蘸草木灰消毒后，移栽大田。按照行距30 cm，株距15 cm。栽种深度15～17 cm进行栽种。

1.6.2.4　田间管理

（1）间苗、定苗、补苗

直播田或移栽田，出苗后适当进行疏苗，发现有缺苗地块要及时补苗，在苗高6 cm左右时要间苗定苗。

（2）中耕除草

播种或移栽后，应及时进行中耕除草，严防草荒，做到畦内无杂草；移栽田待苗萌发出土后，要进行浅锄除草；当植株长到40 cm以上时，中耕略深些，保持土壤良好的通透性。在北苍术苗高10 cm时可喷施中药材专用苗后除草剂菊术草清，按每公顷用5%菊术草清乳油750～1 050 mL，兑水30～40 kg，均匀茎叶喷雾处理。土壤水分空气湿度较高时有利于杂草对药剂的吸收和传导，可选择晴朗无风的傍晚喷药，要求喷后1 d无雨。

（3）追肥

追肥一般在每次中耕后施入，一般为3次。第1次5月中耕后，每公顷施入15 t有机肥，施后浇水，促幼苗生长；第2～3次中耕时，可根据长势追施有机肥30～45 t，随后浇水，保持土壤湿润。春夏结合降雨每公顷追施尿素60～75 kg；或在7—8月，每隔15 d喷施磷酸二氢钾叶面肥，连喷2次。

（4）灌水与排水

根据土壤墒情和天气情况来确定浇水程度，适时适量浇水。出苗前应保持土壤湿度，出苗后较少浇水次数。多雨季节要清理畦沟，排出田间积水，以免烂根。

（5）摘除花蕾

非留种田，以生产根茎为主，为较少开花结果对养分的消耗，一般第2年开始现蕾时，适当摘除部分花蕾，共摘3次。

（6）越冬田管理

秋季，北苍术地上部分干枯，应及时割除，并清除枯枝落叶。同时，进行培土，使畦高保持在20 cm以上。

1.6.2.5　病虫害防治

（1）病害

根腐病移栽前用3%甲霜·噁霉灵水剂1 000倍液沾根消毒；发病初期用15%噁霉灵水剂750倍液或3%甲霜·噁霉灵水剂1 000倍液喷淋根茎部，每7～10 d喷药1次，连用2～3次；或用50%托布津1 000倍液浇灌病株等。黑斑病发病前或发病初期用68.75%噁酮·锰锌水分散粒剂1 000倍液或70%丙森锌可湿性粉剂600倍液喷雾，每5～7 d喷洒1次，连续2～3次。叶斑病用扑海因（异菌脲、异菌咪）1 300倍液喷洒防治；多抗霉素500倍液喷洒防治；30%苯甲·丙环唑乳油3 000倍液；30%嘧菌酯悬浮剂1 500～6 000倍液喷洒防治。菌核病用10%苯醚甲环唑水分散粒剂2 000～2 500倍液喷雾；用10%苯醚甲环唑水分散粒剂2 000～2 500倍液喷雾；异菌脲悬浮剂1 000倍稀释液喷雾。

（2）虫害

为害北苍术的主要虫害有蚜虫、小地老虎等。蚜虫用33%氯氟·吡虫啉乳油3 000倍液，或用10%吡虫啉粉剂1 500倍液喷雾。小地老虎发现洞穴可用90%敌百虫1 000倍液进行浇穴。

1.6.2.6　留种

北苍术移栽当年就会零星开花结籽。从第2年开始，每年9—10月进行采收。开花前增施1次磷肥。北苍术种子为瘦果，成熟期不一致，应做到随时成熟随时采摘，连花托一起采摘。采后放在通风干燥处后熟然后晒干脱粒，贮藏于0～4 ℃处或者冰箱冷冻室。

1.6.2.7　采收与加工与贮藏

移栽后第3～4年可采挖根茎，北苍术春、秋两季都可采挖，但以秋后至翌年初春苗未出土前采挖的质量好。北苍术随挖随抖掉泥沙，晒至4～5成干时，撞掉须根，此时呈黑褐色；再晒至7～8成干时，第2次撞掉须根和表皮，然后晒至全干，再进行第3次撞击，直至表皮呈黄褐色即可。以个大、质坚实、断面朱砂点多、香气浓者佳。

北苍术采收后存放贮藏时，应选择清洁、无异味、通风干燥的场所作为仓库，贮于阴凉干燥处，温度30 ℃以下，相对湿度70%～75%。商品安全水分小于13%，贮藏期间定期检查，防虫蛀、防霉变，及时晾晒。

1.7　银柴胡

1.7.1　生物学特性

银柴胡，伞形科柴胡属多年生草本植物，株高45～85 cm。主根圆柱形，分枝或不分枝，质坚硬。茎直立丛生，上部分枝，略呈“之”字形弯曲。叶互生，基生叶倒披针形，基部渐窄成长柄；基生叶长圆状披针形或倒披针形，无柄，先端渐尖呈短芒状，全缘，有平行脉5～9条，背面具粉霜。复伞形花序腋生兼顶生，伞梗4～10，总苞片1～2，常脱落；小总苞片5～7，有3条脉纹。花小，鲜黄色；萼齿不明显；花瓣5，先端向内折；雄蕊5；雌蕊1，子房下位，花柱2，花柱基黄棕色。双悬果宽椭圆形，扁平，分果瓣形，褐色，弓形背面具5条棱。花期8—9月，果期9—10月。

药用价值：以根入药，收载于《中华人民共和国药典》2020年版（一部），具有解表和里、升阳、疏肝解郁功能。主治感冒、上呼吸道感染、疟疾、寒热往来、肋痛、肝炎、胆道感染、胆囊炎、月经不调、脱肛等症。

适应性：适应性较强，喜稍冷凉而又湿润的气候，较能耐寒、耐旱，忌高温和涝洼积水。常野生于海拔1 500 m以下的山区、林中隙地、丘陵的荒坡、草丛、林缘和路边。

1.7.2 栽培技术要点

1.7.2.1 选地与整地

人工种植柴胡宜选择山坡梯田、旱坡地，土层深厚，疏松肥沃，腐殖质土或沙壤土，土壤pH值6.5～7.5为好，黏重土壤不适宜种植。育苗地要深翻，清除石块、杂草和根茬，做到精耕细作。每公顷施入优质农家肥37.5～45 t，磷酸二铵150～180 kg，或有机肥4 500～6 000 kg，尿素225～375 kg，过磷酸钙450～600 kg，充分混合均匀后施入20 cm耕层中，整细耙平。结合整地，每公顷喷放甲敌粉30 kg或甲拌辛1：10细土混合撒施，防治地下害虫。因北柴胡种子较小，为便于管理和出苗，需要做成宽1.2～1.5 m、长30～40 m的畦床，畦面平整，畦埂坚实。对于易发生积水的地块要做成宽1.2～1.5 m、高10～15 cm的高畦床，畦间设步道Y瓣沟，宽40～50 cm，便于排水和苗圃管理。坡地可只开排水沟，不作畦。

1.7.2.2 选种与种子处理

种子选择纯净度好，发芽率高，千粒重≥0.8 g的当地优质或者自己选育当年产柴胡种子，也可引进种植中柴1号、陇柴1号等良种。播前将种子用40～50 ℃的温水浸种后浸泡，边搅拌边放种，浸泡6～8 h，也可用浓度为0.8%～1.0%高锰酸钾水溶液浸种10 min，捞出水面的秕籽，将饱满沉底的种子取出晾干后播种，浸泡过的种子必须短期播完。

1.7.2.3 播种

播种期可春播或秋播，西北地区春播适宜在4月下旬，秋播在10月进行。春播应采用沙藏处理过的种子，每公顷播量30～45 kg为宜，行距25 cm开沟，沟深2 cm，将种子均匀撒入沟内，覆土0.5 cm，稍加镇压，盖草帘保墒。墒情好可不浇水，墒情差时可用喷壶洒水。春播15 d后可出苗，秋播翌年春天出苗，苗出齐后选阴天将草帘除去。部分区域可覆膜，使用中药材施肥覆膜精量穴播机（或同类型覆膜、穴播、覆土一体机械）进行覆膜、播种、穴位覆土，选择幅宽120 cm黑色地膜并打孔，一膜6行，穴孔15 cm，孔距15 cm。10 d以后陆续出苗。

1.7.2.4 田间管理

（1）间苗定苗

播种后，应及时浇水保湿，15 d左右出苗。柴胡出苗后长到5～6 cm时，要及时进行间苗，不留双株苗，待其长至10 cm时定苗，条播每隔5～7 cm留壮苗1株，穴播者每穴留4～5株，每公顷留苗18万～21万株。缺苗地方，间出壮苗移栽，选择阴天补苗最好。

（2）中耕除草

生长期适当增加中耕松土的次数，有利于改善柴胡根系的生长环境，促根深扎，增加粗度。柴胡幼苗生长至3～5 cm高时，用药锄进行中耕松土，打破地表板结，为根系输送氧气，促进生长。以后每隔7～10 d再进行1次，连续中耕松土2～3次，以利提高根的产量和质量。由于田间有杂草伴生，往往与柴胡植株争夺养分、水分、光照空间，影响植株生长发育，因此，田间见草就立即除净，严防草害。

（3）追肥浇水

柴胡处于生长旺盛时期，配合中耕除草，适当增施有机肥。每公顷施有机肥15～22.5 t，施肥后要浇1次透水。适量适期喷施磷酸二氢钾或氨基酸水溶肥等叶面肥严格按稀释浓度喷施，每隔7～10 d喷1次，连续3次，亦可交替喷施。

（4）防涝

北柴胡怕积水，夏季雨后遇涝要及时疏通。

（5）揭膜

覆膜种植的，次年返青后人工揭除地膜。

（6）除蕾打顶

对于以生产中药材为主、不留作种田的地块，在柴胡花期进行2～3次摘心除蕾，防止其抽薹开花，减少植株营养消耗。

1.7.2.5 病虫害防治

（1）病害

北柴胡的主要病害为锈病、斑枯病及根腐病。锈病可用25%粉锈宁可湿性粉剂1 000倍液喷雾防治；斑枯病喷施1∶1∶150的波尔多液，或50%的多菌灵600倍液，或75%代森锰锌络合物800倍液，或70%甲基托布津可湿性粉剂800～1 000倍液，喷雾防治，每10～15 d喷药1次，连喷2～3次；根腐病用70%甲基托布津可湿性粉剂700倍液，或58%的甲霜灵·锰锌600倍液，淋穴或灌根，每隔7 d灌1次，连灌2～3次。

（2）虫害

蝼蛄、蛴螬、地老虎等害虫一般发生在6—9月，可用90%敌百虫800倍液喷雾防治，每隔7 d喷雾1次，连续喷2～3次即可。也可用90%敌百虫晶体7.5 kg/hm^{2}或50%辛硫磷乳油7.5 kg/hm^2，加水8～10 kg制成毒饵。黄凤蝶每隔7 d喷洒1次90%敌百虫800倍液或青虫菌300倍液。赤条蝽除人工捕捉外，用90%敌百虫800倍液喷洒。无翅蚜用0.3%苦参碱乳剂800～1 000倍液，或天然除虫菊素2 000倍液等喷雾防治。

1.7.2.6　采收与加工

春秋均可采挖，以秋季采挖为宜。在地上部分茎叶开始枯萎时，先将地上茎秆距地面3～5 cm处割去，再选择茎秆粗壮的植株，拔出地下根，抖净泥土，剪除毛须、侧根及残茎、芦头，留茬1 cm以内，趁湿理顺，按等级规格捆扎，晒干即成。产品以粗长、质坚硬、整齐、无残茎和须根、不易折断者为佳。

种子收获是在种子呈现红褐色时为最佳采收期，采用收割机，离地15 cm左右收割茎秆，打捆、晾晒、采收种子，晾晒、清理杂质、包装贮藏。

1.8　板蓝根

1.8.1　生物学特性

板蓝根，十字花科，菘蓝属，2年生草本植物，又名菘蓝、山蓝、大蓝根、马蓝根、靛青根、蓝靛根、大青根。植株高50～100 cm。光滑无毛常被粉霜。根肥厚，近圆锥形，表面土黄色，具短横纹及少数须根。基生叶莲座状，叶片长圆形至宽倒披针形，先端钝尖，边缘全缘，或稍具浅波齿，有圆形叶耳或不明显；茎顶部叶宽条形，全缘，无柄。总状花序顶生或腋生，在枝顶组成圆锥状；萼片4，宽卵形或宽披针形；花瓣4，黄色，宽楔形，先端近平截，边缘全缘，基部具不明显短爪。子房近圆柱形，花柱界限不明显，柱头平截。短角果近长圆形，扁平，无毛，边缘具膜质翅，尤以两端的翅较宽，果瓣具中脉。种子1颗，长圆形，淡褐色。花期4—5月，果期5—6月。

药用价值：以根入药，收载于《中华人民共和国药典》2020年版（一部），具有清热解毒，凉血利咽之功效。

适应性：适应性较强，能耐寒，喜温暖，怕水涝。在疏松肥沃、排水良好的沙壤土中生长良好。

1.8.2 栽培技术要点

1.8.2.1 选地

选择土壤疏松，排灌方便，排水良好，地力水平中等及以上，春季播前0～20 cm土壤全盐含量在0.3%以下，土壤pH值在7.0～8.5的地块。

1.8.2.2 深翻整地合理施肥

结合深翻整地合理施肥，每公顷施农家肥45～60 t、二铵225 kg，钾肥60 kg，均匀地撒到地内并深翻30 cm以上，再做成1 m宽的平畦，这样有利于根部的生长，顺直、光滑，杈少。然后选择适宜时间播种。

1.8.2.3 播种的时间与方法

板蓝根在北方适宜春播，并且应适时迟播，如果播种时间过早，抽薹开花早，不仅造成减产而且板蓝根的品质也会下降，最适宜的时间是4月20—30日。播种前种子用40～50 ℃温水浸泡4 h左右后捞出用草木灰拌匀，在畦面上开一条行距20 cm、深1.5 cm的浅沟，将种子均匀地撒在沟中，覆土1 cm左右，略微镇压，适当浇水保湿。温度适宜，7～10 d即可出苗。一般每公顷用种量为30～37.5 kg。

1.8.2.4 田间管理

（1）间苗定苗

出苗后，当苗高7～8 cm时按株距6～10 cm定苗，去弱留壮，缺苗补齐。苗高10～12 cm时结合中耕除草，按照株距6～9 cm、行距10～15 cm定苗。

（2）中耕除草

幼苗出土后浅耕，定苗后中耕。在杂草3～5叶时可以选择精禾草克类化学除草剂喷施除禾本科杂草，每公顷用药60 mL，兑水750 kg喷雾。

（3）追肥浇水

收大青叶为主的，每年要追肥3次，第1次是在定植后，在行间开浅沟，每公顷施入150～225 kg尿素，及时浇水保湿。第2次是在收完大青叶以后追肥，为使植株生长健壮旺盛可以用农家肥适当配施磷钾肥；收板蓝根为主的，在生长旺盛的时期不割大青叶，并且少施氮肥，适当配施磷钾肥和草木灰，以促进根部生长粗大，提高产量。

1.8.2.5 主要病虫害防治方法

霜霉病发病初期用70%代森锰锌500倍液喷雾防治，或用杀毒矾800倍液喷雾防治，每隔7～10 d喷1次，连喷2～3次。叶枯病发病前期可用50%多菌灵1 000倍液喷雾防治，每隔7～10 d喷1次，连喷2～3次。该时期应多施磷钾肥。根腐病发病初期可用50%多菌灵1 000倍液或甲基托布菌1 000倍液淋穴，并拔除残株。菜粉蝶，俗称小菜蛾，主要为害叶片，5月开始发生，尤以6月为害严重。可以用菊酯类农药喷雾防治。

1.8.2.6 收获加工

春播板蓝根在收根前可以收割2次叶子，第1次可在6月中旬，当苗高20 cm左右时，从植株茎部距离地面2 cm处收割，有利于新叶的生长；第2次可在8月中下旬。高温天气不宜收割。板蓝根应在入冬前选择晴天采挖，挖时一定要深刨，避免刨断根部。起土后，去除泥土茎叶，摊开晒至七八成干以后，扎成小捆再晒至全干。以根条长直、粗壮均匀、坚实为佳。

1.8.2.7 留种技术

春播板蓝根应在入冬前采挖，选择无病、健壮的根条按照株行距30 cm×40 cm移栽到留种地里。留种地应选择避风、排水良好、阳光充足的地块。来年加强肥水管理，于6—7月种子由黄转黑时，整株收割，晒干脱粒。收完种子的板蓝根已经木质化，不能再作药用。

1.9 赤芍

1.9.1 生物学特性

赤芍，毛茛科多年生草本植物。高40～70 cm，无毛。根肥大，纺锤形或圆柱形，黑褐色。茎直立，上部分枝，基部有数枚鞘状膜质鳞片。叶互生；叶柄长达9 cm，位于茎顶部者叶柄较短；茎下部叶为二回三出复叶，上部叶为三出复叶；小叶狭卵形、椭圆形或披针形，先端渐尖，基部楔形或偏斜，边缘具白色软骨质细齿，两面无毛，下面沿叶脉疏生短柔毛，近革质。花两性，数朵生茎顶和叶腋，直径7～12 cm；苞片4～5，披针形，大小不等；萼片4，宽卵形或近圆形，长1～1.5 cm，宽1～1.7 cm，绿色，宿存；花瓣9～13，倒卵形，长3.5～6 cm，宽1.5～4.5 cm；雄蕊多数，花丝长7～12 mm，花药黄色；花盘浅杯状，包裹心皮基部，先端裂片钝圆；心皮2～5，离生，无毛。蓇葖果卵形或卵圆形，长2.5～3 cm，直径1.2～1.5 cm，先端具喙，花期5—6月，果期6—8月。

药用价值：以根入药，收载于《中华人民共和国药典》2020年版（一部），具有抑制血小板和红细胞聚集、抗凝和抗血栓、抗动脉粥样硬化、保护心脏和肝脏、抗肿瘤等作用。主要用于治疗瘀滞经闭、疝瘕积聚、腹痛、胁痛、衄血、血痢、肠风下血、目赤、痈肿等。

适应性：抗性强，在土层厚、疏松且排水良好的沙质壤土生长良好，多集中生长于北方海拔500～1 500 m的山地和草原。

1.9.2　栽培技术要点

1.9.2.1　选地与整地

选择土质疏松、土层深厚，排水良好的平地或缓坡，赤芍适宜土壤依次为壤土、沙壤土、沙土、黏重土。秋翻地深30 cm左右，以利驱除病虫害。第2年春整地，犁后耙平，清除田间杂物然后打垄或作畦，在沙质较重透水好的地块，宜采用平畦，土质较黏透水不良的地块，宜采用高畦。畦高15 cm左右，畦宽130 cm左右，畦间距40 cm。整地时每公顷施腐熟细碎的厩肥45 t以上，或生物有机肥6 000～7 500 kg或15：15：15的三元硫酸钾型复合肥450 kg+60 kg辛硫磷颗粒混匀后施用。

1.9.2.2　育苗移栽

（1）播种

秋播，用刚采下的成熟种子进行条播，方法是顺畦面方向开5～7 cm浅沟，将种子均匀撒入沟中，覆土5 cm左右，稍镇压。播种后用微喷带进行喷灌，20 cm土层浇透即可，以保证种子发芽水分。播种盖土后可喷施乙草胺封闭除草剂，播种第1年不出苗，有草时可以喷施农达等。第2年5月下旬开始出苗，冬季在畦面铺厩肥或土杂肥，以保安全越冬。培育2年后作种苗进行移栽。

（2）起苗

第3年4月中下旬起苗。面积小可人工起苗，面积大时也可用机械收，先割去地上枯茎，再用药材收刨机起苗，抖去泥土，剔除有病斑、分杈和机械破损的种苗。起获的种苗按长短进行分类，并打成小捆备栽。如果不能立即移栽，可选通风阴凉干燥处，用潮湿的河沙层积贮藏。选择根条形、无分杈、光滑无病斑、无锈病、无机械损伤的作种苗。

（3）移栽定植

按行距50 cm、株距30 cm，两人配合栽植，一人用铁锹深入土壤，然后向前轻推下锹把，留出一个可以放进苗的缝隙，另一人把苗头朝上将苗竖立放入缝隙中，深度以芽头到土面5 cm为宜，抽出铁锹，合拢缝隙，并用脚踩实。

1.9.2.3　田间管理

（1）苗期管理

越冬前在畦面铺2 ~ 3 cm厚厩肥或土杂肥，以保安全越冬。第2年4月开始出苗，视土壤墒情适当浇水。期间做好中耕除草工作，苗高10 cm时用50%的多菌灵可湿性粉剂600 ~ 800倍液喷雾预防病害。5—6月追施1次15：15：15的三元硫酸钾型复合肥30 kg，越冬前最好盖厩肥。第3年春季作种苗进行移栽。

（2）移栽后管理

①中耕除草：定植后，头两年幼苗矮小，如不及时除草易成草荒。栽后一般半个月左右红芽露出，应立即中耕除草，此时的赤芍根纤细，扎根不深，不宜深锄。5、6月各中耕除草1次。以后每年视情况进行中耕除草2 ~ 3次。

②培土、灌溉：每年入冬前在清理枯枝残叶的同时，应培土1次，以防止越冬芽露出地面枯死。在夏季高温干燥时期，也应适当培土抗旱。有条件的地区，可以灌溉。多雨季节要及时排水。

③摘蕾：现蕾后及时摘除花蕾，集中养分供根部生长发育。留种的植株可适当去掉部分花蕾，使种子充实饱满。

④间作：栽后当年和第2年可适当在赤芍空间栽种红小豆、大豆、芝麻等，以降低夏季地表温度，又能收获粮食。

⑤追肥：第1年施基肥以外，在7月每公顷追施15：15：15的三元硫酸钾型复合肥450 kg。以后每年7月中旬追施复合肥1次，每年喷施根茎药材专用叶面肥4 ~ 5次。

1.9.2.4　病虫害防治

（1）病害

灰霉病发病后清除被害枝叶，集中烧毁或深埋；也可栽植前用65%可湿性代森锌粉剂300倍液，浸10～15 min；或在易发病期和发病初期用1∶1∶100波尔多液喷洒植株，每隔10～14 d喷1次，连续进行3～4次。白粉病及时将地上部分剪除并清理烧毁，花后及时疏枝，剪除残花，发病较轻时及时摘除病叶并烧毁。锈病发病初期喷0.3～0.4波美度的石硫合剂或70%敌锈钠400倍液。

（2）虫害

有蛴螬、地老虎、蝼蛄等为害根部。用90%敌百虫1 000倍液进行地面喷洒，或90%敌百虫6～8倍液喷到炒香的麸皮或玉米粉上拌匀制成毒饵，每公顷施150 kg。

1.9.2.5　采收与加工

有性繁殖的赤芍4～5年收获；用芽头繁殖的3～4年收获。8—9月采挖，不宜过早或过迟，否则会影响产量和质量。选择晴天，先将地上茎叶割去，挖出根部。将根茎部分带芽切下，再分成小块作为栽植用，放入室内或窖内，沙埋保管。赤芍根挖出后，应尽快洗去附着的泥土等杂质，切下芍根进一步加工。可采用不锈钢网筐人工流水冲洗方法或者高压水枪清洗。人工挑除夹杂的枯枝，并剔除破损、虫害、腐烂变质的部分。去掉根茎及须根等杂质，切去头尾，修平。经修剪好的芍根，理直弯曲，进行晾晒或烘至半干，按大小等级捆成小把。之后晒干或烘干，贮存于通风干燥阴凉处，防虫蛀霉变。连在种子上的果肉，除去杂质滤出种子，晾干或早晚太阳晒干，忌暴晒。人工净种，种子晾干选优后用编织袋贮存于干燥、通气，温度为-5～1 ℃处。

1.10　玄参

1.10.1　生物学特性

玄参，玄参科玄参属草本植物，又名元参、浙玄参、黑参、乌元参。高大草本，可达1 m余。支根数条，纺锤形或胡萝卜状膨大，粗可达3 cm以上。茎四棱形，有浅槽，无翅或有极狭的翅，无毛或多少有白色卷毛，常分枝。叶在茎下部多对生而具柄，上部的有时互生而柄极短，柄长者达4.5 cm。花序为疏散的大圆锥花序，由顶生和腋生的聚伞圆锥花序合成，长可达50 cm，但在较小的植株中，长不及10 cm，聚伞花序，花梗长3～30 mm，有腺毛；花褐紫色，花萼长2～3 mm，裂片圆形，边缘稍膜质。蒴果卵圆形，连同短喙长8～9 mm。花期6—10月，果期9—11月。

药用价值：以根入药，收载于《中华人民共和国药典》2020年版（一部），性微寒，有清热凉血，滋阴降火，解毒散结的功效。

适应性：喜温和湿润气候，耐寒、耐旱、怕涝。适应性较强，在平原、丘陵及低山坡均可栽培，对土壤要求不严，但以土层深厚、疏松、肥沃、排水良好的沙质壤土栽培为宜。

1.10.2 栽培技术要点

1.10.2.1 选地与整地

选阳光充足、土层深厚的沙质壤土，前茬以豆科、禾本科为好。深耕，施足基肥，可施用农家肥75 t/hm^2，经细耙平再作高25 cm，底部宽45～60 cm，顶宽30 cm左右的高垄，也可采用畦作，畦宽120 cm左右，畦长随地形和种量而定。

1.10.2.2 繁殖方法

（1）块根繁殖

玄参生产上一般采用子芽繁殖，收获时选择无病、健壮、白色的子芽。南方采用冬种，于12月中下旬至翌年1月上中旬栽种。按行距40～50 cm，株距34～40 cm开穴，穴深8～10 cm，每穴放子芽1个，芽向上。北方以春种为主，于2月下旬至4月上旬栽种。每公顷需用块根2 250 kg。

（2）老根栽种

刨出玄参时割掉药用的块根余下的老根掰下来即可栽种，随刨随栽，也可储藏起来，待到来年开春发芽时，掰开栽种，株距16.66 cm，行距50～60 cm，每公顷用老根3 000 kg左右。也可用种子繁殖的老根。

（3）茎枝繁殖

茎枝繁殖是在多雨季节，将剪下的底间或侧枝6～10 cm栽入地下3 cm。株距5 cm，行距8 cm。搭棚遮阳，4～6 d可吐须生根，要注意土壤干湿度，10 d左右决定能否成活，一个月后即可带土移栽，霜冻之前收获。4—6月，不论老根栽种还是块根栽种的玄参，都要打顶和剪除侧枝，利用剪下的枝头作繁殖之用。

（4）种子繁殖

种子繁殖第1年无产。采用阳畦或温床育苗，施足底肥，做成畦后浇1次水，水渗透后再下种，将种子撒在畦面上，细土盖严，再盖秸秆保持水分，出苗后，去掉秸秆，秋后可取块根作繁殖材料。参苗出齐后，进行除草，30 cm高后可追施饼肥或尿素，苗高65 cm打顶，剪除花蕾。

1.10.2.3 玄参的田间管理

（1）中耕除草

玄参出苗时，有草就除，除草时松土不宜过深，避免伤害块根。从播种到收获一般需进行4～6次除草，6月后不必再松土，除草即可。

（2）适时追肥

生长过程一般进行3次追肥，封垄前追肥1～2次，以磷、钾肥为主，并施一些厩肥或堆肥，在植株旁开小穴或沟施下，覆土盖实。第3次施肥在花期，以促进块茎的生长。

（3）合理间苗

定植后第2年，根部会长出许多幼苗，使根部膨大，需及时拔除多余株，只留2～3株即可。

（4）适时打顶

作商品收获的玄参，不作种用，当花薹抽出时，需及时摘除。

（5）浇水排水

玄参比较耐旱，不耐涝，干旱特别严重时适当浇水，使土壤湿润，但不宜大量灌溉。雨季时及时排水。

（6）病虫防治

斑枯病发病前及发病初期喷1：1：100波尔多液或65%代森锌500倍液，每7～10 d喷1次，连续数次。白绢病及时拔除病株，并撒石灰封闭病穴，也可栽前用50%退菌特1 000倍液泡5 min后晾干栽种。地老虎可用2%灭多威乳油100 g，加水1 kg稀释，再喷在100 kg新鲜的草或切碎成约16 cm长的青菜中，拌成毒饵，于傍晚每隔一定距离堆成直径为30～40 cm、高15 cm的小堆，每公顷用毒饵375 kg诱杀。红蜘蛛用乐果2 000倍液喷杀。

1.10.2.4 收获

适宜收获时间是霜降至来年发芽前，收获时割掉地上部分，然后刨出，块根入药，老根留作下半年栽种。刨出的块根晾半干后，堆积闷2～3 d，内部变黑后继续晾晒至干，即可出售。

1.11 苦参

1.11.1 生物学特性

苦参，豆科多年生半木本植物，也被称为山槐根、山槐子、地槐、苦骨。落叶亚灌木。根圆柱形，黄色，味苦，气刺鼻。小枝绿色，幼时有柔毛。羽状复叶互生，小叶25～29，长椭圆形至披针形，长3～4 cm，宽1.2～2 cm，先端渐尖，全缘，下面黄绿色，有短柔毛。总状花序顶生，被短毛；苞片线形；花萼钟形，稍偏斜，先端5裂；花冠蝶形，淡黄色或白色，旗瓣匙形，较其他花瓣稍长，翼瓣无耳；雄蕊10，花丝仅基部愈合；子房柄被细毛。荚果线形，于种子间微缢缩，先端有长喙。种子1～5粒，黑色，近球形。花期6—7月，果熟期9—10月。

药用价值：以根及根茎入药，收载于《中华人民共和国药典》2020年版（一部），具有清热解毒、消肿止痛、杀虫、利尿、健胃、通便之功效，常用于治疗咽喉肿痛、皮肤瘙痒等症。

适应性：苦参喜温暖潮湿环境，耐寒。对土壤要求不严，一般土壤均可栽培，但以土层深厚、肥沃、排灌方便的壤土或沙质壤土为佳。

1.11.2 栽培技术要点

1.11.2.1 选地与整地

苦参为深根性植物，宜选择土层深厚、肥沃、排灌方便、向阳的黏壤土、沙质壤土或黏质壤土栽培。每公顷施入充分腐熟的堆肥或厩肥45 t或加750 kg氮磷钾复合肥，捣细撒匀，深翻40～50 cm，深翻耙平整细，作畦。

1.11.2.2 繁殖

（1）种子繁殖

7—9月，当苦参荚果变为深褐色时，采回晒干、脱粒、滤净杂质，置干燥处备用。播种前要进行种子处理，用40～50 ℃温水浸种10～12 h，取出后稍沥干即可播种。也可用湿沙层积，种子与湿沙按1：3混合，20～30 d再播种。

于3月下旬至4月上旬，在整好的高畦上，按行距50～60 cm、株距30～40 cm开深2～3 cm的穴，每穴播种4～5粒处理好的种子，用细土拌草木灰覆盖，保持土壤湿润，15～20 d出苗。苗高5～10 cm时间苗，每穴留壮苗2株。

（2）育苗移栽。

选择土层深厚、肥沃、排灌方便的沙土、壤土做育苗田，每公顷施入45 t农家肥作底肥。春播或秋播均可，秋播后需覆盖。秋播宜早不宜迟，种子成熟之后即可播种，最迟要在土壤解冻前播完，春播应在清明前后下种。可以条播，也可在荒山荒地撒播，平地播种的用种量60 kg/hm^2，荒山撒播的用种量1 125 kg/hm^{2}为宜。由于种皮不易吸水，不经处理的种子及播种时覆土过深的种子，有第2年甚至是第3年出苗的现象。条播按行距30～45 cm，开浅沟，均匀撒入种子，盖土1～2 cm，浇水，保持土壤湿润，20 d左右出苗。苗高20 cm时，一般穴留苗1～2个，其余可移栽。按行距50～60 cm、株距30～40 cm栽种。

（3）分根繁殖

春、秋两季均可结合收获进行。秋栽于落叶后进行，春栽于萌芽前进行。把母株挖出，剪下粗根作药用，然后按母株上生芽和生根的多少，用刀切成数株，每株必须具有根和芽2～3个。按行距50～60 cm、株距30～40 cm栽苗，每穴栽1株。栽后盖土、浇透水。

1.11.2.3　田间管理

（1）苗期管理

苗高20 cm时要及时定苗、间苗。苗期应及时除草，并适当松土。5月上旬进行根部追肥，以氮肥为主，促进小苗早期的营养生长；7月上旬再进行1次追肥，以磷肥、钾肥为主，加强复壮、促进根部营养成分的积累及越冬芽的分化；8月中下旬培土1次，以促进越冬芽的形成。中耕4～5次。春季易发生干旱，应及时浇灌。

（2）中耕除草，抑制徒长

及时中耕除草，可选用大豆田除草剂进行化学除草，提高效率。对于生长过旺徒长田块，或雨水较好时，可喷施多效唑调节，抑制徒长。

（3）加强肥水管理

生长期间遇干旱要及时浇水。追肥一般在播后第2年，以氮肥、磷肥为主，每公顷追施硝酸磷肥225 kg。第3年后以钾肥为主，每公顷施硫酸钾1 687.5 kg左右。整个生育期可叶面喷施磷酸二氢钾。

（4）摘花打顶

除留种地外，其余地块于5月除去花序，进行打顶，利于增产。

（5）保护越冬

秋季植株枯萎之后，将枯枝清理干净，加盖腐熟的畜粪，一是保护越冬芽，二是对第2年的生长起到追肥的作用。

1.11.2.4　病虫害防治

一般虫害可选用敌百虫、敌杀死、病害可选用多菌灵、粉锈宁、甲托等。花期有菜青虫为害花序，要及时用乐果或敌杀死防治。

1.11.2.5　采收与加工

根可在栽种2~3年后的茎叶枯萎后或春季出苗前采挖。刨出全株，按根的自然生长情况，分割成单根，去掉芦头、须根，大小分档，洗净泥沙。鲜根切成6~10 mm厚的圆片或斜片。小片除去杂质，洗净，若过大则改刀后晒干或烘干。取干片，置炒制容器内，炒至表面呈焦黑色，内部焦黄色，喷洒少许清水，灭尽火星，取出，晾干即得苦参炭。

1.12　北沙参

1.12.1　生物学特性

北沙参，伞形科珊瑚菜属，多年生草本。别名珊瑚菜，全株被白色柔毛。根细长，圆柱形或纺锤形，长20~70 cm，径0.5~1.5 cm，表面黄白色。茎露于地面部分较短，分枝，地下部分伸长。叶多数基生，厚质，有长柄，叶柄长5~15 cm；叶片轮廓呈圆卵形至长圆状卵形，三出式分裂至三出式二回羽状分裂，末回裂片倒卵形至卵圆形，顶端圆形至尖锐，基部楔形至截形，边缘有缺刻状锯齿，齿边缘为白色软骨质；叶柄和叶脉上有细微硬毛；茎生叶与基生叶相似，叶柄基部逐渐膨大成鞘状，有时茎生叶退化成鞘状。复伞形花序顶生，密生浓密的长柔毛，花序梗有时分枝，长2~6 cm；伞辐8~16，不等长；无总苞片；小总苞数片，线状披针形，边缘及背部密被柔毛；小伞形花序有花，花白色；萼齿5，卵状披针形，长0.5～1 mm，被柔毛；花瓣白色或带堇色；花柱基呈短圆锥形。果实近圆球形或倒广卵形，密被长柔毛及绒毛，果棱有木栓质翅；分生果的横剖面半圆形。花果期6—8月。

药用价值：以根入药，收载于《中华人民共和国药典》2020年版（一部），具有养阴清肺，祛痰止咳的功效，常用于阳虚肺热干咳、虚痨久咳，热病伤津、咽干口渴诸症。

适应性：北沙参适应性较强，喜向阳、温暖、湿润的环境，抗寒、抗旱、耐盐碱、怕涝。在土质疏松肥沃、土层深厚、富含腐殖质、pH值7.5～8的沙土或沙质壤土生长良好。黏土、涝洼积水地不宜种植。前茬以芋头、小麦、谷子、玉米、薏苡等作物为好。

1.12.2　栽培技术要点

1.12.2.1　选地与整地

选择比较潮湿、排水良好、含有丰富腐殖质、重金属含量和农药残留不超标的沙壤土，每公顷施厩肥60 t、饼肥750～1 500 kg作基肥，敌百虫7.5 kg，翻入土中40～50 cm深，然后充分整细，使土层疏松，耙平，做平畦或高畦，畦宽3～6 m。四周挖好排水沟。

1.12.2.2　留种与采种

秋天北沙参收获时，另选排水良好的沙壤土地块作种子田。选株型一致的1年生根作种，在10月上旬栽植。栽前施基肥37.5～45.0 t/hm^2，加过磷酸钙220～370 kg/hm^2，按行距25 cm开深18～20 cm的沟，按株距20 cm斜放于沟内，覆土3～5 cm，压实，视墒情浇水，10 d长出新叶。翌年春天返青抽薹，摘除侧枝上的小果盘，只留主茎上的果盘，集中养分，使种子饱满。6月下旬种子成熟，待果皮变成黄褐色时可分批采收。采种时连伞梗一起剪下，堆积于通风良好的地方晾干，清除枝梗后即为净种。收好后，放干燥通风处备播种用。种子贮存期间不要翻动踩踏，切忌烟熏。3年生北沙参每公顷可收种子1 500 kg。种子田水肥精细管理，能连续收6～10年。北沙参属低温型种子，播前需要3个月以上，且温度低于5 ℃的冷藏处理期。

1.12.2.3　播种

春、秋、冬季均可播种，春播宜早，解冻后即播，有利于种子通过低温阶段，但以秋冬季播种为好，出苗整齐一致，播期多在11月下旬土地封冻前进行。秋播时，将种子用清水浸泡1～2 h，捞出堆积，每天翻动1次，需适当喷水保持水分，至种子润透即可播种。春播，入冬前种子与河沙按1：3混拌均匀，装入木箱，不要加盖，冬季将其埋于地下，要保持湿润，翌春解冻后取出播种。

播种分窄幅条播和宽幅条播。窄幅条播，按行距7～9 cm，沿畦横开4 cm深的沟，将种子均匀撒于沟内，开第2行沟的土覆盖前一沟，厚度约3 cm，覆后踩一遍。宽幅条播，按行距9～12 cm开4 cm深的沟，其他方法同上。一般每公顷用种90～122.5 kg。

1.12.2.4 田间管理

（1）促苗、间苗、补苗

早春解冻后，幼苗出土前，若土壤板结，要用铁耙轻度松土，进行保墒，以利出苗。当小苗出现2片真叶时进行间苗。待长出4片真叶时按株距3～5 cm定苗，同时将缺苗补足。结合间苗、定苗，拔除杂草。

（2）追肥

生长期追肥3次。第1次于苗出齐后进行，每公顷追施清淡粪水22.5 t；第2次于定苗后，每公顷施腐熟人畜粪水56.25 t左右，促进幼苗生长健壮；第3次于7月后，根条膨大生长期，每公顷追施粪肥30 t+过磷酸钙300 kg、饼肥450 kg，以促根部生长。此外，可在小暑前后的下雨前，每公顷追施尿素375 kg。

（3）排灌

春季干旱喷水保持地面湿润。雨后应及时排水，防止烂根。

（4）摘除花蕾

当出现花蕾时，要及时摘除，以使养分集中，保证根部的产量和质量。

1.12.2.5 病虫害防治

锈病发病初期可用25%可湿性粉锈宁粉剂500倍液，50%萎锈灵200倍液，97%敌锈钠可湿性粉剂300倍液防治，每7～10 d喷1次，连续2～3次，将药液均匀地喷在叶面、叶背部。根腐病用1%硫酸亚铁进行病穴消毒。防治根结线虫病用80%的溴氯丙烷乳油，每公顷用30～45 kg，兑水100～150倍，开沟20 cm左右深，注入药液覆土封闭，也可在整地时每公顷施生石灰750 kg。蚜虫用40%乐果乳油1 000～1 500倍液喷雾防治。大灰象甲可用90%敌百虫1 500 g/hm^2，用水溶解后拌入75～112.5 kg鲜青菜撒于地面诱杀。钻心虫喷洒乐果乳油100～200倍液防治。黄凤蝶可用90%敌百虫100倍液或2.5%溴氰菊酯300倍液防治。

1.12.2.6　采收与加工

种植当年，叶子枯黄时刨收。去掉茎叶，洗净泥土。将根按粗细分级，选晴天上午加工，以尾对齐捆成小把，先将尾部放入沸水锅内转3圈，再放入锅内烫煮。直至根中部可捏去皮时，立即捞出，放入冷水中，剥去外皮，晒干即可。干后堆放室内3～5 d，使其回潮，扎把垛起来，压几天后再在室内稍晾，以防霉烂变色。

1.13　远志

1.13.1　生物学特性

远志，远志科远志属，多年生草本植物，又名红籽细草、神砂草、小草根、线儿茶、细草、小草、棘莞、要绕等。高20～40 cm。根圆柱形，长达40 cm，肥厚，淡黄白色，具少数侧根。茎直立或斜上，丛生，上部多分枝。叶互生，狭线形或线状披针形，先端渐尖，基部渐窄，全缘，无柄或近无柄。总状花序偏侧生于小枝顶端，细弱，通常稍弯曲；花淡蓝紫色；花梗细弱；苞片3，极小，易脱落；萼片的外轮3片比较小，线状披针形，内轮2片呈花瓣状，呈稍弯些的长圆状倒卵形；花瓣的2侧瓣倒卵形，长约4 mm，中央花瓣较大，呈龙骨瓣状，背面顶端有撕裂成条的鸡冠状附属物；雄蕊8，花丝连合成鞘状；子房倒卵形，扁平，花柱线形，弯垂，柱头二裂。蒴果扁平，卵圆形，边有狭翅，绿色，光滑无睫毛。种子卵形，微扁，长约2 mm，棕黑色，密被白色细绒毛，上端有发达的种阜。花期5—7月，果期7—9月。

药用价值：以根入药，收载于《中华人民共和国药典》2020年版（一部），具有滋阴生津、润肺止咳、清心除烦功能。主治热病伤津、肺热燥咳、肺结核咯血等症。

适应性：适应性强，生于向阳山坡、路旁、荒草地。对生长环境要求不严格，喜欢冷凉气候，不耐高温。耐干旱，忌潮湿或积水地。

1.13.2　栽培技术要点

1.13.2.1　选地与整地

远志宜生茬，忌连作。因此应选择地势高，排水良好，通风条件较好，向阳、肥沃、不重茬的壤土或沙壤地块，其次是壤土及石灰质壤土，黏土和低湿地不宜选择。选地后，翻耕、镇压、平整、作垄作畦。整地时要施足底肥，每公顷施农家肥45 t以上，45%三元素复合肥（N：P：K=15：15：15）750 kg，过磷酸钙75 kg，捣细撒匀，耕翻25～30 cm，耕后及时耙细整平，作成1 m宽的平畦。播种前应进行1次除草，灌水后，待杂草长出，即用除草剂杀死地面杂草，再进行播种。

1.13.2.2　繁殖

（1）直播

①采收种子：一般6月中旬至7月初成熟的果实，种子质量较好。远志果实成熟后易开裂，种子散落地面。因此，应在八成熟时采收种子。可在行间铺塑料布，任种子成熟掉落，再从塑料布上扫取。置太阳下晒半干，手搓后过筛，晾干即得种子，放置2年及以上不宜做种。

②播前种子处理：在直播前要进行种子处理，用40～50 ℃水或0.2%磷酸二氢钾水溶液浸种24 h，捞出后与3～5倍细沙混合备用。

③播种：远志的直播分春播和秋播，春播应在4月下旬到5月上旬进行；秋播于10月中下旬或11月上旬进行，过早或过晚均易造成出苗后因气温过低而死苗。播种时，在整好的平畦上，按行距20～30 cm开约2 cm浅沟，条播，种子均匀撒于沟内，或按行距20 cm，株距15 cm，开穴点播，每穴播种子4～5粒，然后覆细土1.5 cm左右，稍加镇压浇足水，同时加盖秸秆或地膜。每公顷用种12～18 kg。播种后约半个月开始出苗。秋播在播种次年春季出苗。远志出苗后，要逐渐揭去覆盖物，应分2～3次揭完。

（2）育苗移栽

进行春季移栽的话，育苗应在3月上中旬进行。育苗地块一般要选择背风向阳、靠近水源、有利排水、土壤疏松的肥沃土地，在冬季或早春结合施足基肥，每公顷施52.5～60 t农家肥，深翻，耙碎整平，做成宽畦。一般畦宽1～1.2 m为宜。在苗床按照行距20 cm开1～1.5 cm的浅沟，将备好的种子撒播，然后覆细土1.0 cm左右，确保苗床湿润，温度以15～20 ℃为宜。播种后10～15 d出苗，苗高5～6 cm时定植，应选择阴雨天或午后，按株行距（3～6）cm×（15～20）cm定株。

如用农膜覆盖，育苗期可提前到3月上中旬。当苗高2～3 cm时，可将农膜去掉，随即喷水，保持土壤湿润。苗高4～5 cm时间苗，按2～3 cm的株距留壮苗，6月以后如遇阴雨天气，即可移栽，行株距为25 cm × 6 cm。

（3）分根繁殖

要选择色泽新鲜、健壮、无病害的根茎，以直径0.4～0.6 cm为宜。根茎以每2～3个芽和部分须根切成5 cm长的根段，注意修剪过长的须根，待切口愈合后，将种根茎在浓度为5 mg/kg的ABT生根粉溶液中浸泡4 h后栽植，按行距20 cm开沟，每隔10～12 cm放短根2～3节，然后覆土。

1.13.2.3　田间管理

（1）查苗补苗

远志苗出土后检查一遍，发现缺苗及时进行补苗。补种可先开浅沟，浇足水，待水渗后再下种，覆土1.5～2.0 cm厚，用草或地膜覆盖，苗出土后去掉覆盖物。移栽可在密处取苗，带原土，随栽随取，在下午或阴雨天进行，浇足水，用树枝、秸秆之类进行临时遮阳。

（2）间苗、定苗

于苗高5 cm左右时，按3～5 cm株距进行间苗，对缺苗距离短的地方可以留双苗。用种子直播的，如果出苗较多，要拔除一部分幼苗，选留壮苗。间苗宜早不宜迟，避免幼苗过密，生长纤弱。间苗次数可视种植情况而定。远志种子细小，间苗次数可多些。当远志苗高3～6 cm时，按株距5～7 cm定苗，间去小苗、弱苗和过密苗，如有缺苗，可用间出的好苗补上，并浇水保苗。

（3）中耕除草

中耕除草既可铲除杂草又可松土保墒。待小苗长到6～7 cm高时；进行1次松土除草。松土要浅，不宜过深，以免伤根。可用耙子浅耙地面，以将杂草除净为宜。种植第1年要勤除草。在生长后期，要根据杂草情况进行2～3次中耕除草，后期可以加大耕深。

（4）灌溉和排水

种子萌发期、出苗期和幼苗期，要适量浇水。后期不宜浇水过多，除久旱无雨需浇水外，一般不浇。雨季还要注意清沟排水，防止田间积水，以免因涝而烂根死亡。一般可结合施肥浇水，浇后要及时中耕。雨季要注意扶起被泥土埋没的小苗。

（5）追肥

每年春季返青前施1次厩肥，每公顷施1.2 t，返青后施稀人粪尿12 kg或尿素15～90 kg，6月再施1次腐熟饼肥600 kg。或在春季发芽之前每公顷追施鸡粪或骡马粪225 t、草木灰11.25 t、磷酸二氢铵6 750 kg。每次施肥要开沟，施后盖土浇水。另外，在6月底7月初，每公顷喷施0.2%的尿素溶液750～900 kg或0.3%的磷酸二氢钾溶液1 200～1 500 kg，每10～12 d喷施1次，可进行2～3次。在上午10时前或下午4时后，均匀喷施在远志的叶部和茎部等作用部位。

（6）覆草

远志种子发芽慢，需要用草覆盖。远志生长1年的苗在松土除草后或生长2～3年的苗在追肥后，行间可每公顷覆盖麦糠、麦秕之类12～15 t，连续覆盖2～3年，期间不需翻动。

（7）间作与遮阳

远志属耐阴植物，可以在幼树果园里套种，也可以与其他作物间作。如果在大田种植，幼苗需适当遮阳。

（8）冬前处理

封冻之前，浇1次越冬水，每公顷撒施捣细的农家肥45 t。第2年春，除去干枯的茎叶，浇返青水，及时划锄松土，有利返青。

（9）病虫害防治

根腐病病穴部位可用10%的石灰水，或1%的硫酸亚铁消毒，也可于发现初期用50%的多菌灵1 000倍液进行喷洒，隔7～10 d喷1次，连喷2～3次。叶枯病用代森锰1 000倍液、瑞毒霉素800倍液或者代森锰加新高脂膜叶面喷施，每7 d喷1次，共2次。蚜虫用40%乐果乳油2 000倍液喷杀，连喷2次，相隔7～8 d。豆芫菁用0.005～0.01 mL/L的“敌杀死”喷杀，每5～7 d喷1次，连喷2次。

1.13.2.4　采收与加工

远志是多年生植物，可在2年后进行收获，以第3年收获，产量效益最佳。采收期在秋季，待远志叶枯萎后，去掉地上部分，将鲜根挖出，除去泥土和杂质，趁水分未干，把粗根条用木棒敲打，使其松软，晒至皮部稍皱缩，用手揉搓抽去木心，再晒干即可，或将皮部剖开，除去木部。抽去木心的大者为远志筒，较小的为远志肉，最小的根不去木心，直接晒干称远志棍，三者均可供药用，但价格不同，以大者为优。远志地上部分也可作药用。

1.14　大黄

1.14.1　生物学特性

大黄，蓼科大黄属，多年生草本植物，又名将军、黄良、火参、肤如、蜀、牛舌、锦纹等。根茎粗壮。茎直立，高2 m左右，中空，光滑无毛。基生叶大，有粗壮的肉质长柄，约与叶片等长；叶片宽心形或近圆形，径达40 cm以上，3 ~ 7掌状深裂，每裂片常再羽状分裂，上面流生乳头状小突起，下面有柔毛；茎生叶较小，有短柄；托叶鞘筒状，密生短柔毛。花序大圆锥状，顶生；花梗纤细，中下部有关节。花紫红色或带红紫色；花被片6，长约1.5 mm，成2轮；雄蕊9；花柱3。瘦果有3棱，沿棱生翅，顶端微凹陷，基部近心形，暗褐色，花期6—7月，果期7—8月。

药用价值：以根入药，收载于《中华人民共和国药典》2020年版（一部），主要治疗治食积不化、肠道积滞、大便秘结等。

适应性：喜温暖或凉爽气候，耐寒，耐干旱。以土层深厚、肥沃、富含腐殖质、排水良好的沙质壤土栽培为宜。

1.14.2　栽培技术要点

1.14.2.1　选地

选择耕层深厚、结构适宜、理化性状良好、富含有机质，灌排方便，地力水平中等，春季播前0 ~ 20 cm土层土壤全盐含量在0.6%以下，土壤pH值为6.50 ~ 7.50，有机质含量10 g/kg以上的沙质壤土。前茬以禾本科、豆科类作物或新开垦的荒地为好，忌连作。

1.14.2.2　良种选择与种子处理

种子成熟时从种株上将花梗剪下，放在通风阴凉处，使种子后熟并阴干。播种前，选择色泽鲜艳、籽粒饱满的种子，放入20 ℃温水中浸种6 ~ 8 h，然后用湿布覆盖催芽，并经常翻动，当有2%的种子裂口时即可播种。

1.14.2.3　播种

（1）种子直播

在初秋或早春按株行距55 cm × 60 cm的规格开穴，穴深3 cm，每穴播种子5 ~ 6粒，然后覆土2 ~ 3 cm厚，用种量为22.5 ~ 30.0 kg/hm^2。

（2）育苗移栽

在春季干旱而不宜直播栽培的地区采用育苗移栽，即横向在畦上开深5 cm的沟，行距12 cm，将种子均匀撒入沟内，然后覆土2～3 cm厚，再覆一层草，待出苗后揭去覆草；幼苗生长期间要及时拔除杂草，5—6月施1次人粪尿，10月下旬在植株周围培3～5 cm高的土。翌年谷雨或处暑前后进行移栽，先将苗挖出，剪去侧根，然后按株行距均为60 cm的规格挖穴，穴深15～30 cm，每穴栽1株，再覆土盖严芦头，并压实土壤。移栽时可采取曲根定植法，即将种苗根尖端向上弯曲成“L”形。

（3）采用子芽种植

在收获时，将母株上萌生的健壮子芽摘下，随后种植。过小的子芽可栽于苗床，翌年秋天再定植。为防止伤口腐烂，栽种时可在伤口处涂上草木灰。

1.14.2.4　田间管理

（1）中耕除草

栽后第1年应结合松土勤锄杂草，也可在行间种植大豆、玉米，抑制杂草生长。翌年春、秋各除草1次，并结合每次中耕向根部培土，防止根头外露。

（2）打薹

栽种后翌年开始抽薹开花，因此除留种地外，应于5月及时摘去从根茎抽出的花薹，保留2～3片叶子，使养分集中供应地下根茎生长。打薹应在晴天露水干后进行。

1.14.2.5　施肥

以腐熟的有机肥为主，配施无机肥。施肥时宜采用环状施肥法，结合中耕、除草，每年施肥2～3次，每次施人畜粪水15.0 t/hm^2、腐熟饼肥750 kg/hm^2。第3年6月初施硫酸铵120～150 kg/hm^2、过磷酸钙225 t/hm^2、硫酸钾75～105 kg/hm^2，8月施饼肥750～1 200 kg/hm^2、人畜粪水15.0～22.5 kg/hm^2。

1.14.2.6　病虫鼠害防治

大黄病害主要有根腐病、锈病、叶斑病。根腐病可采用轮作防病，宜与豆类、马铃薯、蔬菜等进行4～5年的轮作；发现病株及时拔除，并用5%石灰水浇灌病穴；发病期间可用50%多菌灵可湿性粉剂500倍液灌根防治。锈病发病初期用15%粉锈宁可湿性粉剂600～800倍液喷雾防治。叶斑病实行4～5年以上的轮作防治；发病初期喷施等量式波尔多液，每隔10 d喷1次，连喷2～3次；

发病严重时，喷50%多菌灵可湿性粉剂600 ~ 800倍液或70%甲基托布津800倍液，每隔7 ~ 10 d喷1次，连喷2 ~ 3次防治。害虫主要有菜蓝跳甲、菜蚜等。菜蓝跳甲可喷1.8%爱福丁1号乳油2 500 ~ 3 000倍液或40%乐果乳油800 ~ 1 000倍液防治，每隔7 ~ 10 d喷1次，连喷2 ~ 3次。菜蚜可用30 cm × 50 cm的黄色木板涂机油诱杀；或喷1.8%爱福丁1号乳油2 500 ~ 3 000倍液或50%抗蚜威可湿性粉剂800 ~ 1 000倍液防治，每隔7 ~ 10 d喷1次，连喷2 ~ 3次。

1.14.2.7　采收与加工

栽种2 ~ 3年后收获，宜在9—10月地上部枯萎时收挖。先剪去地上部分，将根茎与根全部挖出，去掉泥土，大的根茎切成块，中小型的切成片，烘干或悬挂在房檐下阴干。

1.14.2.8　留种

选生长健壮、无病虫害的3年生优质植株作留种母株。7月中旬大部分种子呈黑褐色时，剪取花梗，置通风阴凉处使其后熟，数日后轻微拍打下种子，除去茎秆及杂物，精选后贮藏备播。

1.15　龙胆

1.15.1　生物学特性

龙胆，龙胆科多年生草本植物，别名龙胆草、关龙胆。株高30 ~ 60 cm。茎直立略呈四棱，绿色或稍带紫。叶对生，无柄，长3 ~ 8 cm，宽1 ~ 2 cm，叶尖尖，边缘及下面主脉粗糙，基部抱茎，叶脉3 ~ 5条。花期在9—10月，花数朵簇生于茎顶及上部叶腋，有时单生；花萼钟形，膜质；花冠钟形，顶端5裂，端尖；雄蕊5枚，子房上位，窄长圆形，柱尖短，2裂。蒴果卵圆形，有柄，种子条形，边缘有翅。

药用价值：以根及根茎入药，收载于《中华人民共和国药典》2020年版（一部），有清热燥湿、泻肝胆实火除下焦湿热及健胃等功效，主治湿热黄疸、胆囊炎、高血压、头昏耳鸣、咽痛、胁痛口苦等症。

适应性：龙胆喜阳光充足、较湿润的地方，有耐寒性，喜潮湿和凉爽气候，生长在山区的坡地、林边、小灌木丛等湿润土壤中。忌强光照射。对土壤要求不严，但土层深厚适宜。

1.15.2 栽培技术要点

1.15.2.1 选地与整地

选择坡度不超过25°的山地和平地，要求土层深厚、疏松肥沃和保水性好。选好地后，耕深30 cm，除去树根杂草、石头等杂物。采用适当的除草剂、杀虫剂、杀菌剂对土壤进行消毒处理，经过一个月时间晾晒。整平、耙细。

1.15.2.2 土壤改良

每公顷施入腐熟牛粪30 t，优质草炭土75 t。用旋耕机深翻土壤，充分拌匀，使土壤松软土层厚度30～40 cm以上，pH值5.5～6.0为宜。用70%敌克松0.1%溶液或50%地菌净0.1%溶液浇洒土壤，或用辛硫磷原液100 mg拌沙杀虫。平整后做成宽1.2 m的畦。

1.15.2.3 繁殖

（1）直播繁殖

种子随采随播，或用细沙拌藏室外背阴处，次年春播种。在播种前2 d，把干种子浸入室温水中48 h，可提高种子的发芽率。春播南方在2—3月，北方在4—5月；秋播在10—11月，播前将畦面浇透水，将种子拌细沙混匀播种、播后盖草保温或加盖遮阳网。

（2）分株繁殖

在9月下旬至10月上旬，采挖后选择芽头完整、无病虫害的根系。用手将根芽分成几组，连同须根埋入整好的畦中，行距20～30 cm，株距5～6 cm，覆土、压实，保持土壤湿润。

（3）育苗移栽

育苗可采用高畦播种、苗床播种或塑料大棚播种。播前15～20 d，用赤霉素1 g兑水20 kg，浸泡种子24 h后捞出，用种子量的3～5倍细沙混拌均匀，装到木箱或盆内，放到室内有阳光处，上面用湿纱布盖好，保持一定湿度，温度要稳定在20～25 ℃，备播。高畦播种播前平整畦面，浇透水，将处理好的种子拌入10～20倍细沙，均匀播于畦面，每10 m^2用种15～20 g。然后覆细锯末，以覆盖种子为度，最后覆秸秆或细树枝。苗床播种即在整好的床面上，先浇透水后播种。将种子放在40目筛内，轻敲筛，使种子均匀落于床面上。播种量为30～40 kg/hm^2。播后覆过筛细土，稍盖上种子即可，然后盖薄膜，以利于提高和保持温湿度。塑料大棚播种即在4月上旬将大棚覆盖好塑料薄膜，在4月中旬作畦。先将床土深松20 cm左右，每公顷施腐熟猪粪75 ~ 150 t，磷酸二铵10 kg，同时施入敌百虫或辛硫磷等杀虫药。做成15 cm高的育苗畦，四周设作业道。充分浇水，水渗下后表土不黏时播种。每1 m^2播3 g种子，将种子拌入10 ~ 20倍细沙，拌匀后，用细筛子轻敲均匀播下，然后覆细锯末，一般1 mm厚。大棚内温度控制在20 ~ 25 ℃，湿度控制在70% ~ 80%。

移栽可在秋季也可在春季。秋栽一般在9月下旬至10月上旬，春栽一般在4月初。一般以当年生苗秋栽为好。选壮、无病、无伤根的种根移栽，行距20 ~ 25 cm，株距15 cm。先在畦一侧或垄上开沟，施入过磷酸钙375 ~ 450 kg/hm^2，开沟深度视种根长短而定。将根斜放于沟内，开第2行沟时，培土第1行，厚度以盖上芽基3 ~ 4 cm为宜。

1.15.2.4　田间管理

（1）苗期管理

高畦育苗管理：播种后，要常检查畦面湿度，一般3 ~ 4 d浇1次水。出苗后，继续保持畦面湿润，以防幼苗受旱。至雨季来临，幼苗扎根3 ~ 4 cm深时，才可停止浇水。浇水要用细孔喷壶或喷雾器喷洒，以防冲走种子。苗齐后，清杂草。6—7月喷施叶面肥，促进生长。8月上旬撤覆盖物，增光照促生长。

苗床育苗管理：主要是进行温湿度和光照的控制。应在薄膜上盖竹制或苇制的透光遮阳帘来控制强光和高温度，要常检查苗情和床温及湿度。畦面土壤含水量在40%左右为宜。床内保持无杂草，要疏掉过密的苗。幼苗长出2对真叶时要去掉薄膜，加强对幼苗的锻炼，光强时还要盖帘遮阳。

塑料大棚育苗管理：初期温度低时可通过增温设备进行增温，一般应保持在15 ℃左右。在5月下旬—6月上旬移栽前，棚内气温高，可加强通风和喷水来降温，使棚内温度不超过28 ℃。

（2）移栽后管理

龙胆喜阴怕强光，可在作业道上种玉米避强光。7月中旬在行间开沟追施尿素225 kg/hm^2。开花时喷赤霉素（1 g兑水20 kg）促丰产早熟。越冬前清除畦面上残留的茎叶，覆上2 cm厚厩肥，防冻保墒，安全越冬。

1.15.2.5　病虫害防治

斑枯病喷50%退菌特成或70%甲基托布津1 000倍液，也可用1：1：160波尔多液喷洒，7 ~ 10 d喷1次，连续3 ~ 4次。褐斑病发病前喷1：120波尔多液，或发病初期喷50%退菌特1 000倍液，每7 ~ 10 d喷1次，连喷2 ~ 3次。苗枯病每10 d喷1次2 000倍液的百菌清。虫害主要有蛴螬、蝼蛄等，除人工捕杀，还可用1 000倍液敌百虫畦面浇灌。花蕾蝇于成虫产卵期喷40%乐果1 500 ~ 2 000倍液，每7 ~ 10 d喷1次，连续2 ~ 3次防治。

1.15.2.6　采收与加工

种植3年后开始采收，春秋二季均可。应在植株枯萎至萌发之间采收。去掉地上植株，取地下根，去泥，晒干或阴干，干至七成时，捆成把，再阴干或晒至全干。

1.15.2.7　留种

选3年以上健株采种。植株割下后捆成小捆，立放室内，半月后熟后倒置，轻敲以收获种子。用40或60目筛2次精选种子。

1.16　芦苇

1.16.1　生物学特性

芦苇，多年水生禾本科芦苇属草本植物，多年水生或湿生的高大禾草，根状茎十分发达。秆直立，具20多节。叶鞘下部者短于其上部者，长于其节间；叶舌边缘密生一圈长约1 mm的短纤毛，易脱落；叶片披针状线形，无毛，顶端长渐尖呈丝形。圆锥花序大型，分枝多数；小穗无毛；内稃两脊粗糙；花药黄色；颖果长约1.5 mm。

药用价值：以芦根入药，收载于《中华人民共和国药典》2020年版（一部），性味甘、寒，具有止血解毒、清热生津、利尿解毒的功效。

适应性：芦苇喜湿、喜光，营养繁殖能力强，对水分的适应幅度很宽，多生于河滩、湿地、沼泽、盐碱地、堰坝及池塘等水资源较为丰富的地区。

1.16.2　栽培技术要点

1.16.2.1　塘地规划与清理

选择水源充足、淤泥层深厚的湿地，保持水深0.5 ~ 1 m，将底部

15～25 cm的塘泥翻起，均匀铺洒在塘底，在水塘中按225～300 kg/hm^{2}均匀撒入生石灰。清淤10～20 d后撒施基肥，每公顷农家肥用量27～36 t，用旋耕机旋入土壤。

1.16.2.2　泡田排碱

根据土地平整度及草情轻重可耙1～2次。对有机质含量低的地块，耙地前再施入农家肥每公顷3 000～4 500 kg。平整土地，田面高低差不超过5 cm。随后泡田，水层深度以土块淹没于水下为宜。沙质土壤一般泡1～2 d，黏重土壤泡2～3 d。放水至水深8～10 cm，以待芦苇移栽。

1.16.2.3　繁殖

（1）播种育苗移栽

①芦苇种子选取与预处理：取风干后在3～5 ℃低温下干藏的芦苇种子，用浮水法选取成熟饱满者，先用0.1% KNO_3溶液浸泡10～12 h，然后用1% NaCl溶液浸泡4～6 h，再用无菌水冲洗2～3次。

②播种：将种子均匀地撒在苗床上，而后在种子上面覆0.8～1.2 cm厚的土，再均匀铺上厚1～2 cm的秸秆。待芦苇幼苗具备4～5片叶时进行间苗，待苗高至10～15 cm时移栽。

③移栽：将培育好的芦苇幼苗移栽至处理好的苇塘中，移栽前先使用0.2%～1%的生根素浸泡5 min。按株距10～15 cm、行距20～30 cm移栽，将幼苗根部埋入塘泥下2～3 cm。随芦苇生长增加水深。

（2）种茎繁殖移栽

①选种：选当地早生、高大粗壮且无病虫害的野生芦苇作种茎，每根种茎保留4～6个芽，削去嫩尖，捆成12～15 cm直径的小捆，放入水里浸泡或用青草盖上待运。经过水浸的种茎较脆易折，运输时要轻拿轻放，并在种茎上盖青草。

②压茎：可就地选种、就地压茎。适期早压能充分利用光热条件，延长生育期。按50 cm行距，将种茎摆放于地表，头尾相接，然后在每根种茎上压2～3把泥，以免灌水后种茎漂移，利于扎根。压茎后灌水。

1.16.2.4　田间管理

（1）施肥

适当施肥，可向水中均匀撒入豆饼75～120 kg/hm^2、菜饼225～330 kg/hm^2。

（2）灌溉注水

压茎结束后灌3～5 cm浅水。苗高15～20 cm以后，水深随苇苗的生长而增加，水位控制在心叶下。芦苇进入旺盛生长期后，排水晒田10 d，而后灌20～25 cm深水。9月初彻底排水晒田。为保护秋芽安全越冬，10月底至11月初灌封冻水，水层深度7～10 cm。水源充足的地区，第2年早春，田面保留3～5 cm浅水层，加快土壤解冻，提高地温，促早发芽。

（3）除草

利用翻耙耕作灭草，结合水淹的效果更好。

1.16.2.5 病虫草害防治

（1）病害

叶斑病需要做好田间排水，降低地下水位，发病初期用石硫合剂叶面喷雾。锈病发病初期用敌锈钠、敌锈钙，石硫合剂叶面喷雾。

（2）虫害

蚜虫可用40%乐果1.125 L/hm^{2}兑水喷雾。钻心虫防治一般采用春季烧塘，消灭虫卵。

（3）草害

在芦苇成塘前消灭湿生性杂草是防除重点。大面积苇田应采用飞机灭草。也可采用禾大壮3 L/hm^{2}或杀草丹，兑水15 L，于整地后、压茎前进行土壤封闭处理，也可在稗草2～4叶期叶面喷雾灭杀。

1.16.2.6 适时收获

根据需要按时收获。因此应抢在大雪前收割。适宜收割时期为11月上中旬，割茬高度为冰上1 cm。挖取芦根。

1.17 秦艽

1.17.1 生物学特性

秦艽，龙胆科龙胆属植物，又名大艽、西大艽、左拧、辫子艽。植株高达40～60 cm，直立或偏状。直根粗壮，圆形，多为独根，但也有根杈，根系扭曲状，为黄色或微黄色。茎圆形有节，根茎光滑无毛。茎生叶腐烂后呈丝状纤维残存于基部。叶片披针形，根生叶较大，茎生叶较小，叶基联合叶鞘，叶片平滑无毛，叶片肉质较厚，叶脉5出。花呈头状聚伞花序，花冠先端五裂，浅黄绿色。蒴果长圆形。种子细小，椭圆形，褐色有光泽。花期在7—9月，果期在8—10月。

药用价值：以根入药，收载于《中华人民共和国药典》2020年版（一部），具有祛风湿、清热解毒、舒筋活血、利尿等功效。主治风湿痹痛、筋脉拘挛、骨节烦痛、小儿疳积黄疸、便血、小便不利等病。

适应性：喜温和凉爽气候，耐寒、耐旱，忌高温，怕积水，对土壤的要求不严。多生长于土层深厚，土壤肥沃，富含腐殖质的山坡草丛中。

1.17.2　栽培技术要点

1.17.2.1　选地

选择靠近水源、土层深厚、土质肥沃、疏松、湿润的平地或缓坡地，土质以沙壤土、森林腐殖土、棕壤土为宜。前茬以豆类、小麦、玉米、葱、蒜、萝卜等为好。

1.17.2.2　整地施肥

播种或移栽的前1年秋天整地，整地前先施入腐熟的农家肥45 ~ 60 t/hm^2、尿素225 ~ 300 kg/hm^2，过磷酸钙450 ~ 600 kg/hm^2，深翻20 cm，耙碎，使土肥均匀混合，同时用0.5%辛硫磷处理土壤，随后立即耕翻耙耱，做宽1.2 ~ 1.5 m、高20 cm的畦，留宽50 cm的作业道。畦土要求疏松、细碎，无树根、草根、石块等杂物。四周开好排水沟。

1.17.2.3　选种采种

秦艽品种有麻花秦艽、大叶秦艽、粗茎秦艽等。使用前1年收获的新鲜种子。采种注意选择母体生长2年以上的种子，将回收后的种苞阴干，收集脱落种子，去除不饱满的种子和杂质，放置通风干燥处储藏、备用。要求种子的纯度、净度、含水量、发芽率符合质量标准。

1.17.2.4　繁殖方法

（1）直播

秋播或春播。播种前15 ~ 20 d按种子：沙为1：3的比例，将种子埋在室外，经低温处理。播种可采取撒播和条播的方法，在床上开沟，沟宽10 cm，深3～5 cm，沟距20 cm。每公顷用种量7.5～11.25 kg。早春解冻后，畦面上开浅沟，然后把低温处理后的种子拌细土均匀撒在沟内，覆薄层细土。秋播在8—10月，播种深度不超过1 cm，播种后及时用细孔喷壶浇水，再在畦面覆盖地膜或碎草，以保温保湿，待齐苗后分2～3次揭去覆盖物。有条件的可建立网棚育苗，棚上盖遮阳网，每5～10 d喷洒1次水，保持地面湿润，以利苗齐、苗全。

（2）育苗

①育苗地选择：为移栽田准备足够的种苗，按1∶4比例设育苗田。育苗地最好选择水源方便、土层深厚，有机质含量高，土壤疏松，保水保肥性能好，地块平整或坡度较小的半阴或半阳地。

②浸种催芽：播前1个月，将选好的种子在晴天下晒2～3 h，以每公顷用种量22.5 kg进行浸种，晒后的种子用1%的赤霉素溶液浸种（温水）24 h，然后捞出再用冷水浸种，每天换1次水，这样浸种7天左右，捞出后进行催芽。将吸足水分的种子以种子∶沙子为1∶（5～10）的比例拌匀，进行催芽，每天翻动并补充水分1次。秦艽催芽时间长，需要20 d左右，等到40%露白时即可播种。

③育苗地整地：每公顷施用农家肥22.5 t左右、钙肥750 kg，深犁，并结合耕地施用呋喃丹防治地下害虫，耕后整地，使土肥充分混合，然后建育苗床，床宽1～1.2 m为宜，长度视田地而定，不宜过长。

④播种：播种前苗床要浇水，使10 cm以上深的土层达到饱和状态，再用敌克松兑水进行土壤消毒。随后使用木板把苗床压平、压紧、压实后，进行播种，用种量7.5～22.5 kg/hm^2。播种时将种子均匀地撒播在苗床上，然后盖一层过筛细土，土层不宜过厚，盖严种子即可，最后再盖1层松叶或稻秸保潮、遮阳。

⑤苗期管理：主要是水分管理，要经常保持床面湿润。待出苗后将盖在苗床上的松叶或稻秸去除。在管理中若底肥足，不需要再施肥。苗期要注意除草。等幼苗2～3片真叶时，容易得病，易发叶片枯黄后根茎腐烂，要用甲基托布津等喷雾防治。

（3）移栽

移栽前进行土壤消毒，可用呋喃丹0.75 kg/hm^{2}拌细土75～120 kg或立本净75 kg/hm^{2}拌细土150 kg毒土防治地下害虫；用敌克松或高锰酸钾进行土壤消毒。

秦艽有4片真叶时，即可起苗移栽。最好随起随种，选择在春季多雨季节或土壤水分充足时移栽。可采用双行条栽或沟栽。按行距80～100 cm，平地按线施底肥，每公顷施腐熟的农家肥225 t与普钙肥750 kg，充分混合均匀。顺肥线起垄成等腰梯形，垄宽40～45 cm，垄高15～20 cm。双行条栽是按照株行距18 cm×20 cm移栽，定植前用多菌灵500倍液浸根消毒。垄上使用锄头挖入，两头各放1株秦艽苗，再把锄头轻轻拔出，把苗扶正，压紧压实，以苗尖刚好与垄面土水平为宜。浇足定根水，再进行地膜覆盖。待5～7 d幼苗返青后，即可破膜放苗，苗周围用土压实。沟栽时按行距要求开深15～20 cm的沟，移栽密度以15 cm×20 cm为宜，种苗30°～45°倾斜，叶片及生长点露出地面，摆好种苗立即覆土，稍加镇压，及时灌水。移栽苗恢复生长后，结合浇水追施磷酸二铵225 kg/hm^2，及时松土除草，叶面喷施磷酸二氢钾等微肥。

1.17.2.5　田间管理

（1）间苗定苗

当苗高3～5 cm时，按除弱留强原则进行除草间苗，适当浇水；苗高6～8 cm时定苗，平均苗株距保持5 cm左右。

（2）苗期管理

播种后至出苗前要经常浇水，使表土层保持湿润状态。以90%敌百虫或乐果15倍液拌麦麸堆在畦四周边，诱杀蝼蛄。当幼苗长到2对真叶时去掉一半覆盖物，4片真叶时再去掉全部覆盖物，干旱、高温天气可迟些撤除，以利保墒。

（3）灌溉遮阳

秦艽移栽后及时灌溉，幼苗期保持土壤湿润，但不能积水。当气温较高或出现干土层时进行浇灌，最好采用滴灌。移栽后用遮阳网进行遮阳，苗壮后撤掉遮阳网。

（4）中耕除草

在5月中旬进行第1次中耕除草，松土、破除土壤板结，注意防止伤苗。根据生长情况，每30 d左右进行1次除草。

（5）追肥

根据植株生长情况进行追肥，追施肥料主要以农家肥为主，或配施复合肥。返青后结合第1次除草施复合肥225～450 kg/hm²。或喷施生物钾肥15～30 kg/hm²兑水。除草时注意防止损伤根系。现蕾时施1次普钙肥225 kg/hm²。开花期间，可多次叶面喷施尿素3 kg/hm²加磷酸二氢钾1.5 kg/hm²。

（6）摘蕾

除留种植株外，及时摘除花蕾，减少营养消耗，促进根系生长。

1.17.2.6　病虫害防治

（1）病害

根腐病可选用15%噁霉灵可湿性粉剂1 200～1 500倍液灌根防治，每7～10 d喷1次，连续防治2～3次。叶斑病可选用65%代森锰锌500～800倍液、40%多硫悬浮剂500倍液或75%百菌清可湿性粉剂1 000倍液喷雾防治，每隔7～10 d喷施1次，连续防治2～3次。锈病可用10%苯醚甲环唑水分散粒剂1 000～1 500倍液，或25%三唑酮可湿性粉剂1 000倍液喷雾防治，每隔7～10 d喷施1次，连续防治2～3次。褐斑病用云植1号500～700倍液灌根或1 000倍液喷雾防治，也可用甲基托布津500～1 000倍液喷雾防治。

（2）虫害

蚜虫可选用10%吡虫啉可湿性粉剂2 000～2 500倍液进行喷雾防治，或用2.5%高效氯氟氰菊酯2 000～3 000倍液轮换喷雾防治。蝼蛄、蛴螬、地老虎、金针虫等危害植株根茎，可通过深翻地、中耕等方式进行人工捕捉，降低虫口密度。蛴螬可在整地时每公顷用3%辛硫磷颗粒剂45～75 kg进行土壤处理。地老虎可用20%氯虫苯甲酰胺悬浮剂3 000倍液喷雾防治，每隔7～10 d喷施1次，连续防治2～3次。鼠害用溴敌隆0.005%毒饵每隔2～3周投放35 g，注意必须收集死鼠并深埋。

1.17.2.7　采收与加工

秦艽生长缓慢，直播地一般3～4年采收，移栽地2～3年采收。在秋季10—11月采收，当植株地上部分枯黄时采挖，挖出后抖净泥土，清除茎叶，拣出药材。秦艽用机械或人工采挖均可，但要求挖全根系，保证全根。秦艽运到初加工场地后，先剪去茎叶，留芦头约1 cm，然后用水喷淋，冲洗干净，放置晒场晾至主根基本干燥，稍带柔韧性，须根完全干燥时，堆积3～5 d，当颜色呈灰黄色或黄色时，再摊开晾至完全干燥。贮存于阴凉、通风、干燥处，注意防虫蛀和霉变。

1.17.2.8　留种

选择无病、健壮的植株留种。当果序呈淡黄色，种子呈褐色或棕色时摘下果序，边成熟边收获，收后放在通风处阴干，抖出种子，放置干燥处贮藏。

1.18　酸模

1.18.1　生物学特性

酸模，多年生草本植物。直根系、根体粗，根深可达1.5 ~ 2 m。生长第1年为若干叶片和芽组成的叶簇，第2年抽茎开花结实。叶长45 ~ 100 cm，宽10 ~ 20 cm，茎生叶6 ~ 10片，小而狭，几乎无叶柄。茎直立，中空。花两性，雌雄同株，瘦果，具三棱，褐色。

药用价值：以根入药，记载于《山东经济植物》，具有杀菌止痒、收敛解毒、行瘀活血等多种药效，药物化学研究表明其含有抗炎、抗氧化、抗病毒、抗肿瘤、保肝等多种活性成分。

适应性：酸模寿命长，适应性强。

1.18.2　栽培技术要点

1.18.2.1　选地

选择地势平坦，向阳背光，土疏松，黏砂适度，灌排方便，肥力中上的地块集中育苗。大田种植应选择土壤深厚，有机质含量高，地下水位在2 m以下、排灌方便、杂草较少的地块。

1.18.2.2　精细整地，重施基肥

苗床播种前整细耙平，每公顷施用细干粪11.25 ~ 15.00 t+过磷酸钙375 ~ 450 kg堆沤腐熟作底肥。土肥均匀混合后整地。修整成宽100 ~ 120 cm的畦，中间沟宽25 cm，四周开好排水沟。大田整地时，每公顷施用腐熟有机肥45 ~ 60 t，同时加入过磷酸钙300 ~ 375 kg，硫酸钾75 ~ 90 kg，深翻土壤，平整、细碎。清除杂草，整成宽80 cm，高30 cm的高畦，种植双行。

1.18.2.3　种子选择

6月下旬至7月上旬，采集野生植株种子，晾干、脱粒后，选取颗粒饱满、健康，无干瘪、虫蛀的种子。

1.18.2.4 种子处理

将种子用16 ~ 20 ℃的温水浸泡24 ~ 30 h，取出后用浓度为100 ~ 150 mg/L的萘乙酸溶液再浸泡7 ~ 10 h，然后将种子与种植地土壤按1 :（6 ~ 10）的比例拌种。

1.18.2.5 播种育苗与移栽

建立苗床，播种前1.0 ~ 1.5 d用水浇透。每公顷用种量60 g，播种深度1.5 ~ 2 cm。播种时，取拌种后的种子，均匀撒在苗床上，然后在15 ~ 20 ℃下进行育苗。先避光萌芽3 ~ 7 d，7 d后逐渐增加光照时间，苗期3 ~ 5 d补水1次，幼苗达4 ~ 6 cm高或3 ~ 4片真叶后补水，苗期补水7 ~ 10次。

当苗龄40 ~ 50 d，真叶5 ~ 6片，苗高15 cm左右时，及时移栽。适宜的移栽密度为每公顷15万 ~ 25万株，株距12 ~ 15 cm，行距50 ~ 60 cm。

1.18.2.6 加强田管，及时追肥

苗期追肥1 ~ 2次，每次每公顷用腐熟人粪尿150 ~ 225 m^3加尿素150 ~ 225 kg兑水泼浇，2 ~ 3叶时要适当间苗，人工清除杂草。移栽大田后，春季应及时排水，严防积水。分枝期、成株期及时中耕除草，疏松土壤。每收割一茬每公顷追施尿素300 kg或复合肥300 kg。

1.18.2.7 病虫害防治

主要病害有白粉病、根腐病等。白粉病用粉锈灵、百菌清防治。根腐病结合田管、调节水分进行治理。虫害主要是小地老虎、斜纹叶蛾、蜗牛等，可用25%快杀灵乳剂1 350 mL/hm^2，或20%百步死乳剂750 mL/hm^2，各兑水900 kg喷洒叶片。

1.18.2.8 采收

12月下旬进行采收。当植株地上部分枯黄时采挖，挖出后清洁根部，用作药材。

1.19 香附

1.19.1 生物学特性

香附，莎草科多年生草本植物。匍匐根状茎长，具椭圆形块茎。秆稍细弱，高15 ~ 95 cm，锐三棱形，平滑，基部呈块茎状。叶较多，短于秆，宽

2～5 mm，平张；鞘棕色，常裂成纤维状。叶状苞片常长于花序，或有时短于花序；长侧枝聚伞花序简单或复出，具辐射枝；辐射枝最长达12 cm；穗状花序轮廓为陀螺形，稍疏松，具3～10个小穗；小穗斜展开，线形，长1～3 cm，宽约1.5 mm，具8～28朵花；小穗轴具较宽的、白色透明的翅；鳞片稍密的复瓦状排列，膜质，卵形或长圆状卵形，长约3 mm，顶端急尖或钝，无短尖，中间绿色，两侧紫红色或红棕色，具5～7条脉；雄蕊3，花药长，线形，暗血红色，药隔突出于花药顶端；花柱长，柱头3，细长，伸出鳞片外。小坚果长圆状倒卵形，三棱形，具细点。花果期5—11月。

药用价值：以干燥的根茎入药，收载于《中华人民共和国药典》2020年版（一部），味辛微苦，性平，有行气解郁，调经止痛之功效，素有“气病之总司，妇科之主帅”的美称。

适应性：香附喜温暖潮湿气候和沙质疏松土壤，适应性广泛，对土壤要求不严，多生于田野、河边、洼地等处。

1.19.2　栽培技术要点

1.19.2.1　选地与整地

选排灌方便的沙质壤土或黏壤土，深翻细耙，整平后，做成宽1～1.5 m的平畦。每公顷施充分腐熟的厩肥22.5～30 t作基肥，施后平整土地。

1.19.2.2　种植方法

（1）种子繁殖

4月间于苗床播种育苗，条播按行距5～8 cm，开浅沟播入，播后盖薄土，浇水。苗高6～10 cm时，按行距18～24 cm，株距10～15 cm移植于大田，栽后浇水。

（2）分株繁殖

清明至谷雨，将老植株挖出，按行距18～24 cm、株距10～15 cm穴栽，每穴2～4株，栽后浇水。

1.19.2.3　田间管理

出苗后及时松土除草，保证田间无杂草。天旱时要适当浇水，雨季注意排涝。

1.19.2.4　采收与加工

春秋两季采收均可，以秋末最好，春季化冻后亦可采挖。收获时刨挖出根茎，剪芦苗，摊晒至干燥，随后堆积烧去茎叶毛须，烧时火力要均匀，上下翻动，防止烧焦，烧后筛掉泥杂，扬净细须。也可将香附挖出洗净后，放锅内煮至熟透，捞出晒干，即为“毛香附”。将毛香附晒至七八成干，碾去毛须，扬净晒至全干，即为“完香附”。

1.20 知母

1.20.1 生物学特性

知母，百合科，多年生草本植物，别名蒜瓣子草、羊胡子根、地参。根状茎粗0.5 ~ 1.5 cm，为残存的叶鞘所覆盖。叶长15 ~ 60 cm，宽1.5 ~ 11 mm，向先端渐尖而成近丝状，基部渐宽而成鞘状，具多条平行脉，没有明显的中脉。花葶比叶长得多；总状花序通常较长，可达20 ~ 50 cm；苞片小，卵形或卵圆形，先端长渐尖；花粉红色、淡紫色至白色；花被片条形，长5 ~ 10 mm，中央具3脉，宿存。蒴果狭椭圆形，长8 ~ 13 mm，宽5 ~ 6 mm，顶端有短喙。种子长7 ~ 10 mm。花果期6—9月。

药用价值：以根茎入药，收载于《中华人民共和国药典》2020年版（一部），具有清热除烦、泻肺滋肾之功效，主治口渴烦躁、肺热咳嗽、结核病发热、糖尿病等。味苦、性寒、清热除烦，润肺滋肾。

适应性：知母性喜温暖气候，适应性很强，耐寒、耐旱、耐瘠薄，喜阳光。以土质疏松、肥沃、排水良好的沙质壤土栽植为好，不宜在阴坡及低洼地种植。

1.20.2 栽培技术要点

1.20.2.1 选地

宜选土壤疏松、排水良好、阳光充足的地块种植，土层深厚的山坡荒地也能种植。前茬作物以玉米、薯类、豆类为宜。

1.20.2.2 整地施肥

选好地后，每公顷施农家肥30 ~ 45 t，配施磷酸二铵450 kg，施后深翻25 cm，耙细整平。做成宽1.3 m的畦。若土壤干旱，先在畦内灌水，待水渗后播种。

1.20.2.3 繁殖方法

知母可采用种子繁殖或分株繁殖。

（1）种子繁殖

①选种采种：选择3年以上健壮植株作采种母株，在果实过分成熟之前顺次采下，防止脱落，晒干、脱粒备用。每株可得种子5～7 g，用贮藏2年以内，千粒重7.5～8.1 g的种子较为合理。

②种子处理：用30 ℃的温水浸种8～12 h，捞出晾干后，用2倍的湿沙拌匀，置向阳温暖处堆放，周围覆盖农膜。

③播种、育苗：春播在4月中下旬进行。在整好的畦面上，按行距20～25 cm开2 cm的浅沟，将种子均匀撒入沟内，覆土盖平后稍加镇压。播后保持土壤湿润，10～15 d即可出苗。直播每公顷需种子15～22.5 kg，育苗每公顷用种量45～90 kg（可移栽大田5～6 hm^2）。直播地按株距7～10 cm定苗。

④移栽：移栽在春季或秋季均可。按行距25 cm开沟，沟深5～6 cm，然后将种苗按10 cm的株距栽入沟内，覆土压紧。种苗叶子保留10 cm左右，多余部分剪掉。

（2）分株繁殖

宜在秋冬季植株休眠期至翌年早春萌发前进行。早春或晚秋挖出根茎，切成3～6 cm的小段，每段带芽1～2个，开深4～5 cm的沟，按行距25～30 cm、株距9～12 cm横向平栽，栽后覆土5 cm。压实、浇水。定植苗宜带较多须根，有利成活。

1.20.2.4　田间管理

（1）间苗、定苗

春季萌发后，当苗高4～5 cm时间苗，去弱留强。苗高10 cm左右时，按株距4～5 cm定苗。

（2）除草培土

间苗后进行1次松土除草，松土宜浅，但杂草要除尽。定苗后再松土除草2～3次，保持畦面疏松无杂草。雨季过后和秋末要培土。

（3）追肥

除施足基肥外，每年4—8月每公顷应分次追施尿素300 kg、过磷酸钙390 kg、硫酸钾225 kg。苗期还可每公顷施入稀薄人畜粪水22.5～30 t；生长中后期每公顷施入腐熟厩肥和草木灰各15 t。在每年7—8月生长旺盛期，每公顷喷施0.3%磷酸二氢钾溶液1.5 t，每隔半月喷施叶面1次，连续2次，以晴天的下午4时以后喷施效果最好。喷洒后若遇雨天，应重喷1次。

（4）排灌水

直播地幼苗期灌水1次，移栽地栽后灌水1次，采收前一个月灌水1次。封冻前灌1次越冬水，以防冬季干旱；春季萌发出苗后，若土壤干旱，及时浇水。雨后要及时疏沟排水。

（5）打薹

播后第2年夏季开始抽薹开花，除留种外，一律于花前剪除花薹，可促进地下根茎粗壮、充实，有利增产。

（6）盖草

1～3年生知母幼苗，每年春季松土除草和追肥后，可于畦面覆盖杂草、秸秆、麦糠、树叶等12 000～15 000 kg/hm^2，可保温保湿、抑制杂草，连盖2～3年，中间不翻动。

1.20.2.5　病虫害防治

立枯病发病初期喷淋20%甲基立枯磷乳油（利克菌）1 200倍液，或10%立枯灵水悬浮剂300倍液，或15%噁霉灵水剂500倍液，或50%多菌灵可湿性粉剂600倍液，或70%甲基硫菌灵可湿性粉剂1 000倍液。7～10 d喷1次，喷3次以上。枯萎病可用50%克菌丹或50%多菌灵500倍液灌浇，或用10%双效灵水剂300倍液，或50%多菌灵可湿性粉剂600倍液，或70%甲基硫菌灵可湿性粉剂1 000倍液，或用50琥胶肥酸铜（DT杀菌剂）可湿性粉剂350倍液，或用12.5%敌萎灵800倍液，或3%广枯灵（噁霉灵+甲霜灵）600～800倍液喷灌，7～10 d喷灌1次，喷灌3次以上。

蚜虫可用黄板诱杀，或在虫害发生初期，用0.3%苦参碱乳剂800～1 000倍液，或天然除虫菊素2 000倍液喷雾，或50%辟蚜雾2 000～3 000倍液防治，注意交替使用。蛴螬可用5%毒死稗颗粒剂，每公顷用9～13.5 kg，兑细土25～30 kg，或用3%辛硫磷颗粒剂3～4 kg，混细沙土10 kg制成药土，在播种或栽植时撒施，均匀撒施田间后浇水。也可用90%敌百虫晶体，或50%辛硫磷乳油800倍液灌根。

1.20.2.6　采收与加工

种子繁殖的知母需4年方可收获，分根繁殖的3年即可采收。采收时间为秋末或春初，春季于解冻后、发芽前，秋季于地上茎叶枯黄后至霜冻前。将根状茎刨出后去掉芦头，除去泥土，注意洗时不要长期泡水，晒干或烘干，干后去掉须根，即为“毛知母”，或趁鲜除去外皮，晒干或烘干，即为“光知母”。毛知母以根条肥大，质坚硬，表面带有金黄色绒毛，断面黄白色为佳；光知母以肥大、坚实、黄白色、嚼之发黏为佳。加工后应避免吸潮，防止发霉，贮藏中注意防治鼠害。

1.21　苦豆子

1.21.1　生物学特性

苦豆子，豆科槐属，草本或基部木质化成亚灌木状植物。高可达1 m。羽状复叶；托叶着生于小叶柄的侧面，钻石状，小叶对生或近互生，纸质，叶片披针状长圆形或椭圆状长圆形，侧脉不明显。总状花序顶生；花多数，密生；苞片似托叶，脱落；花萼斜钟状，花冠白色或淡黄色，旗瓣形状多变，翼瓣常单侧生，龙骨瓣与翼瓣相似，先端明显具突尖，背部明显呈龙骨状盖叠，柄纤细，花丝不同程度连合，柱头圆点状，荚果串珠状，种子卵球形，稍扁，5—6月开花，8—10月结果。

药用价值：根与果实可作药用，收载于《中国自然标本馆》。苦豆子籽实中的苦参总碱具有清热解毒，抗菌消炎等作用。苦豆子的根又叫苦甘草，具有清热解毒的功效，可治痢疾、湿疹、牙痛、咳嗽等。

适应性：苦豆子抗性强，耐盐碱，耐旱，耐瘠薄。

1.21.2　栽培技术要点

1.21.2.1　选地与整地与灌水洗盐

选择地下水位高，排灌方便，春季播前0 ~ 20 cm土层全盐含量在0.2% ~ 0.6%之间，土壤pH值在8.0 ~ 9.5的轻盐沙壤土种植。选好地后，施入氮肥80.3 kg/hm^2，磷肥111 kg/hm^2，钾肥37 kg/hm^{2}作基肥。配合施肥进行整地，翻耕25 cm，耕后平整土地。播种前灌水，灌水量为2 400 m^3/hm^2，可有效地淋洗盐分。

1.21.2.2　播种

（1）种子处理

苦豆子种皮紧实，可用硫酸处理种子，用量为每100 g种子50 mL硫酸溶液，处理25 min。然后用水冲洗6～7次，洗净硫酸，或用氨水中和，晾干备播。

（2）播种

当5 cm地温稳定在12 ℃时为适宜播种期。可采用条播，行距45～50 cm，播种沟宽1～2 cm，沟深1.0～1.5 cm，播种后覆土1 cm，播种量为67.5～75 kg/hm^2。

1.21.2.3 播后管理

（1）定苗

苗高10 cm时，按照株距10 cm定苗，间苗应保壮除弱，并在缺苗处适当补苗。

（2）灌溉

6月、7月中旬灌水2次，每次灌水量1 500 m^3/hm^2，10月上旬秋灌压盐，灌水量为3 000 m^3/hm^2。全生育期灌水量为450 m^3/hm^2。

（3）追肥

7月中旬追肥，氮、钾肥料追肥量为氮肥80.3 kg/hm^2，钾肥37 kg/hm^2。

（4）中耕除草

主要杂草为稗草，可在6—7月中旬分别进行人工除草，或用50%二氯喹啉酸可湿性粉剂进行化学除草。

（5）病虫害防治

7月中下旬若有蚜虫为害，可用40%氧化乐果1 500～2 000倍液喷雾防治。

1.21.2.4 留种技术

选择生长良好、无病虫害的植株采种。11月上旬，荚果变为黄褐色时，及时采收。采收后及时摊开晾晒，除去杂质，风选除屑后，装入透气袋中，放置阴凉通风处贮藏。

1.21.2.5 苦豆子药材采收

药用全草在9月下旬采收，药用种子在11月上旬荚果变为黄褐色时采收。收获时，人工或机械采收苦豆子全草、荚果，采收后及时摊开晾晒，脱粒。包装前检查，挑出杂质、异物和非药用部位，以保证药材纯度。包装容器要无污染、无破损。储藏区域应通风、干燥、避光，避免霉变和虫害。

1.22　紫菀

1.22.1　生物学特性

紫菀，菊科紫菀属多年生草本植物，别名子菀、小辫儿、夹板菜、驴耳朵菜、青菀等。茎直立，高30～150 cm，粗壮，基部有纤维状枯叶残片且常有不定根，有棱及沟，被疏粗毛，有疏生的叶。基部叶在花期枯落，长圆状或椭圆状匙形；下部叶匙状长圆形，常较小，下部渐狭或急狭成具宽翅的柄；中部叶长圆形或长圆披针形；上部叶狭小。全部叶厚纸质，上面被短糙毛，下面被稍疏的但沿脉被较密的短粗毛；中脉粗壮。头状花序，在茎和枝端排列成复伞房状；花序梗长，有线形苞叶。总苞半球形，总苞片3层，线形或线状披针形，有草质中脉。舌状花20余个；管部长3 mm，舌片蓝紫色，有4至多脉；管状花稍有毛，裂片长1.5 mm；花柱附片披针形，长0.5 mm。瘦果倒卵状长圆形，紫褐色。冠毛污白色或带红色，长6 mm，有多数不等长的糙毛。花期7—9月；果期8—10月。

药用价值：以干燥根及根茎入药，收载于《中华人民共和国药典》2020年版（一部），味辛、苦，性温，归肺经；具有温肺下气、消痰止咳的功能；主治支气管炎、咳喘、肺结核、咯血等症。

适应性：喜温暖湿润气候，较耐涝，怕旱，耐寒性较强。喜肥，对土壤条件要求不严。但以土层深厚、土质疏松、肥沃、排水良好的沙质土壤为好。多生于海拔400～2 000 m的低山阴坡湿地、山顶、低山草地及沼泽地。

1.22.2　栽培技术要点

1.22.2.1　选地与整地

宜选取地势平坦、排灌方便、土层深厚、疏松肥沃的壤土或沙壤土作为栽植地块。种植前深翻土壤30 cm以上，结合耕翻，每公顷施农家肥60 t或1.5 t饼肥、过磷酸钙750 kg，翻入土中作基肥。清除杂草和石块，耙平，于播前再浅耕20 cm，整平耢细后，做宽1.3 m的高畦，畦沟宽40 cm，四周开好排水沟。

1.22.2.2　选种

紫菀栽种前1年秋天，从种苗田选择粗壮、颜色白中略带紫红色，无病虫害，接近地面的根状茎作繁殖材料，不宜采用块茎顶部发出的根状茎和下部的根状茎。栽前将选好的根状茎剪成7 ~ 10 cm长的小段，每段带有芽眼2 ~ 3个。春栽的根状茎需窖藏，即将种茎稍晾，放入地窖，窖底铺沙，然后种沙交错，最上面盖沙，窖内温度以不结冰为度，贮藏到翌春栽种。秋栽宜随挖随栽。

1.22.2.3 栽种

春栽于4月上旬，秋栽于10月下旬进行。按行距30 cm，开成6 ~ 8 cm深的浅沟，按株距15 ~ 20 cm，放根状茎2 ~ 3段。每公顷用量225 ~ 300 kg。芽眼向上，如土壤墒情不好，可在沟内灌水后栽种。摆好种根茎后，覆土与畦面齐平，轻轻压紧后，浇水湿润，然后可覆盖薄膜或草，保温保湿。栽后12 ~ 15 d即可出苗。

1.22.2.4 田间管理

（1）除去覆盖

齐苗后揭去盖草，或者出苗50%左右时揭去薄膜。

（2）中耕除草

苗出齐后，应及时中耕除草。一般结合追肥，中耕除草2 ~ 3次。第1次在齐苗后，宜浅松土，避免伤根；第2次在苗高7 ~ 9 cm时；第3次在植株封行前进行。初期宜浅耕，防止伤根。夏季枝叶繁茂后，只宜用手拔草。

（3）灌溉排水

春栽的如遇干旱，出苗前浇水1 ~ 2次。秋栽地封冻前浇1次水，并盖一层土杂肥或马粪以防寒保墒，安全越冬。紫菀喜湿润，生长盛期需水较多，天旱时应及时浇水，保持土表湿润。秋季高温干旱时，浇水2 ~ 3次。灌水最好在早、晚进行，当水渗透畦面以后，及时将沟水排净。雨季注意疏沟排水。

（4）追肥

追肥每年进行2 ~ 3次。第1次在齐苗后，结合中耕每公顷施人畜粪水22.5 t。第2次在苗高10 cm时，再施入人粪水22.5 ~ 30.0 t。第3次在封行前，每公顷施堆肥7.5 ~ 15.0 t+饼肥750 kg混合堆沤后，于株旁开沟施入，施后盖土。立秋前后，每公顷追施尿素150 ~ 225 kg，随水灌入畦内。

（5）摘除花薹

除留种植株外，8—9月如发现植株抽薹，选晴天将花薹全部剪除，促进根部生长发育。

1.22.2.5　病虫害防治

叶枯病发病前和发病初期喷施1∶1∶120倍波尔多液或65%代森锌500倍液，每隔7～10 d喷1次，连续喷施2～3次。根腐病用50%多菌灵可湿性粉剂1 000倍液或50%甲基托布津可湿性粉剂1 000倍液喷雾防治，每隔7 d喷1次，连喷3次。黑斑病发病初期用50%退菌特可湿性粉剂800倍液，或80%代森锌可湿性粉剂600倍液喷雾，每隔7 d喷1次，交替使用，连续喷3～4次。叶锈病发现病株立即清除，并喷1∶1∶（300～400）倍的波尔多液，也可用97%敌锈钠1∶（300～400）倍液喷雾。斑枯病发病初期用25%甲霜灵可湿性粉剂800倍液或70%甲基硫菌灵可湿性粉剂1 000倍液喷雾防治，10～15 d喷1次，共喷3次。

地老虎、蛴螬用50%辛硫磷1 000倍液或用90%敌百虫1 000倍液浇灌防治，也可用灯光诱杀成虫。银纹夜蛾用80%敌敌畏乳剂1 500倍液喷杀，喷雾时注意叶的背面也要喷到。红蜘蛛发生初期用0.36%苦参碱（绿植保）水剂800倍液，或天然除虫菊素2 000倍液，或73%克螨特（丙炔螨特）乳油1 300倍液喷雾防治。

1.22.2.6　采收与加工

春季栽种当年秋后采收，秋季栽种第2年霜降前后、叶片开始枯萎时采挖。收获时，先割去茎叶，稍浇水湿润土壤，然后小心挖出地下根及根状茎，切勿弄断须根，挖出后抖净泥土。根刨出后，选粗壮、紫红色、有芽的根状茎作种栽。其余去净泥土，晒干，或切成段后晒干。如放干燥处晒至半干，编成辫子再晒至全干，即为“辫紫菀”药材。放阴凉干燥处贮藏，以防虫蛀。

2　全草类

2.1　益母草

2.1.1　生物学特性

益母草为唇形科益母草属1年生或2年生草本植物。植株高大，高50～120 cm，茎直立，四棱形。叶对生，形状不一，叶片圆形至卵状椭圆形，叶缘浅裂；轮伞花序，花冠唇形，粉红色或紫红色。小坚果，长圆状三棱形，长约2 mm，顶端截平，淡褐色，光滑。花期5—7月，果期6—8月。

药用价值：以开花的地上部分入药，性微寒，味苦辛。具有活血调经、祛瘀生新、利尿消肿、清热解毒的功能。是一种传统的妇科中药，用于月经不调、痛经、闭经、恶露不尽、水肿尿少；急性肾炎水肿、小便不利、疮疡肿毒、跌打损伤。近年来的研究表明：益母草除为妇科常用药外，在心血管方面还能改善心肌缺血、增加冠状动脉血流等功能。

适应性：益母草喜温暖、湿润的气候，喜光照，以较肥沃的土壤为佳，需要充足水分条件，但不宜积水，怕涝。

2.1.2 栽培技术要点

2.1.2.1 选地与整地

宜选择向阳、土层深厚、富含腐殖质、排水良好的沙质土壤，注意选含盐量小于0.7%的土壤，不宜选择板结红黄壤和砂性强的土壤。每公顷施入腐熟的农家有机肥45～60 t，或施尿素195 kg/hm^2，过磷酸钙450 kg/hm^2，硝酸钾45 kg/hm^2，深翻土地20～30 cm，翻肥入土，耙细整平，作畦，畦宽1.3～1.5 m、畦高20 cm，四周挖好排水沟，以利排水。

2.1.2.2 良种采集与保藏

益母草根据叶片分裂的大小及形状分为细叶益母草和益母草；根据对低温的不同反应，分为春性益母草和冬性益母草。春性益母草，春夏秋均可播种，秋季播种，翌年夏季才能开花结果；冬性益母草，秋季播种，翌年春夏季抽茎、开花、结果。

在益母草种子成熟时，选择植株高大、生长健壮、品种纯、籽粒饱满的植株，把地上部分割下。轻拿轻放，防止种子脱落，就近晾晒，可提前选择空旷地块，压实做成晾晒场地。当场晒干拍打，收集种子，除去碎叶、土粒、石子等杂质和瘪籽。把种子装入袋内，封口，保存在干燥、低温的地方。

2.1.2.3 播种

播前可将种子浸入浓度为0.3%的甲基托布津水溶液中6～8 min，取出，晾晒3 d，栽种前用0.2%的高锰酸钾溶液浸泡4 min。春播于2月下旬至3月下旬为宜，夏播为6月下旬至7月，春播15～20 d出苗，夏播5～10 d出苗，当年收获；冬播品种一般在10—11月播种，15 d左右出苗，越冬后第2年抽薹开花。条播或穴播均可，最好不要撒播。益母草种子细小，播种时可以掺细沙土混播，再适量用人畜粪水拌湿，每公顷播种量7.5 ~ 9 kg。条播行距为25 cm，开5 cm深的播种沟，沟中施人畜粪水，将种子均匀播入沟内。穴播株距为15 cm、行距为25 cm，穴深3 ~ 5 cm。播后可覆盖一层稻草保湿保温。

2.1.2.4　田间管理

（1）间苗定苗

苗高5 cm时间苗，拔除弱苗、密苗，间苗时若发现缺苗，要及时移栽补植，穴播者可以每穴留1 ~ 2株壮苗，其余除去。以后陆续进行2 ~ 3次，当苗高15 ~ 20 cm时，按株距10 ~ 15 cm定苗。

（2）中耕除草

及时中耕除草，要求中耕浅，深3 ~ 4 cm，除草干净。幼苗期中耕要保护好幼苗，防止被土块压，不可碰伤苗茎；最后1次中耕后，要培土护根。春播苗中耕除草3次，分别在苗高5 cm、15 cm、30 cm时进行；夏播苗按植株生长情况适时进行中耕除草；秋播苗在当年幼苗长出3 ~ 4片真叶时进行第1次中耕除草，翌年再中耕除草3次，时期与春播相同。

（3）追肥浇水

间苗后2周，施用0.02 g/L赤霉素、1.5 g/L细胞分裂素、15 kg/hm^{2}磷肥和675 kg/hm^{2}氮肥，另用0.1%硫酸锰和0.2%硼砂叶面喷施。每次中耕除草后要追肥1次，每公顷追施硝酸铵150 kg或尿素75 kg，或农家肥每公顷追施15 t。追肥时要注意浇水，切忌肥料过浓，以免伤苗。当益母草长至35 cm左右，叶片覆盖整个田块时，配水喷施尿素40 kg/hm^2，提高益母草总生物碱含量。幼苗期浇水后，除非特别干旱，否则一般不再浇水；下雨天要及时排水，防止发生涝害。

2.1.2.5　病虫草害防治

益母草在生长中期易发生白粉病、锈病、根腐病和菌核病等。食用栽培的植株不宜过多使用化学药剂，应以防为主，或采用天然的植物制剂进行防治，如可用大蒜的浸出液防治白粉病。如采用化学防治，白粉病可用15%粉锈宁1 000倍液或2%抗霉菌素水剂200倍液连续喷洒2 ~ 3次防治。锈病可用97%敌锈钠200倍液喷雾防治。根腐病可在入冬前清园，翻耕30 cm。菌核病可坚持轮作，在发现病毒侵蚀时，及时铲除病土，并撒生石灰粉。

虫害主要有地老虎、蚜虫等。地老虎可用90%敌百虫原药1 500倍液灌浇毒杀。蚜虫可按1：15的比例配制烟叶水，炮制4 h后喷洒防治，也可用10%乐果乳剂1 000倍液喷洒防治。益母草园地还会发生红蜘蛛、蛴螬等害虫，以常规办法除治即可。益母草幼苗期间还可能有野兔为害，可在田间抹石灰或作草人恐吓。

盐碱地种植益母草的杂草主要有盐地碱蓬、芦苇、藜、白茅、马齿苋等。碱蓬、马齿苋可随时拔除，芦苇和白茅可每公顷可用10.8%高效氟吡甲禾灵乳油60～70 mL兑水30 kg灭除。

2.1.2.6 采收与加工

益母草以地上部和种子入药。采收地上部可在植株有2/3开花时进行，在晴天上午用镰刀齐地割取地上部分。收割后及时晒干或烘干，在干燥过程中避免堆积和雨淋受潮，以防发酵或叶片变黄而影响质量。如果以种子作为收获物，可在种子成熟时及时收割并立即在田间晒干，拍打或碾压，使籽粒脱出，随后去除杂质。贮藏在干燥阴凉处，防止受潮、虫蛀和鼠害。

2.2 肉苁蓉

2.2.1 生物学特性

肉苁蓉，列当科肉苁蓉属多年寄生草本植物，别名寸芸、苁蓉、查干告亚（蒙语）。高40～160 cm，大部分地下生。茎不分枝或自基部分2～4枝，向上渐变细。叶宽卵形或三角状卵形，生于茎下部的较密，上部的较稀疏并变狭，披针形或狭披针形，两面无毛。花序穗状；花序下半部或全部苞片较长，与花冠等长或稍长，卵状披针形、披针形或线状披针形，连同小苞片和花冠裂片外面及边缘疏被柔毛或近无毛；小苞片2枚，卵状披针形或披针形，与花萼等长或稍长。花萼钟状，顶端5浅裂，裂片近圆形。花冠筒状钟形，长3～4 cm，顶端5裂，裂片近半圆形，边缘常稍外卷，颜色有变异，淡黄白色或淡紫色，干后常变棕褐色。雄蕊4枚，花丝着生于距筒基部5～6 mm处，基部被皱曲长柔毛，花药长卵形，密被长柔毛，基部有骤尖头。子房椭圆形，长约1 cm，基部有蜜腺，花柱比雄蕊稍长，无毛，柱头近球形。蒴果卵球形，顶端常具宿存的花柱，2瓣开裂。种子椭圆形或近卵形，外面网状，有光泽。花期5—6月，果期6—8月。

药用价值：以干燥带鳞的肉质茎入药。性甘、咸而温，是著名的补肾阳药物，还具有益精血、润肠通便和延缓衰老等功效。

适应性：肉苁蓉抗逆性强，耐干旱，常寄生于沙漠中的梭梭、红柳及蒿类植物根部。喜生于轻度盐渍化的松软沙地上，一般生长在沙地或半固定沙丘、干涸老河床、湖盆低地等。适宜生长区的气候干旱，降水量少，蒸发量大，日照时数长，昼夜温差大。土壤以灰棕漠土、棕漠土为主。寄主梭梭为强旱生植物。

2.2.2　栽培技术要点

2.2.2.1　选地与整地

选择气候干旱少雨，昼夜温差大，排灌方便，春季播前0～20 cm土层全盐含量在0.4%～2%之间，土壤pH值在7.50～9.00的沙质土地和半流沙荒漠地。

2.2.2.2　培育寄主林

寄主林主要选择梭梭，也可选择红柳。可利用天然梭梭林较集中的沙漠地进行圈拦，防止牛羊和骆驼啃食，浇水施肥，保护寄主。也可培育人工梭梭林，秋后采收梭梭种子，春天作畦播种育苗。种子播种后1～3 d出苗，1～2年后定植，行株距1～1.5 m，定植2～3年以后，生长健壮，可以接种肉苁蓉。梭梭也可直播，但应注意防风、保水、保苗。红柳林可人工种植，栽植密度一般为株行距1 m×2 m，流沙地中定植深度为0.6～0.7 m。

2.2.2.3　选种

选用特制贴附在纸上的肉苁蓉种子纸（每种片保证200粒种子）及优质肉苁蓉种子。种子质量应符合国家二级以上良种的要求。

2.2.2.4　接种

最适接种季节为春、秋两季。一般选择在春季3—4月进行。

（1）造林接种

造林行沟宽30 cm，深40～60 cm，株行距为1.5 m×3 m。将种子纸横放在行沟内栽植苗木根部，吸水面向上，然后回填适量细土，回填表土踩实后及时灌溉。

（2）在寄主上接种

梭梭林根部接种方法：选择3年生以上野生梭梭或1年以上人工梭梭，在其东侧或东南侧方向距寄主50 ~ 80 cm处，挖深70 ~ 100 cm的种植坑，找到梭梭根系区后灌水或施入抗旱保水剂，同时施入腐熟好的农家肥，待水完全渗入后，将种子纸播种面附于梭梭根区坑壁，后用挖出的沙土回填种植坑，填至2/3处时，适当踩实，填至坑满即可。人造梭梭林生长整齐、成行，可在植株两侧开沟作苗床。播种后保持苗床湿润，诱导寄主根延伸到苗床上。

红柳根部接种方法：红柳苗木生长1年后，在两行红柳寄主苗木中间开沟，沟宽40 ~ 60 cm，深度70 ~ 100 cm为宜，将肉苁蓉种子与过筛细沙按1∶100的比例拌匀，撒入沟内红柳须根系周围，填土压实后灌水。肉苁蓉种子用量90 g/hm^2。也可与梭梭接种类同，在1年生以上红柳寄主一侧开挖种植坑，挖至露出红柳根系为宜，将种片播种面附于根区坑壁，覆土踩实后灌水。

2.2.2.5　田间管理

接种成功的植株，第2年有少数肉苁蓉出土生长，大部分在第3 ~ 4年内出土、开花、结实。接种后要加强对寄主的管理，初期可适量灌水，但不宜多，以后每年根据降水量适量灌水1 ~ 2次或不灌水，平时观察植株下70 cm处，无湿沙时，及时浇水。施肥以农家肥为主，禁施化肥。荒漠地带风沙大，要注意培土或用树枝围在寄主根周围防风，人工拔除其他植物。越冬前要及时对寄主培土，防冻、防旱，安全越冬。肉苁蓉5月开花时，需要进行人工授粉，提高结实率。

2.2.2.6　病虫害防治

梭梭白粉病可用武夷菌素（BO-10）生物制剂300倍液或25%粉锈宁4 000倍液喷雾防治。梭梭根腐病用50%多菌灵1 000倍液灌根。种蝇可用90%敌百虫800倍液或40%乐果乳油1 000倍液地上部喷雾或浇灌根部。

2.2.2.7　采收

春、秋两季均可采收，以4—5月采收为佳。当肉苁蓉露出地面时采挖，尽量保证单株肉苁蓉的完整。为减少对寄主植物的破坏，采挖时选择肉苁蓉与寄主相连的外围挖坑，挖至肉苁蓉的底部，在不断开苁蓉与寄主的连接点的前提下，从连接点向上留5 ~ 8 cm截取上部，然后回填土，填土时要防止碰断寄生根和连接点，回填土平整后稍加踩实。

2.2.2.8　加工

（1）晾晒法

将顶头已变色的肉苁蓉用开水烫头或切除变色头，然后将肉苁蓉放在清扫干净的水泥地面晾晒，每天翻动2～3次，防止霉变，晒至完全干即可包装出售。也可白天在沙地上摊晒，晚上收集成堆遮盖起来，防止被冻坏，晒干后颜色好，质量高。

（2）盐渍法

将个大者投入盐湖中腌1～3年；或在地上挖50 cm × 50 cm × 120 cm的坑，气温降到0 ℃时，把肉苁蓉放入等大不漏水的塑料袋，用当地未加工的土盐，配制成40%的盐水腌制，第2年3月取出晾干。

（3）窖藏法

在冻土层的临界线以下挖坑，天气冷凉时将新鲜肉苁蓉埋入土中，第2年取出晒干。

2.2.2.9　留种

应同时留梭梭种子及肉苁蓉种子。宜选粒大、饱满、无病虫害的种子留种。

2.3　锁阳

2.3.1　生物学特性

锁阳，锁阳科锁阳属多年生肉质寄生草本植物，又名不老药、锈铁棒、黄骨狼、锁严子等。无叶绿素，全株红棕色，大部分埋于沙中。寄生根根上着生大小不等的锁阳芽体，初近球形，后变椭圆形或长柱形，具多数须根与脱落的鳞片叶。茎圆柱状，直立、棕褐色，埋于沙中的茎具有细小须根，茎基部略增粗或膨大。茎上着生螺旋状排列脱落性鳞片叶，向上渐疏；鳞片叶卵状三角形，花丝极短，花药同雄花；雌蕊也同雌花。果为小坚果状，多数非常小，近球形或椭圆形，果皮白色，顶端有宿存浅黄色花柱。种子近球形，深红色，种皮坚硬而厚。花期5—7月，果期6—7月。

药用价值：以干燥肉质茎入药，收载于《中华人民共和国药典》2020年版（一部），具有补肾阳、益精血、润肠通便、抗衰老等作用。

适应性：锁阳生于荒漠草原、草原化荒漠与荒漠地带。多在轻度盐渍化低地、湖盆边缘、河流沿岸阶地、山前洪积、冲积扇缘地生长，土壤为灰漠土、棕漠土、风沙土、盐土。喜干旱少雨，具有耐旱特性。

2.3.2 栽培技术要点

2.3.2.1 野生锁阳种子的采收

野生锁阳8—9月种子成熟。在野生植株采种后，选用籽粒饱满的作为人工种植用种。

2.3.2.2 种子处理

种子需处理促萌，用300 mg/kg的萘乙酸液浸泡种子24 h，打破种子休眠期。

2.3.2.3 寄主的选择

选择平缓、含水率较高的固定沙地，选择侧根发达的幼、壮白刺作为寄主，选0.1 ~ 0.2 cm粗细的白刺侧根为宜。

2.3.2.4 接种

最佳的接种时间是4月中旬白刺萌发时开始，到7月底结束。深度以50 ~ 60 cm为宜。接种时，顺白刺根系挖深50 ~ 60 cm，撒施腐熟的羊粪，选草炭土拌羊粪垫在所要接种的白刺根系的下面，隔段破开根系表皮，然后将50 ~ 60粒锁阳种子撒在下垫土上，与白刺根系紧密接触，然后覆5 ~ 6 cm厚的沙，灌水后将坑埋好、踩实。接种后，有的当年即可萌发，与白刺产生寄生关系，有的第2年才能萌发。

2.3.2.5 管理

每隔半月灌1次足水，保持接种部位湿润。

2.3.2.6 采收

人工种植的锁阳3 ~ 4年就能采收。春秋两季均可采挖，以春季为宜。锁阳刚刚出土或即将顶出沙土时采收，质量最好。采收后除去花序，避免消耗养分，继续生长开花。收获物折断成节，摆在沙滩上日晒，每天翻动1次，20 d左右可以晒干。或半埋于沙中，连晒带沙烫，使之干燥。也有少数地区，趁新鲜时切片晒干。

2.4　薄荷

2.4.1　生物学特性

薄荷，唇形科薄荷属多年生宿根性草本植物。又名菝兰、番荷、苏薄荷等。多年生宿根性草本植物，高30～80 cm，全株具有浓烈的清凉香味。发根力极强，有3种根，种根、不定根和气生根，茎分为3种茎，直立茎、地面匍匐茎和地下茎，茎基部稍倾斜向上直立，四棱形，被长柔毛。地上茎赤色或青色，地下茎为白色。叶绿色或赤红色，单叶对生，长圆形或长圆状披针形，边缘具尖锯齿，两面有疏柔毛，下面有腺鳞，轮伞状花序，腋生，花小，淡紫红色，花冠二唇形。茎叶高出轮伞状花序。花期8—10月，薄荷属异花授粉作物，自开花到种子成熟约需20 d，果实属于小坚果，浅褐色或褐色，卵圆形。果期9—10月。种子小，黄色。

药用价值：以地上全草入药，收载于《中华人民共和国药典》2020年版（一部），性凉、味辛，具有疏散风热，清利头目的作用，主治外感发热、头痛目赤、咽喉肿痛、肤瘟疹等症。

适应性：薄荷喜温暖湿润气候，不耐干旱。在少雨地区种植需要人工灌溉。属长日照植物，喜阳光充足。喜肥，一般土壤都可以生长，但以肥沃壤土最好，pH值一般以6.5～7.5为宜。

2.4.2　栽培技术要点

薄荷多为露地栽培，北方地区还可以采用保护栽培或者露地与保护设施栽培并举的方式。栽培季节依各地气候决定，在无霜冻的季节都可栽培，如广东、广西南部、海南等地区一年四季都可栽培，江苏、浙江一带以清明前后为宜，北方地区露地可在4—10月栽培，保护设施条件下周年都可生产。

2.4.2.1　选择品种

薄荷栽培品种很多，生产上常用的有青茎圆叶的青薄荷与紫茎紫脉的紫薄荷，其中，紫薄荷含油量高，香气浓，抗旱力强。

2.4.2.2　选地与整地

宜选择土层深厚、疏松肥沃、排水良好、地势平坦、灌溉方便，2～3年内未种过薄荷的沙质壤土或轻壤土种植。整地，深耕，耙平，作畦。土壤翻耕前每公顷施入腐熟厩肥或堆肥37.5 t，撒于地面翻入土中作基肥。整平耙细后做成宽150 cm的高畦，畦沟宽40 cm，四周挖好排水沟。

2.4.2.3 繁殖方法

（1）分株繁殖

苗高10～15 cm时，选阴雨天气将苗挖起，分批移栽。在移栽地按行距30 cm开沟，在沟内间距15 cm栽苗1株，覆土后浇水。也可在畦面上按行株距20 cm×15 cm挖穴栽植，穴深10 cm，每穴栽1～2株幼苗。

（2）扦插繁殖

5—6月将地上茎枝切成10 cm的插条。在整好的苗床上，按行株距7 cm×3 cm扦插育苗。待生根发芽后移植到大田，移栽规格与分株繁殖相同。

（3）根茎栽种

早春土壤解冻后栽种，挖出地下根茎后，选择节间短、色白、粗壮、无病虫害者作种根。然后在整好的畦面上，按行距25 cm开沟，沟深5～10 cm，将种根放入沟内，可以整条排放，也可切成5～10 cm小段，按行株距30 cm×15 cm栽植。栽后覆土，耙平压实。

2.4.2.4 田间管理

（1）补苗定苗

当苗高10 cm时，发现缺棵进行补苗。做到苗齐、苗全、苗壮，保持每公顷栽苗30万～45万株，株距10～13 cm。

（2）中耕除草

第1次除草于移栽成活后或苗高7～10 cm时进行，中耕宜浅，避免伤根。第2次中耕除草于6月上旬植株封行前进行。第3次于7月首次收割薄荷后进行，除净杂草，铲除老根茎，以促萌新苗。第4次于9月进行，拔除杂草，可不中耕。

（3）追肥

结合中耕除草，每公顷施人粪尿15.0～22.5 t。第2次收割后，在行间开沟，每公顷施有机肥1 500～2 000 kg，施后盖土。此外，根据薄荷生长情况，还可根外喷施氮、磷、钾肥，氮肥可用0.1%尿素溶液，磷肥可用0.2%过磷酸钙溶液、钾肥可用0.1%硫酸钾溶液，每公顷各喷施1 500 kg左右，亦可混施。喷施时间应在薄荷生长最旺盛的傍晚。

（4）灌水与排水

遇高温干燥及伏旱天气，应及时浇水。每次收割施肥后，也要及时灌溉。雨季要注意疏沟排水。

（5）摘心去顶

植株生长较稀疏时，于5月选晴天摘去植株顶芽，促进分枝，提高其产量。

（6）去杂

良种薄荷种植几年后，均会出现退化混杂。当发现野杂薄荷后，应及时去除。去杂宜选雨后进行，可反复多次。去杂后如发现缺苗，还应移苗补全。

2.4.2.5　病虫害防治

（1）病害

薄荷锈病发病初期用20%三唑酮乳油1 000 ~ 1 500倍液或用敌锈钠300倍液防治。薄荷斑枯病可用70%代森锰锌、75%百菌清500 ~ 700倍液喷洒。收获前20 d停用。

（2）虫害

小地老虎用40%菊马乳油、菊杀乳油2 000 ~ 3 000倍液喷洒根际土壤，也可用40%甲基异硫磷1 000倍液灌根。银纹夜蛾用50%抑太保乳油每公顷450 ~ 900 mL，兑水喷洒或者50%杀螟松1 000倍液喷治。收割前20 d停用。

2.4.2.6　留种

薄荷容易退化，应做好留种、选种工作。在田间去杂去劣后，选具有品种典型特征的优良种株，移至事先准备好的留种田内，按行株距20 cm × 10 cm栽植，培育至冬初起挖，可获得70% ~ 80%白色新根茎。也可在6月上中旬用具有良种特征植株的匍匐茎或植株中下部的老茎进行快繁。

2.4.2.7　采收与加工

以每年收割2次为好，第1次在6月下旬至7月上旬进行，第2次在10月上旬开花前进行。应选择晴天的12：00至14：00进收割，此时薄荷叶中含油量较高。收获用镰刀齐地面将地上部茎叶割下，留茬不能过高，割后要立即摊开暴晒。随后摊开阴干2 d，扎成小把，悬挂阴干或晒干。晒时应经常翻动，防止雨淋、夜露引起发霉变质。薄荷茎叶可蒸馏加工薄荷油，冷却后析出结晶，经过分离精制，可获薄荷脑。

2.5 麻黄

2.5.1 生物学特性

麻黄，是麻黄科麻黄属草本状灌木植物。高约40 cm，稀较高。由基部多分枝，丛生；木质茎短或呈匍匐状，小枝直立或稍弯曲，具细纵槽纹，触之有粗糙感。雌雄异花，雄球花为复穗状，具总梗，雄蕊7～8，花丝合生或顶端稍分离；雌球花单生，顶生于当年生枝，腋生于老枝，具短梗，幼花卵圆形或矩圆状卵圆形，雌花2，雌球花成熟时苞片肉质，红色。矩圆状卵形或近圆球形。种子通常2粒，包于红色肉质苞片内，不外露或与苞片等长，长卵形，深褐色，一侧扁平或凹，一侧凸起，具二条槽纹，较光滑。花期5—6月，种子8—9月成熟。

药用价值：以干燥草质茎入药，收载于《中华人民共和国药典》2020年版（一部），辛、微苦，温。用于治疗风寒感冒，胸闷喘咳，风水浮肿。

适应性：适应性较强。多生于丘陵坡地、平原、沙地。

2.5.2 栽培技术要点

2.5.2.1 选地与整地与盐碱改良措施

选择有灌排条件、日照充足的地块，深翻25～30 cm，然后平整土地。采用覆沙压盐碱、灌水洗盐等盐碱改良措施。覆沙压盐碱即在种植区覆盖10 cm的沙土，减少土壤表层的含盐量；灌水洗盐是秋季、春季大量灌水，淋溶表层盐碱至土壤深层。

2.5.2.2 选种与种子处理

麻黄种子应选新收、光泽、饱满、无病虫、无霉变的种子。选购前应鉴定发芽率，当年采收种的发芽率在80%以上。

播前用40～60 ℃温水浸泡4 h，再用清水浸泡24 h，滤去水分后选用多菌灵、百菌清、硫酸铜等药物拌种，随后即可播种。

2.5.2.3 育苗

（1）苗床准备

选地势平坦，保水能力较强的沙壤土，切忌黏重的土壤，要求有水源条件，排水畅通，地下水位不能过高。深翻后整平、整细。结合整地施30～45 t/hm^2

充分腐熟的农家肥，同时采用地菌克杀菌杀虫。随后作畦，宽度一般为1.2 ~ 1.4 m，苗床间距为50 cm，长度为30 ~ 50 m。

（2）播种

可采用露地播种和覆膜播种2种方式，有喷灌条件的可不用覆膜，无喷灌条件的覆膜。播种采用撒播，将麻黄种子与细沙或炒熟的高粱均匀混合，分2次撒播、撒匀，然后镇压。预先准备好的覆土，将土壤拌沙，土沙比例为2：1，无沙可用农家肥、草粉、锯末等代替，但要注意消毒杀菌。把覆土用筛子均匀筛在种子上，厚度为0.4 ~ 0.6 cm。也可覆盖细沙，覆盖厚度1.5 ~ 2 cm，镇压。随后覆盖草帘。采用喷头喷水，喷透为止，并保证苗前土壤湿润。播种量225 ~ 300 kg/hm^2。麻黄种子对温度适应性较高，大概需10 d时间即可出苗。当种子开始拱土时揭去草帘。露地播种后，晴天应早晚喷水，保持苗床湿润，防止板结。覆膜播种在麻黄开始露头时，可在阴天或下午逐步将覆膜撤去，防止灼伤幼苗。

（3）苗期管理

观察土壤含水量及幼苗的生长情况，及时补水，降雨后及时排水。人工拔除藜、三棱草等杂草。追肥施尿素187.5 kg/hm^2，分3次撒入苗床内。幼苗期发生的主要病害为根腐病，可选用地菌净等药剂灌根。

2.5.2.4　移栽

（1）土地准备

沙壤土翻耕，翻耕深度为25 ~ 30 cm，然后平整土地。

（2）移栽时间

根据各地气候条件及生长进度安排移栽时间，春季或秋季均可。秋季移栽宜早，在立秋后至土壤封冻前均可，以保证幼苗可返青过冬。

（3）挖苗

挖苗前灌透水，使用平锹挖取20 cm深的土，然后在20 cm处平切，挖出麻黄苗，切忌破坏麻黄根部表皮。保留主根长度约13 cm，每100株打捆。若短距离运输，注意保湿及遮阳；若长距离运输，需蘸水或喷水，切忌挤压，注意通风、遮阳。

（4）移栽密度与方法

移栽地应向阳、土层深厚、通风透光良好。在盐碱过重或低洼潮湿地不宜栽植。移栽密度应根据土壤肥力而定，以1.5万～2万株/hm^{2}为宜。宽行种植，行距30～40 cm，移栽前剪掉过长的主根和地上部。

（5）移栽

采用人工或机械栽植均可。在有灌溉条件的地块，移栽前田间须灌足水，移栽时翻耕后，开沟栽植，人工将苗根伸展，垂直植入沟中，扶正，逐行踩实。最好随挖随栽，随栽随灌。栽植后，要及时覆土防止根芽外露，同时防止牲畜和野生动物啃食。

2.5.2.5 田间管理

（1）移栽后管理

秋季移栽的麻黄，要在第2年的4—5月沟施氮肥300 kg/hm^2，或磷二铵150 kg/hm^2，沟深5 cm以上。春季移栽的麻黄，可在7月施肥1次。每次施肥后要灌透水，并在行间除草松土，促其植株健壮生长。春季拔除杂草，4月下旬喷施乙草胺，每公顷使用量为3 000 g。

（2）灌水追肥

观察土壤含水量和植株生长情况，当麻黄颜色由鲜绿转为黄绿时及时补水，若茎枝脱节则为严重缺水。每年6月喷施专用麻黄肥（尿素+微肥），间隔10 d喷1次，共3次。

（3）越冬

麻黄耐寒，露天越冬即可，但要灌足防冻水，并防止牲畜的危害。

2.5.2.6 病虫害防治

（1）病害

麻黄卷曲病用50%苯菌灵可湿性粉剂1 500～2 000倍液，或70%代森锰锌可湿性粉剂600倍液，或70%甲基托布津可湿性粉剂1 000倍液喷雾，每隔7 d喷1次，连续喷施3次。麻黄根腐病用50%苯菌灵可湿性粉剂1 500～2 000倍液，或70%甲基托布津可湿性粉剂1 000倍液喷雾，每隔7 d喷1次，连续喷施3次。立枯病可在出苗前用木霉制剂100 kg/hm^{2}均匀撒畦面或拌土，或出苗10 d后用代森锰锌500倍液喷雾1次

（2）虫害

在苗期应注意保护瓢虫、草蛉等天敌。蚜虫喷施50%乐果乳油或10%吡虫啉可湿性粉剂1 500倍液防治。地下害虫用50%辛硫磷拌毒饵撒入田间防治。

2.5.2.7 收获

（1）茎的采收

麻黄一般生长3年后可在8—10月收割，最佳收获时麻黄茎充实，内有黄粉。采收时用镰刀割取地上部的全草，留茬高度为2～3 cm，以保护根部。忌用铁锹挖取地下部分。采收后，除净泥土，堆积在通风干燥的室内阴干，不可暴晒。

（2）根的采收

采挖麻黄根应视具体情况，在种植年限较长、准备更新的地块上采挖。以横生根和垂直根为好。人工栽培的麻黄，5～6年生的植株最适宜采根，粗细均匀，宜作药用。挖出的根，应洗掉泥土，放在阳光下晒，待完全干后，防潮保存。

2.6 大蓟

2.6.1 生物学特性

大蓟，菊科蓟属多年生直立草本植物，又名大刺儿菜、大刺盖、刺蓟菜、蓟等。茎呈圆柱形，基部直径可达1.2 cm；表面绿褐色或棕褐色，有数条纵棱，被丝状毛；断面灰白色，髓部疏松或中空。叶皱缩，多破碎，完整叶片展平后呈倒披针形或倒卵状椭圆形，羽状深裂，边缘具不等长的针刺；上表面灰绿色或黄棕色，下表面色较浅，两面均具灰白色丝状毛。头状花序顶生，球形或椭圆形，总苞黄褐色，羽状冠毛灰白色。气微，味淡。

药用价值：以根或全草入药，收载于《中华人民共和国药典》2020年版（一部），有凉血止血、祛瘀消肿的功效。用于治疗衄血、吐血、尿血、便血、崩漏、外伤出血、痈肿疮毒等症。

适应性：大蓟喜温暖湿润气候，耐旱，适应性较强。

2.6.2 栽培技术要点

2.6.2.1 选地与整地

宜选择土质肥沃、土层深厚的沙质土壤种植。首先，深翻，然后，将土块打散，土地整平，作宽1.2 m、高15～20 cm的长垄。

2.6.2.2 繁殖方法

（1）种子繁殖

种子成熟后，采收头状花序，晒干脱粒，最好选用当年收获的种子。春季采取开穴直播的方式，行距为20～35 cm。播种后覆土，稍镇压，浇透水。播种量为30 kg/hm^{2}左右，适温下20～25 d出苗。也可采用秋季条播，行距30 cm，开条沟深2 cm，播种后覆浅土浇水，土面发白应及时补水，小苗期适当遮阳。

（2）分根、分株繁殖

春季挖起老根茎，剪取带茎及小块根的芽苗栽种，切面涂抹草木灰，每株必须具有2～3个根和芽，行距30～35 cm、株距20～25 cm，栽植后浇水，保持土壤湿润。也可春季挖掘母株，分成小株栽种。

2.6.2.3 田间管理

苗期1～2片叶时间苗，每年中耕除草3～4次，首次中耕宜浅。追肥一般可与中耕除草同时进行，每公顷施有机肥22 500 kg。土壤贫瘠地区需增加施肥次数，苗期追肥宜少量多次，花期前后施1次高钾低氮磷复合肥。2～3年生苗，春季和冬季前施腐熟的猪粪、牛粪、鸡粪等有机肥。大蓟不耐涝，多雨时应注意排水。大蓟抽薹开花后应及时摘除，以利根部生长。

2.6.2.4 病虫害防治

大蓟一般无病害，虫害主要是蚜虫，可用10%吡虫啉3 000～5 000倍液或50%抗蚜威1 500倍液喷雾防治。

2.6.2.5 采收

大蓟全草入药。夏、秋两季花开时采割地上部分，除去杂质，晒干。栽种3年的植株以采收肉质根为主，于8—10月采挖，将根挖出后，去掉根头、须根，洗净泥沙，晒干或烘干。全草以色灰绿，无杂质者为佳；根以条粗壮、无须毛、无芦头者为佳。

2.7 艾草

2.7.1 生物学特性

艾草，菊科蒿属多年生草本植物，别名冰台、艾蒿、黄草、医草、灸草等。植株有浓烈香气；主根明显，侧根多，茎直径达1.5 cm，单生，高80～150 cm；叶厚纸质，正面被灰白色短柔毛，并有白色腺点和小凹点，背面密被灰白色蛛丝状密绒毛；茎下部叶近圆形或宽卵形，羽状深裂，每侧具裂片2～3枚，裂片椭圆形或倒卵状长椭圆形，每裂片有2～3枚小裂齿，干后背面主、侧脉多为深褐色或锈色，叶柄长0.5～0.8 cm；头状花序椭圆形，直径2.5～3.0 mm，无梗或近无梗；瘦果长卵形或长圆形，花果期7—10月。

药用价值：全草入药，收载于《中华人民共和国药典》2020年版（一部），有温经、祛湿、散寒、止血、消炎、止咳、抗过敏等作用，治疗月经不调、经痛腹痛、调经止血、散寒除湿、风湿性关节炎、哮喘、虚寒胃痛、久痢、带下、杀蛔虫、吐衄、口腔溃疡、咽喉肿痛、牙周炎、中耳炎、流感等多种疾病。

适应性：艾草极易繁衍生长，对气候和土壤的适应性较强，耐寒、耐旱，喜温暖、湿润的气候，在潮湿肥沃的土壤中生长较好。可生长于低海拔至中海拔地区的荒地、路旁、河边及山坡等，也见于森林及草原地区。

2.7.2　栽培技术要点

2.7.2.1　选地

选择阳光充足、土层深厚、湿润肥沃、排水良好的平地或缓坡地。地块周边空气应洁净无扬尘，附近无居民生活污水和工业水污染。

2.7.2.2　整地

地块选好后，先清除杂草，后深耕30～35 cm，要求翻耕充分，将往年未分解的非艾草专用除草剂深埋地下。深耕后，适当晒垡，旋耕耙碎，平整土地。

2.7.2.3　整畦施基肥、除杂草

结合深耕，每公顷施15 t以上的腐熟农家肥，或600～750 kg氮磷钾比例为15∶15∶15的复合肥。也可选用颗粒状艾草专用有机肥，在深耕后、旋耙前，均匀撒施750 kg/hm^2。

泥土耙碎后，开始整畦。畦宽5 m左右，每2畦间开一浅沟，沟深20 cm、宽30 cm，便于防涝排水。每畦中间高、两边低，呈龟背形，高低差不超过1.5 cm，便于排溉。四周开好排水沟，沟深50 cm、宽60 cm以上，便于旱时灌溉、涝时排水。栽苗前，喷洒1次艾草专用除草剂，对杂草进行封闭杀灭，

10～15 d后即可栽苗。

2.7.2.4　选择良种

选择叶片肥厚而大、茎秆粗壮直立、叶色浓绿、气味浓郁、密被绒毛、幼苗根系发达的优良品种，或成熟叶片中桉油精和龙脑含量高的品种。

2.7.2.5　种苗繁殖

（1）播种繁殖

待果实成熟时，剪下果枝晾干，脱粒、过筛、去除杂质，装于布袋中，放于阴凉干燥处贮藏。种子播种前1 d用35 ℃的温水浸泡12 h后，再用40～50 ℃的温水浸泡8～12 h。取沉底的饱满种子，控干水分备用。

于早春播种，可进行撒播或条播，但以条播为好。行距25～30 cm，深开沟浅覆土，沟深15～20 cm，镇压1次。播种后覆土不宜太厚，以0.5 cm为宜。播种后再轻耙一遍。苗高10～15 cm时，按株距20～30 cm定苗。

（2）育苗移栽

播种育苗，苗高10～15 cm、有6～8片真叶时即可移栽。按行距40～50 cm，株距20～30 cm，横向开沟栽植，沟深5～8 cm，覆土至根茎部为宜，将土压实，浇足定根水。

（3）根茎繁殖

在芽苞萌动前，挖取多年生地下根茎，选取嫩的根状茎，切成10～12 cm长的节段，每一小段至少有1～2个不定芽，按行距40～50 cm开沟，选阴雨天，把根状茎按株距20～30 cm平铺于种植沟中，覆土盖严，浇水。

（4）扦插栽植

5月下旬至6月，剪取生长健壮的枝条，去掉上部幼嫩茎尖和下部老化茎，剪成长10～15 cm的插条，上端保留2～3片叶，下端剪成斜面。扦插时按30～50 cm的行距，开成10 cm深的小沟，将插条按3～4 cm的株距放在沟的一边，培土约10 cm。扦插完浇透水，此后保持土壤湿润。

（5）分株栽植

4—5月，挖掘株丛，分成几个单株，按行距30～50 cm、株距20～30 cm规格进行栽植。栽后保证水分充足，覆土盖实。

2.7.2.6 田间管理

（1）中耕与除草

开春后，根芽刚刚萌发而未出地面时，用喷雾机全覆盖喷1次艾草专用除草剂封闭。待艾苗长出后，若仍有杂草，则在3月下旬和4月上旬各中耕除草1次，要求中耕均匀，深度不得大于10 cm，艾草根部杂草需人工拔除。艾草第1茬收割后，对仍有杂草的地块，用小喷头喷雾器喷洒；第2茬艾芽萌发后，进行人工除草。田间带有草籽的杂草，应及时收集移出。

（2）追肥

苗高30 cm时，遇雨天，沿行撒匀艾草专用提苗肥60～90 kg/hm^2，晴天则用水溶化根施（浓度0.5%以内）或叶面喷施。遇到湿润天气，追肥也可与中耕松土一起进行，先撒艾草专用肥，再松土10 cm。化肥催苗仅适合第1年栽种的第1茬艾苗，以后各生长期不得使用化肥。

（3）灌溉

及时做好雨天、雨后的清沟排水工作，以防渍害。干旱季节，苗高80 cm以下时，进行喷灌，苗高80 cm以上，则漫灌。

2.7.2.7 病虫害防治

主要病虫害有蚜虫、白粉病等，蚜虫可用10%吡虫啉可湿粉剂1 000倍液或1%苦参碱可湿性粉剂500～600倍液喷雾防治。白粉病可对茎叶交替喷施15%三唑酮可湿性粉剂1 500倍液或25%嘧菌酯悬浮剂1 500～2 500倍液，连续用药2～3次，间隔8～10 d。

2.7.2.8 采收

第一茬艾草在端午节前后，主茎未明显分枝时收割，于晴天割取地上带有叶片的茎枝，并进行茎叶分离。第2～3茬艾草适时收割。收割下来的艾草不能暴晒，要摊在太阳下晒干，或者低温烘干。叶片含水量小于14%，即为全干。打包存放，置于阴凉处，以防止霉烂变质。

2.8 龙芽草

2.8.1 生物学特性

龙芽草，蔷薇科龙芽草属多年生草本植物。根多呈块茎状，根茎短，茎高可达120 cm，叶为间断奇数羽状复叶，叶柄被稀疏柔毛或短柔毛；小叶片无柄或有短柄，顶端急尖至圆钝，边缘有急尖到圆钝锯齿，上面被疏柔毛，稀脱落几无毛，托叶草质，绿色，镰形，茎下部托叶有时卵状披针形，花序穗状总状顶生，花序轴被柔毛，花梗被柔毛；裂片带形，小苞片对生，卵形，萼片三角卵形；花瓣黄色，花柱丝状，柱头头状。果实倒卵圆锥形，5—12月开花结果。

药用价值：以芽草全草、根及冬芽入药，记载于《本草图经》，有收敛止血、消炎、止痢、解毒、杀虫、益气强心的功能。

适应性：常生于溪边、路旁、草地、灌丛、林缘及疏林下，耐轻度盐碱。

2.8.2 栽培技术要点

2.8.2.1 选地与整地

选择地势平坦、排灌方便、土层深厚肥沃的地块。每公顷施厩肥或堆肥30～45 t作基肥，施匀后翻耕。做成1～3 m的宽平畦或高畦。

2.8.2.2 栽植

（1）种子直播

春播或秋播。在北方春播为4月中下旬，秋播在10月下旬土地封冻前进行。播种时，按行距30～35 cm，开1～2 cm的播种沟。将种子均匀播入沟内，覆薄土，稍加压，及时浇水。每公顷用种量15～22.5 kg。

（2）分株栽植

春、秋两季均可进行。将根挖出劈开，每根必须带2～3个根芽，及时栽种。按穴距30 cm × 15 cm，挖15 cm深的穴，每穴栽种1根，覆土5 cm，压实，如已发芽，栽种时将芽露出土面，栽后浇水。

2.8.2.3 田间管理

（1）间苗

苗高3～5 cm时，开始间苗、补苗，拔去过密的小苗、弱苗。苗高15 cm时，按株距15 cm定苗1～2株。如用根芽入药，株距可适当加大到30 cm，以利于根部发育。

（2）中耕除草

苗期及时拔草松土，生长后期不必再松土，但需拔草。

（3）追肥

于定苗、封垄前各施肥1次。以后每年早春及每次收割后，需再次追肥，每年每公顷施粪肥15～22.5 t或硫酸铵150～225 kg，施肥后培土。以全草入药的可多施氮肥，以根芽入药可增施磷、钾肥，在早春每公顷施过磷酸钙375～450 kg。

（4）摘花薹

龙芽草开花结实多，除留种株外，及时摘除花薹，以促进根部生长。

2.8.2.4　采收

（1）全草入药

播种繁殖的在播种后第2年，分根繁殖的在当年7—8月开花前或开花初期采收。割下全草，留茬5～10 cm。南方种植的生育期长，可再收1次。全草晒干，切段即成。一般种植4～5年后更新。

（2）根芽入药

种子繁殖的于第2年秋季，分根繁殖的于当年秋季采收。采挖地下根茎，抖去泥沙，掰下根芽。晒干即可入药或制成粉剂、片剂。

（3）种子采收

建立留种田，或在收割地上部时，选生长良好的田块做留种田。增施肥料，加强管理，在种子由绿变褐、略呈干燥状时将其割下，晒干，收集种子，贮存于通风干燥处，备用。

2.9　蛇莓

2.9.1　生物学特性

蛇莓，蔷薇科蛇莓属多年生草本植物，又名蛇泡草、龙吐珠、红顶果、鸡冠果、野草莓等。根茎短，粗壮；匍匐茎多数，长30～100 cm，有柔毛。小叶片倒卵形至菱状长圆形，先端圆钝，边缘有钝锯齿，两面皆有柔毛，或上面无毛，具小叶柄；叶柄有柔毛；托叶窄卵形至宽披针形。花单生于叶腋；花梗有柔毛；萼片卵形，先端锐尖，外面有散生柔毛；副萼片倒卵形，比萼片长，先端常具3～5锯齿；花瓣倒卵形，黄色，先端圆钝；雄蕊20～30；心皮多数，离生；花托在果期膨大，海绵质，鲜红色，有光泽，直径10～20 mm，外面有长柔毛。瘦果卵形，长约1.5 mm，光滑或具不明显突起，鲜时有光泽。花期6—

8月，果期8—10月。

药用价值：以全草入药，记载于《名医别录》，有清热解毒、活血散瘀、收敛止血的作用，又能治毒蛇咬伤、敷治疔疮等，并可用于杀灭蝇蛆。

适应性：多生长在山沟、林下，喜阴、半阳或偏阴的生活环境，适应性广、抗性强，喜温暖湿润、耐寒、不耐旱、不耐水渍，耐轻度盐碱。对土壤要求不严。

2.9.2 栽培技术要点

2.9.2.1 选地与整地

应选择土层深厚、土质疏松、肥力一般、排水良好的土壤种植，田园土、沙壤土、中性土均可。深翻20 cm以上，旋耕耙碎，平整土地。

2.9.2.2 种植方法

在春夏温度在15 ~ 25 ℃时，将蛇莓的茎剪成20 ~ 30 cm的小段，进行移栽，深度3 ~ 5 cm，用覆土将根系盖住、压实，并施少量尿素，浇透水。

2.9.2.3 移栽建坪

移植后3个月左右可成坪。成坪后，可将原有草坪每间隔30 ~ 40 cm，呈带状切出，移栽到新的建植地，原坪回土填平，经过40 d左右的生长又可恢复，2年左右便可建植7 ~ 8倍的坪块。

2.9.2.4 田间管理

（1）移栽期管理

移植后1周内浇水3次，施肥1次，拔除杂草，50 d后，蛇莓的覆盖率即可达90%以上。

（2）肥水管理

蛇莓的抗性极强，管理简单。一般每年只需浇水3 ~ 4次，早春浇返青水，旱季补水1 ~ 2次，入冬前浇1次冻水。阴雨季节及时排水。蛇莓全年无需施肥也能正常生长，一般适期施用一些氮肥，促进开花结果。蛇莓全株低矮，不需要修剪。

（3）病虫草害防治

锈病一般采用15%三唑酮可施粉剂800 ~ 1 000倍液喷洒。蛇莓移栽前需喷洒氟乐灵，以防杂草。

2.9.2.5　采集加工

6—11月，采收全草，洗净，晒干或鲜用。

2.10　二色补血草

2.10.1　生物学特性

二色补血草，白花丹科补血草属多年生草本植物，又称干枝梅、匙叶草、蝇子草。高可达60 cm，全体光滑无毛。茎丛生，直立或倾斜。叶多根出；匙形或长倒卵形，基部窄狭成翅柄，近于全缘。花茎直立，多分枝，花序着生于枝端而位于一侧，或近于头状花序；萼筒漏斗状，棱上有毛，白色或淡黄色，宿存；花瓣匙形至椭圆形；雄蕊着生于花瓣基部；蒴果5棱，包于萼内。

药用价值：以全草入药，记载于《北方常用中草药手册》，性味甘，微涩苦无毒。能活血、止血、温中健、滋补强壮、主治月经不调，功能性子宫出血，痔疮出血、胃溃疡、身虚体弱，是传统中草药之一。

适应性：为耐盐多年生旱生植物，广泛分布于草原带的典型草原群落、沙质草原、内陆盐碱土地上，属盐碱土指示植物和拓荒植物。也零星分布于荒漠地区。

2.10.2　栽培技术要点

2.10.2.1　选地与整地

宜选择向阳、灌排方便、含盐量在4～30 g/kg的土壤，每公顷施用腐熟有机肥30～45 t，深翻30 cm，旋耕耙细，平整土地。

2.10.2.2　种子采收备播

二色补血草种子成熟期一般在9月中旬至10月初，若采集过早，则种子的成熟度、饱满度不好，影响发芽；若采集时间偏晚，则大多数种子随花萼脱落。

2.10.2.3　繁殖方法

（1）大田种植

含盐量4～10 g/kg的盐碱土壤可采用种子直播。按株行距40 cm × 15 cm直接点播。并且在种植地块每年或隔年撒播种子1次，可连年采收。

（2）育苗移栽

含盐量超过10 g/kg的重盐土，适宜采用幼苗带土移栽方式，幼苗可采用育苗所得或自然生长的种苗。育苗移栽方式需选择含盐量4 g/kg以下的地块作为苗床，每公顷施用腐熟有机肥30 t，深翻耧平。播种前灌足水，待床面无明水时，将带花萼的种子按行距20 cm成行均匀撒在苗床上，播种量控制在150～200粒/m^2。然后将细土均匀撒在种子上面，刚盖过种子即可。播种后加强苗床管理，保证苗床湿润。出苗后及时按株距10 cm间苗，翌年5月移栽。需注意大小苗分开移栽，便于管理。育苗也可采用纸袋，每袋播种6～10粒，出苗后，4月下旬至5月中旬移栽。注意幼苗移栽可在每株幼苗长至5～8片叶时，移至室外春化40 d，可实现当年种植，当年开花。

（3）根蘖繁殖

植株较大的二色补血草起苗移栽，周围被切断的根均可萌芽成苗，翌年开花。也可用抽薹之前的植株萌芽成苗。

2.10.2.4 田间管理

二色补血草耐旱、耐瘠薄，生长期间几乎不需要施肥、浇灌。移栽时需要浇足水，以保证成活，一般春季遇旱浇2～3次水即可，中后期（7—10月）不需要浇水。及时中耕保墒，防止土壤返盐。

2.10.2.5 病虫草害防治

蚜虫可用氯氰乙酯2 000倍液喷洒叶片防治。锈病发生时，每公顷用15%粉锈宁可湿性粉剂50%或20%粉锈宁乳油600 mL兑水750～1 050 kg喷雾，或兑水150～225 kg进行低溶度喷雾。及时拔除田间杂草。

2.10.2.6 采收

春、秋、冬季采挖全草，洗净，晒干，入药。

2.11 罗布麻

2.11.1 生物学特性

罗布麻，夹竹桃科罗布麻属直立半灌木，又称红麻、茶叶花、红柳子等。高1.5～3 m。全株具乳汁；枝条圆筒形，光滑无毛，紫红色或淡红色。叶对生；叶片椭圆状披针形至卵圆状长圆形，先端急尖至钝，具短尖头，基部急尖至钝，叶缘具细牙齿，两面无毛。圆锥状聚伞花序一至多支，通常顶生，有时腋生；苞片膜质，披针形；花5数；花萼裂片披针形或卵圆状披针形，两面被柔毛；花冠筒钟形，紫红色或粉红色，花冠裂片卵圆状长圆形，与冠筒几乎等长；雄蕊着生于花冠筒基部，花药箭头状，隐藏在花冠喉内，背部隆起，腹部黏生在柱头基部，花丝短。蓇葖果2枚，平行或叉生，下垂。种子多数，卵圆状长圆形，黄褐色，先端有一簇白色绢质种毛。花期4—9月，果期7～12月。

药用价值：以干燥叶片入药，收载于《中华人民共和国药典》2020年版（一部），有清火、降压、强心、利尿、治心脏病等作用。可以制保健茶。

适应性：抗性强，耐旱、耐盐碱瘠薄，主要野生在盐碱荒地和沙漠边缘及河流两岸、冲积平原、河泊周围及戈壁荒滩上。

2.11.2　栽培技术要点

2.11.2.1　选地与整地

选择地势较高、排水良好、土质疏松、透气性沙质壤土作为种植地块。地势低洼、易涝、易干旱的黏质和石灰质地块不宜栽种。秋季进行20～30 cm的深翻，冬耕晒垡，春季浅耕。结合整地施足底肥，每公顷施腐熟厩肥20～30 t，全面深耕，深30～40 cm，耙细、整平。按8 m×1.2 m作畦，畦高8～18 cm、宽30～40 cm，两畦之间留作业道40 cm，并在两畦之间增设隔离带。

2.11.2.2　种植方法

（1）种子繁殖

因种子细小，直接播种不易出苗，可先处理种子。将种子装入布袋，用清水浸泡24 h，期间换水1～2次，取出摊开，厚度1～2 cm，放置15 ℃的环境，盖上潮湿的覆盖物，当有50%的种子露白即可播种。或用1%退菌特药液浸种20 h，或用0.1%炭疽福美粉剂拌种后，闷种7 d。播种时先将种子拌入1∶10的清洁细沙。播种时，每公顷施硫酸铵75 kg、过磷酸钙112.5 kg，与种子拌匀作种肥。在畦上开沟条播，行距30 cm，沟深0.5～1 cm，将种子均匀撒入含盐量较低、墒情好的沟内，之后覆土0.5 cm，稍镇压后浇水，再覆盖秸秆、稻草等保湿。待小苗欲出土时的傍晚或多云的天气，撤下覆盖物，培育1年即可移栽。

（2）根茎繁殖

选取2年生以上的根茎，切成10～15 cm长的小段，按株距30 cm、行距25 cm开穴，穴深10～15 cm，穴口宽15 cm，每穴平栽2～3个根段，覆土10 cm，浇水。30 d左右陆续出苗。

（3）分株繁殖

在植株枯萎后或在春季萌动前，将根茎及根从株丛中挖出，进行移栽。

2.11.2.3　田间管理

（1）中耕除草

当苗高5～6 cm时及时清除杂草，并适当松土。此后，至快速生长期以前，应中耕除草2～3次。

（2）间苗定苗

当苗高5 cm以上时，结合松土除草进行间苗，间去弱苗、过密苗或病苗，同时移苗、补苗，保持株距5～8 cm。3片真叶时定苗，每公顷留苗30万株左右。采种田留苗18万株为宜。

（3）追肥与灌溉

生长期间视生长情况酌施追肥1～2次。当苗高10 cm时进行第1次追肥，每公顷施氮肥45～75 kg；6月下旬至7月中旬进行第2次追肥，每公顷施磷肥150 kg、钾肥75 kg，或施硫酸铵187.5 kg，然后浇水。7月下旬停止施肥。根据土壤的含水量适时进行灌溉，以促进苗木的生长。

2.11.2.4　病虫防治

病害主要是斑枯病，可用50%退菌特600～800倍液预防，如需再次施药，应间隔7～10 d。要及时清除病株，并在收获时做好清园工作，集中销毁病株，以减少传染源。

2.11.2.5　采收与加工

用种子繁殖的第1年只能在8月采收1次，以后每年6月和9月各采收1次。第1次采收在初花期前，距根部15～20 cm割下。第2次从近地处割下全株。割下来的枝条趁鲜摘下叶片，炒制。若阴干、晒干后打下叶片，以叶片完整、色绿为佳；鲜枝条可以切成1～2 cm的短段，晒干或阴干。将干燥的叶、短段装入布袋，放于通风、干燥处保存。

2.11.2.6　留种

选择健壮、无病害的植株留种。当果实从绿色变为黄色、即将开裂时收割，稍加晾晒，待果实完全裂开时，脱粒，再晾晒2～3 d，除净杂质，装入布袋，置于阴凉、通风、干燥处保存。

2.12　地梢瓜

2.12.1　生物学特性

地梢瓜，萝藦科鹅绒藤属多年生草本植物，别名地梢花、地瓜儿、羊不奶果、老瓜瓤、小丝瓜、沙奶奶等。株高12～20 cm，根细茎纤，茎自基部多分枝，被绒毛。叶对生，呈线形，长3～5 cm，叶被中脉隆起。聚伞形花序腋生，花冠绿白色，副花冠似筒状，裂片三角状披针形；花小，黄白色；蓇葖纺锤形，先端渐尖，中部膨大，长约5 cm。花期5—8月。果期8—10月。种子长2～8 cm，扁平状，呈暗褐色。

药用价值：以全草及果实入药，记载于《医药月帝》，可水煎或嚼服，具有和血通经、消炎止痛、补气血、降肺火的功效，用于体虚、乳汁不下和腹泻等症。

适应性：为旱生植物，喜温暖干燥气候，不耐水涝。生长于海拔200～1 800 m的草原、山丘、谷地，甚至在荒漠化的草场也可生存，在沙壤土和沙砾质土壤上均可生长。

2.12.2　栽培技术要点

2.12.2.1　地块选择

对土壤要求不严，可选择肥沃深厚、有机质丰富、地势较高、排水良好的沙壤土栽培。应选择前作未种过瓜类的地块，不可重茬。

2.12.2.2　整地施肥

种植前深翻、晒垡，结合耕翻，每公顷施入腐熟有机肥75 t、氮磷钾复合肥750 kg，耙细整匀。做宽50 cm的平畦，覆膜，膜间距40 cm。

2.12.2.3　种子处理

选择优质果实，平铺晾晒10～15 d，待果实干透裂口，将种子从中取出，装入布袋，不要过满，将袋子扎口置于地面，用木棍轻轻击打，适时抖动。待90%以上种子柔毛和种子完全分离后，取出种子，放入分离机进行进一步分离，然后晒干、贮存。

2.12.2.4　繁殖方式

（1）直播播种

当气温稳定在10 ℃时，可进行播种。播种前将地膜撤去。采用穴播，在畦面上按株、行距（15～20）cm×（30～50）cm，挖深2 cm的穴，每穴播种3粒，每公顷播种量约4.5 kg。播后覆土1 cm，并加盖一层薄沙。

（2）育苗移栽

在温室、大棚内pH值6.5～7.5的沙性土壤或育苗基质上，当气温达到15～25 ℃、地温达到7～15 ℃时进行育苗。按每平方米1 000～3 000粒地梢瓜种子均匀点放，喷灌或滴灌中性清水，浇透。出苗前每日早晚各浇1次水，注意土壤上不可积水，灌溉水渗入土壤5～8 cm深度为宜。苗出土后，每3 d早上浇水1次。如采用苗盘基质育苗，每穴放入3～4粒地梢瓜种子，种子上覆盖5～9 mm育苗基质，浇透水。出苗前，每日早、晚各浇1次水。苗出土后，每2 d早上浇水1次。

苗高达到6～8 cm时，可进行移栽。按45～50 cm行距，20～30 cm株距，移栽2～4棵育好的单苗或3～7 cm带芽的苗根段，浇透水。以后正常管理，可使用液体有机肥和无害化生物防病EM菌剂。温室和大棚要保持良好的通风环境。

2.12.2.5　田间管理

（1）间苗

一般播种后10 d左右即可出苗。当长出5～6片真叶时，进行间苗，间小留大、间劣留优。长出10片叶时定苗。结合间苗进行除草。

（2）水肥管理

播后视墒情浇水1次，保持土壤湿润。定植前浇1次缓苗水，开花期尽量不浇水，喷施1次浓度为0.5%的磷酸二氢钾溶液，施肥后立即浇水。坐果后应及时浇水，每公顷追施磷酸二铵225 kg。果实膨大期每公顷追施1次氮磷钾复合肥375 kg。后期可根据土地墒情和天气进行适当灌水，注意防涝。

（3）温度管理

生长前期温度不稳定时，可苫盖草垫，早揭晚盖，既保证日光照射，又可夜间保温。定植后，前期白天保持温度在25～30 ℃，夜间温度不得低于15 ℃。后期随着苗木茁壮和气温升高，可撤除苫草。高温时注意通风，控制水分。

（4）绑蔓整枝

地梢瓜生长期每长高30 cm，应进行人工绑蔓1次。长至4～5叶时摘心，促进子蔓生长。每株保留3枝强壮的子蔓，保证每个子蔓结果3～6枚。若是早熟品种，需进行人工授粉，授粉后用10～15 mg/kg的2，4-D溶液蘸花头，以保证结果率。

2.12.2.6　病虫害防治

（1）病害

白粉病发病初期可用速净500倍液喷施叶面，每7 d用药1次，连续防治3～4次。霜霉病发病初期可使用奥力克霜贝尔50 mL、大蒜油15 mL，兑水15 kg喷雾防治，每3 d喷施1次，连续喷施2～3次；也可用75%的百菌清可湿性粉剂500倍液或58%的甲霜·锰锌可湿性粉剂500倍液或69%的烯酰·锰锌可湿性粉剂800倍液喷雾防治，每7 d喷1次，连续喷施2～3次。疫病发病初期可喷施70%的霜脲锰锌可湿性粉剂700倍液或25%的瑞毒霉可湿性粉剂1 000倍液或1∶1∶200波尔多液防治，每5～7 d喷施1次，连续喷施3～4次。炭疽病发病后使用甲基硫菌灵悬浮剂500倍液或80%炭疽福美可湿性粉剂800倍液，每7 d喷施1次，连续喷施2～3次。

（2）虫害防治

蚜虫可用40%氧化乐果乳油800倍液或10%吡虫啉可湿性粉剂1 000倍液喷雾防治。瓜实蝇可将1.8%的阿维菌乳油3 000倍液和20%速灭杀丁乳油3 000倍液混合，掺入糖醋液，喷施防治，每7 d喷施1次，连续喷施2～3次。

2.12.2.7　采收和贮运

以果实为收获目的，在坐果后待果实嫩绿、表皮乳状突起未平展前采收；以种子为收获目的，在坐果后待果实皮微黄，皮有皱，开始出现裂纹时采收。采收果实要注意保鲜，轻拿轻放，以免碰破瓜皮。摘后洗净，放置阴凉通风处晒干，不宜强光暴晒。采种瓜可生长到10月中旬，选饱满健壮的果留种，并刈去地上部分带出。随后清洁田园，灌好越冬水，以利于第2年再利用。

2.13 败酱草

2.13.1 生物学特性

败酱草，败酱科败酱属多年生草本植物，又名白花败酱、龙芽败酱、黄花龙芽、苦菜、苦胆、大叶苦菜、蒙山莴苣、苦荬菜、荬菜、山苦荬等。根状茎横卧或斜生，节处生多数细根；茎直立，黄绿色至黄棕色，有时带淡紫色。基生叶丛生，花时枯落，卵形、椭圆形或椭圆状披针形，不分裂或羽状分裂或全裂，顶端钝或尖。花序为聚伞花序组成的大型伞房花序；花序梗上方一侧被开展白色粗糙毛；花冠钟形，黄色，基部一侧囊肿不明显，内具白色长柔毛，花冠裂片卵形；子房椭圆状长圆形。瘦果长圆形，具3棱，内含1椭圆形、扁平种子。花期7—9月。

药用价值：以全草入药，记载于《神农本草经》，具有清热祛湿、解毒排脓、活血祛瘀的功效，一般用于医治急性阑尾炎、阑尾脓肿、肝炎、疮毒痈肿、产后瘀血腹痛等症。

适应性：败酱草抗生性强，适应性广，茎叶茂盛，生长迅速，再生力强。全国各地均有分布，多生于林缘、路边、田埂、宅舍旁。

2.13.2 栽培技术要点

2.13.2.1 选地

选择靠近清洁水源，排灌、管理方便；无积水，不受严重干旱影响，土层较为深厚，肥力较好的稻田、缓坡地、或新开发果园的壤质土地块种植为佳。

2.13.2.2 翻耕整地

于播种或移栽前5 ~ 6 d深翻20 ~ 25 cm，结合翻耕施腐熟人粪尿26.25 ~ 30 t/hm^2、草木灰2 250 kg/hm^{2}作基肥；敲碎土块，开沟作畦，整成1 ~ 1.4 m宽的垄畦，按行株距40 cm ×（20 ~ 25）cm距离，每畦开3个或4个3 ~ 4 cm的浅穴待种。

2.13.2.3 繁殖方式

败酱草可用种子、根状茎扦插、分苗等方式繁殖，种子繁殖又可分为种子直播或育苗移栽2种方式，其中，以幼苗移栽的方式较易获得高产。

（1）直播繁殖

直播可穴播，用9 000 kg/hm^{2}的人粪尿兑水浇施后，每穴播种子4～6粒，然后用细泥：草木灰为1：0.5的细肥土覆盖1～1.5 cm。在出苗期间注意抗旱护苗和排水防渍。

（2）播种育苗移栽

播种育苗，在南方以冬播为主，也可春播；在北方以春播为主。采用设施栽培的也可适当早播。播前将种子翻晒1～2 d。选择排灌管理方便、肥力中上的壤土或沙壤土做苗床，翻耕时施腐熟厩肥22.5～30.0 t/hm^{2}作基肥。开沟敲细土垡，整成连沟1.4～1.5 m的微弓背形苗床，用12 000 kg/hm^{2}腐熟人粪尿浇湿畦面，将种子拌细沙或草木灰均匀撒播于畦面后。用肥土覆盖1～1.5 cm。一般的大田用种量为4～6 kg/hm^2，苗床与大田比为1：（7～8）。

育苗期间如遇干旱应灌水；阴雨天气注意清沟排水。当苗长至4～5 cm时，间苗1次，株距保持在4～5 cm。育苗期间除结合抗旱浇施1～2次10%左右的稀薄人粪尿外，无须特意施肥。移栽前4～5 d，用9 000 kg/hm^{2}腐熟人粪尿兑水50%左右，浇施起身肥。当苗长至4叶左右时，即可移栽。

（3）扦插、分苗繁殖

在越冬前最后1次收割后，将留于自然野外的老根，清除杂草，用人粪尿拌草木灰37.5 t/hm^{2}或有机粪肥30 t/hm^{2}覆盖，待春季再浇施30%～40%的稀薄人粪尿进行培育。取其根状茎扦插、分苗栽种。

（4）适时移栽

2—8月均可移栽，采用地膜覆盖栽培的还可提早。移栽时应尽量少伤根系，实行大小苗分畦定植，一般壮苗每穴栽2株，弱苗每穴栽3株，栽时趟平畦面，随后用5%的稀薄人粪尿点穴浇施定根水。移栽应避免中午温度较高时进行。

2.13.2.4　苗期管理

直播播种的在出苗期间注意抗旱护苗和排水防渍。当苗高5～6 cm时间苗，去弱留壮，删密留稀，每穴留苗2～3株，间苗后用10%的稀薄人粪尿追施苗肥。移栽后5～6 d，查苗补缺，补植应在傍晚或阴天进行。播种、移栽后的前期，适当遮阳1～2 d。

2.13.2.5 田间管理

一般在封垄前，中耕施肥3次。第1次在间苗后2～3 d或移栽成活后7～10 d，用人粪尿12 t/hm^{2}兑水4 800～6 000 kg点穴浇施。10～12 d后进行第2次中耕施肥，用人粪尿15 t/hm^{2}兑水穴施，或用三元复合肥1 000～1 200 kg/hm^{2}或商品有机肥1 200～1 500 kg/hm^{2}株旁穴施。10～15 d后用与第3次同样的方法再中耕施肥1次。以后视植株生长和土壤需肥状况，每收割1次，施用人粪尿15 t/hm^{2}兑水，或施用三元复合肥1 000～1 200 kg/hm^2。每次中耕施肥，结合清沟培土。遇干旱无雨，应及时浇水。多雨天气应做好清沟排水工作。

2.13.2.6 病虫草害防治

败酱草主要易受蚜虫为害，偶尔可见红蜘蛛、白粉病、叶枯斑病的发生。防治蚜虫、红蜘蛛可用一遍净、乐果兑水喷杀；防治白粉病、叶枯病，可于发病初期用代森锌、多菌灵、退菌特、1∶1∶200波尔多液交替喷雾防治。同时，败酱草容易发生草害，及时做好除草工作。

2.13.2.7 采收与加工

作为食用，可在苗高至20～25 cm时，在离地面4～5 cm处刀割采收。25～30 d便可收割1次；作饲料、药材的可在苗高至50～60 cm或现蕾时采收。药用将全草采后晒干或碾磨成粉备用，或将鲜草捣碎外敷。

2.14 泽兰

2.14.1 生物学特性

泽兰，唇形科多年生草本药用植物，别名：地笋、虎兰、甘露子、方梗泽兰等。泽兰高1～2 m，根状茎横走，白色，肉质肥厚，茎节明显。茎直立，单一少分枝，四棱形，四面均有浅纵沟，表面黄绿色或带紫色，髓部中空，节上着生白色茸毛。叶互生，近乎无柄，狭披针形，叶缘具粗锯齿且大小相等；叶背密生腺点。轮伞花序腋生，花两性，两侧对生，小而密集；花冠白色，不明显的二唇形，上唇直立，2裂，下唇3裂；雄蕊4枚，前2枚雄蕊可育，后2枚退化为棒状假雄蕊；雌蕊由2个心皮组成，子房上位。小坚果扁平，暗褐色。在5—6月高温季节，植株生长旺盛。7—9月开花，9—10月果实成熟。

药用价值：以全草入药，收载于《中华人民共和国药典》2020年版（一部），地上部分习称为“泽兰”，以根状茎入药的地下部分习称“地笋”。泽兰味苦、辛，性微温；归肝、脾经，具有活血化瘀、行水消肿、通经利水的功能。

适应性：野生于山野低洼地、溪流沿岸草丛中。性喜温暖湿润环境，耐寒，其根状茎在土中可以自然越冬。耐涝，喜肥。对土壤要求不严，但以土层深厚，肥沃疏松，富含腐殖质的壤土及沙质壤土为宜。

2.14.2　栽培技术要点

2.14.2.1　选地与整地

选光照充足、土层深厚、肥沃疏松、灌排方便的壤土或沙质壤土栽培。种植前，深耕翻地20 cm以上，每公顷施22.5～30.0 t腐熟厩肥作基肥，耙细整平作畦，畦宽1.3 m，畦高依地势、排水情况而定。

2.14.2.2　繁殖方式

可用根茎或种子繁殖，以根茎繁殖为主。

（1）根状茎繁殖

一般在4月上旬、中旬进行。选择白色、粗壮、幼嫩的根状茎，切成10～15 cm的小段作种茎。按行距35～40 cm横向开沟，沟深7～10 cm，每隔17～20 cm放种茎2～3段，覆土5 cm，稍镇压后浇水。栽后10～15 d便可出苗。每公顷用种茎1 200～1 500 kg。

（2）种子繁殖

播种在3—4月间进行，一般用条播。在备好的畦上按行距30 cm横向开沟，将种子均匀播入沟内，播后覆土，稍加压实，灌水。用秸秆等覆盖，保持土壤湿润。每公顷用种子3 600～4 050 g。播后10 d左右出苗。出苗后揭去覆盖物。

2.14.2.3　田间管理

（1）间苗、定苗

种子出苗后要及时间苗。第1次间苗，保持株距5 cm；第2次间苗，保持行距10 cm；最后按15 cm株距定苗，每穴留壮苗1～2株。

（2）中耕除草

一般苗期杂草较多，应中耕除草2～3次，将田间的杂草除尽，同时避免损伤肉质根茎。

（3）施肥

苗高10～15 cm时追施提苗肥。结合中耕除草，每公顷施15～22.5 t人畜粪水或硫酸铵225～300 kg。每收割1～2次以后也应追肥，尤其冬季收获后，每公顷施腐熟厩肥、土杂肥或堆肥30～37.5 t，以保护根茎越冬，促进第2年的根茎萌发生长。

（4）排灌

生长期应注意灌溉保持土壤湿润，雨季尤其暴雨后应及时通沟，排水防涝。

（5）翻栽

种植2～3年后，植株丛生，应重新进行翻栽。

2.14.2.4 病虫害防治

泽兰病虫害较少发生。病害主要有锈病，可用敌锈钠、萎锈灵、加瑞农等药剂进行防治：害虫主要有尺蠖，可用90%敌百虫喷雾防治。

2.14.2.5 留种

留种地在生长期间不采收。在种子未成熟时，选择生长健壮，无病虫害的植株作采种母株，待种子成熟后采收。晒干脱粒，除去杂质，随即播种；也可将种子装入布袋贮藏，翌年春播。对于采收根茎者或作种茎用留种地，在生长期间可不收割地上部分，以免影响根状茎的生长。

2.14.2.6 采收与加工

泽兰以无根头、无花和杂草者为合格；以质嫩、叶多、色绿者为佳。当植株高度在15 cm左右时，及时采收嫩茎叶。一般4中下旬开始采收，一年可收2～3次。茎叶生长茂盛时割取地上全草，除杂草，顺向摊晾，晒干，捆扎成把。挂于屋檐下，或摊放于通风处，待其干燥后，顺向扎成捆，置通风干燥处存放，主要防止潮湿、霉变、虫蛀。根茎常于4月上旬或地上部分枯萎后采收，将挖取的根茎洗净，晒干或烘干即可。

2.15 鬼针草

2.15.1 生物学特性

鬼针草，菊科鬼针草属的一年生草本植物，别名一把针、粘身草等。茎叶味苦，性微寒。株高50～100 cm，四棱茎，中下部叶对生，叶柄长2～6 cm，叶片长5～14 cm，二回羽状深裂，小裂片三角状披针形，前端尖，边缘呈不规则钝齿状，叶两面均有短毛，上部叶互生，羽状分裂。头状花序直径5～10 cm，总花梗长2～10 cm，总苞片条状椭圆形，被细短毛，花黄色筒状（发育）或舌状（不发育），果长1～2 cm，具3～4棱，有短毛，3～4枚，花期8—9月，果期9—11月。

药用价值：以全草入药，记载于《中国药物植物图鉴》。具有清热解毒，祛风除湿，活血消肿之功效。

适应性：鬼针草喜温暖湿润气候、疏松肥沃、富含腐殖质的沙质壤土和黏壤土等生长环境条件。在海拔50～3 100 m的荒地山坡及田间均有生长。

2.15.2　栽培技术要点

2.15.2.1　采种

于瘦果成熟期，选择植株健壮，瘦果较粗长的单株留作种用，采收后晒干、脱粒、扬净。收藏备用。

2.15.2.2　选地

选择阳光充足、土质疏松肥沃、腐殖质含量较高的沙质壤或黏壤土缓坡地种植。

2.15.2.3　整地施肥

春季翻耕碎土，结合翻耕每公顷施堆沤腐熟的农家肥15.0～22.5 t，使肥料与土壤混合均匀。平整土地，起浅沟、划平厢，沟深20～25 cm，厢宽150～170 cm。

2.15.2.4　适时播种

于气温在18～21 ℃时播种，按株行距25 cm×35 cm，开穴播种，穴深3～4 cm，每穴播种种子6～7粒，播后盖土0.8～1 cm厚，一般10～12 d即可出苗。

2.15.2.5　田间管理

当幼苗长至6～8 cm时，进行查苗、间苗和补苗，每穴留苗2～3株。结合间苗、补苗，追施壮苗肥，每公顷施腐熟的人畜粪尿18.75～22.50 t或沼液30 t左右。旺盛生长时期再追施1次有机肥，结合抗旱每公顷施沼液37.5～45 t。

2.15.2.6 采收

于夏、秋季开花盛期，收割地上部分，除去杂草，鲜用或晒干入药。

2.16 蔊菜

2.16.1 生物学特性

蔊菜，是十字花科蔊菜属一年、二年生直立草本植物，别名野油菜、仙菜、美味菜，风花菜等。高25 ~ 50 cm，植株较粗壮，茎表面具纵沟。叶互生，基生叶及茎下部叶具长柄，叶形多变化，顶端裂片大，卵状披针形，边缘具不整齐牙齿，总状花序顶生或侧生，花小，数多，细花梗；萼片卵状长圆形，花瓣黄色，匙形，长角果线状圆柱形，短而粗，果梗纤细，种子多数，细小，卵圆形而扁，4—6月开花，6—8月结果。

药用价值：以全草入药，记载于《本草纲目》，性凉、味微苦、无毒。具有清热解毒、治黄疸病、疔疮红肿疼痛、止咳化痰、活血通络之功效。

适应性：蔊菜根系长达20 cm以上，具有较强的抗旱能力，适应性广泛。

2.16.2 栽培技术要点

2.16.2.1 选地与整地

选择土层深厚、肥沃湿润、灌排方便的土壤种植。将地整平整细，每公顷施腐熟农家肥30 ~ 45 t作基肥。作沟畦，畦宽为1.2 m，畦间沟宽为25 ~ 30 cm，沟深为20 cm。畦面上浇足肥水。

2.16.2.2 繁殖

每公顷撒播种子用量为4.5 ~ 6.0 g，点播种子20 ~ 50 g，蔊菜种子细小，播种时应将种子与重量300倍的细沙或100倍的草木灰混匀后再播，播后盖上遮光网，待出苗后再揭去。

也可移栽，种苗长到5 ~ 8 cm时进行移栽，将种苗移栽到畦上；移栽后植株间距为20 cm、行距为30 cm，或是植株密度为12.75万 ~ 14.25万株/hm^2。移栽后根据蔊菜的生长情况，中耕除草1 ~ 2次。

2.16.2.3 田间管理

未出苗前如遇干旱应浇水，保持畦面湿润。出苗后除去田间杂草。及时苗，保持株行距为16 cm × 15 cm，每公顷留苗52.5万～60万株。适当追肥，当苗高为9～11 cm时，追施复合肥240～300 kg/hm^2。生长过程中，根据蔊菜的生长情况追施尿素120～150 kg/hm^2。追肥后浇水。

2.16.2.4　病虫害防治

在生长期间，如发现菜叶甲、菜青虫等害虫，可使用菊酯类农药防治，蚜虫用吡虫啉杀灭。如发生菌核病用噁霉灵或异菌脲防治。

2.16.2.5　采收

当田间2/3的植株开花时开始收割。作鲜食的，出苗后30～35 d，即可采嫩薹，高度为10～15 cm。每摘1次后，追施75 kg/hm^{2}尿素兑水150倍液。可连续采摘3～4次。采摘3～5次后，应拔除全株，重新整地播种。

2.17　紫花地丁

2.17.1　生物学特性

紫花地丁，堇菜科堇菜属多年生草本植物，又名箭头草、独行虎、羊角子、米布袋、铧头草、光瓣堇菜等。无地上茎，高5～10 cm，果期高可达20余cm，叶片下部呈三角状卵形或狭卵形，上部者较长，呈长圆形、狭卵状披针形或长圆状卵形，花中等大，紫堇色或淡紫色，稀呈白色，喉部色较淡并带有紫色条纹；蒴果长圆形，长5～12 mm，种子卵球形，长1.8 mm，淡黄色。花果期4月中下旬至9月。

药用价值：以全草入药，收载于《中华人民共和国药典》2020年版（一部），具有清热解毒，凉血消肿，清热利湿的作用。

适应性：紫花地丁喜半阴的环境和湿润的土壤，但在阳光下和较干燥的地方也能生长，耐寒、耐旱、耐轻度盐碱，对土壤要求不严。

2.17.2　栽培技术要点

2.17.2.1　选地与整地

紫花地丁对土壤要求不严，宜选择排水良好的沙质壤土、黏壤土栽培，不宜选择低洼地或者易积水的地块。选好地后，将地整平、整细。

2.17.2.2 育苗

紫花地丁种子细小，一般采用穴盘播种育苗移栽的繁殖方式。春播一般在3月上中旬，秋播在8月上旬。床土一般用2份园土、2份腐殖土、1份细沙制成。播种时可采用撒播，用小粒种子播种器或用手将种子均匀撒在湿润的床土上，覆盖厚度以不见种子为宜。播后控制温度在15～25 ℃，7 d左右出苗。

2.17.2.3 自然繁殖

紫花地丁自繁能力很强，按分株栽植法，在规划区内每隔5 m栽植一片，种子成熟后不用采摘，任其随风洒落，可实现自然繁殖。

2.17.2.4 幼苗期管理

小苗出齐后加强管理，控制温度以防徒长，白天可控制在15～20 ℃，夜间控制在10～15 ℃。土壤要求保持稍干燥。当小苗长出第1片真叶时，开始分苗。移苗时，根系要舒展，底水要浇透。可适量施用腐熟的有机肥液，促进幼苗生长，当苗长至5片叶以上时，即可定植。

2.17.2.5 生长期管理

可在生长旺季，每隔7～10 d追施1次有机肥。生长期间注意拔除杂草，雨季注意排水。

2.17.2.6 采收

全草采收可在3—4月，采收后洗净，鲜食或晒干。紫花地丁的种应在蒴果立起之后、种实尚未开裂之前采收。在种子晾晒过程中，注意用纱将蒴果盖好，以免种子弹掉。采种后过筛，干贮。

2.18 黄花蒿

2.18.1 生物学特性

黄花蒿，菊科蒿属植物，中药通称青蒿，又名臭蒿、苦蒿、酒饼草。子叶小，圆形，绿色，叶层高约2 cm，叶5～6片，基部2片匙形、卵形至椭圆形，顶端齿裂或全裂，上部叶呈1次羽状深裂或2次羽裂，以后呈2～3次羽状分裂；主根不明显，侧根发达，多而密集，根质软，白色，有辛辣味。

药用价值：以干燥地上部分入药，收载于《中华人民共和国药典》2020年版（一部），有清热、解毒、截疟及健胃利尿等功效。

适应性：性喜光，不耐荫蔽，忌水浸，对土壤条件要求不苛，在阳光充足、土壤肥沃松润及排水良好的沙质壤生长良好。在土壤干旱或荫蔽而生长密集的情况下，长势较弱，植株矮小。在排水不良的潮湿地带，生长差。广布全国。多生于海拔40 m以下的丘陵、平地。一般在村旁、路边、山坡、旷野及沟边较为常见。

2.18.2　栽培技术要点

2.18.2.1　种子采集和处理

选取生长健壮、无病虫害的植株采种。采种后晒干或阴干，并需经过细筛、去杂、净种等处理。然后置于通风干燥处备播。

2.18.2.2　选地与整地

应选择阳光充足、土壤肥力较高、灌排方便、排水较好的沙质壤土种植。选好地块后，要精细整地，做到二犁二耙，先深耕、耙碎，每公顷施有机肥45 t+600 kg复合肥作底肥。然后再进行犁耙，使土质松软、细碎、平整，土肥混合均匀。开沟起畦，疏通沟中泥土，使沟深而畅，保证排水顺畅。畦高20 cm，宽1 m，畦面东西向，畦地四周开排水沟。育苗地应选向阳背风、土层深厚、土质肥沃疏松、排水条件好的稻田或菜地，播种前先对育苗地进行犁地、除草、起厢、施基肥等耕作措施。

2.18.2.3　繁殖

（1）直播

在采种后至翌年3月前播种为宜。整地后即可播种，可条播或散播，将种子混合少许土壤均匀播下，然后覆土，以盖住种子为度，随后洒水。每公顷用种子750～1 500 g，如种子未经去杂处理，播种量可加倍。

（2）自然繁殖

在第1年采收时，适当留下母株，种子成熟后自然飞散掉落，可实现自然繁殖。最好是2～3年轮作1次。

（3）育苗移栽

每公顷栽植地约需育苗地300 m^2，需提前2个月育苗，每公顷育苗地用种1 500～2 250 g。根据当地条件和播种期选择适宜的移栽时间。当苗高5～10 cm时，可在阴天或晴天下午移栽。株行距为10 cm × 10 cm。移栽地可以按行距铺盖黑色地膜，栽苗时按株距割膜栽苗。将幼苗栽直、压实，栽后洒水定根。移栽前可选用化学除草剂除草，移栽后进行人工除草，移栽7～10 d后进行查苗补缺。

还可进行拱棚育苗移栽。苗圃地选择平整、土质疏松、肥力充足、排水性好、有水源的地方。建设苗床，要求平整，土粒直径<0.2 cm，宽100 cm，高15～20 cm，长5～10 m。播种时间为2月底—3月上旬，播种量为3 kg/hm^2，按100 g种子加2 kg沙的比例均匀拌种。播前将畦面充分浇水，将拌好的种子均匀撒播在畦面上，盖一层细土，喷水至畦面充分湿润，用松针或稻草覆盖。使用竹片和塑料薄膜沿畦面搭建0.5 m高的小拱棚，控制苗床温度为15～30 ℃，湿度为40%～50%，并及时除净杂草。当苗高5～6 cm时，去除薄膜炼苗。当种苗长到10 cm时进行间苗。当苗的真叶叶片数6～8片、叶色绿或深绿，株高10～15 cm，根长5 cm以上时，进行移栽。取苗时，用土铲或锄头沿畦面水平方向入土8 cm平移，尽量做到带土移栽。

（4）覆膜栽培

覆膜栽培也需育苗移栽。按株行距0.40 m×0.80 m或0.50 m×1.0 m，每公顷种植1.9万～3万株。用小土铲或小锄头挖穴，将壮苗平展放入穴内，覆土，用手轻轻下压将土壤压实，立即浇透定根水。定植后立即盖膜，两边用土压实，在种苗处破口，使种苗出露，再覆土。

2.18.2.4 田间管理

（1）间苗和补苗

在直播苗高4～5 cm时，进行间苗及补苗，保持株距约5 cm，使其均匀生长。育苗移栽的，需在定植后几天内及时补苗，定植10 d后全田查苗、补苗。

（2）缓苗期管理

定植后10 d每天浇水1次，其后生长期内，旱季每2 d浇水1次。移栽1周后，每公顷追施复合肥150～225 kg，或使用0.3%的复合肥溶于水中浇施。

（3）苗期管理

土壤田间湿度保持在60%～70%。移栽15～20日后，每公顷开穴施复合肥300 kg或施用腐熟农家肥，施肥后进行覆土。移栽35～45 d后，每公顷施300 kg复合肥或农家肥，结合培土。期间除草1～2次。

（4）排灌与施肥

播种或定植后，须注意灌溉，以利于生长。植株生长稳定后，遇干旱或水涝，要及时进行灌溉或排水。施肥主要以人粪尿为主，也可适当施化肥，以氮肥及钾肥为主。首次应保持水肥比例为5：1，往后浓度可逐渐增大。

（5）松土、除草和打顶

播种后1个月或移栽后1个星期，需松土除草，此后可视具体情况进行。如遇大雨、畦面板结和旱季，及时松土培土。当植株长至高约1 m时要及时打顶，促进侧枝生长发育。

（6）现蕾—采收期管理

保持田间土壤湿度在60%～70%。每公顷用复合肥75～150 kg，兑水15 t后浇施。

2.18.2.5　病虫害防治

根腐病须及时排水和将受害植株拔除。菌核病可施波尔多液喷治。蚜虫可用1：60乐果水溶液杀治。蚂蚁可用“66粉”防治。

2.18.2.6　采收

在盛叶期或花蕾期采收为宜。宜选择晴天，先将植株砍倒在田里晒1 d，第2天搬到晒场及时晒干。晒干后打落叶子，除去茎干，将叶晒干至符合收购要求即可进行包装。叶片晾晒时要防止被粉尘污染和雨水淋湿。置于通风干燥处保存，以防霉烂或受潮。

2.19　金莲花

2.19.1　生物学特性

金莲花，毛茛科多年生宿根草本植物，别名金梅草、旱金莲。茎直立，株高30～70 cm。基生叶具长柄，叶片五角形，3全裂或掌状全裂，裂片有少数小裂片和锐齿。花单生于茎或上部分枝顶端，花梗长为3～10 cm，花大，金黄色，花五瓣，萼片呈椭圆形或倒卵形，长约2 cm，宽约1.2 cm；花瓣多数，与萼片近等长，狭条形，顶端渐狭；雄蕊多数，长0.5～1.1 cm；心皮20～30。蓇葖果长1～1.5 cm，有弯的长尖。种子黑色、光滑、多数。花期6—7月，果期8—9月。

药用价值：以全株入药，记载于《山海草函》，具有抗菌、抗病毒等作用，性苦、寒，有清热凉血、消炎解毒之功效，对上呼吸道感染、咳嗽、感冒、高热急症、恶疮肿毒等症均有良好疗效。

适应性：喜冷凉阴湿气候，耐寒，耐阴，忌高温。根系浅，怕干旱，忌水涝。适生地为海拔1 300 m左右，水分充足，光照条件好的草地、草原、沼泽草甸或树林边缘。

2.19.2 栽培技术要点

2.19.2.1 选地与整地

宜选有荫蔽条件，灌排方便、排水良好、湿润、疏松肥沃的沙质壤土，或冬季寒冷、夏季凉爽的平缓山地，或坝区排水良好的沙壤土，或平缓稀疏林及幼林果园作为种植地。耕地前每公顷施腐熟的有机肥675 ~ 900 t或氮磷钾复合肥1.5 t作基肥，均匀施于地表，再耕翻入地下，耙平。一般作平畦，多雨地区可作高畦，畦宽1.4 ~ 1.5 m，也可起45 ~ 60 cm宽的垄种植。

2.19.2.2 繁殖方法

（1）种子直播繁殖

新采种子需经-5 ~ 5 ℃低温条件下，60 ~ 90 d的沙藏后方可发芽。贮藏期间要保持湿润，第2年解冻后取出播种。播前2 ~ 3 d先把地浇湿，待稍干时耙平整细。金莲花种子极小，所以播种量只有3 ~ 3.75 kg/hm^2，可用细土混合均匀后，进行撒播或条播，播深不宜过大。播后可用草帘或遮阳网进行遮阳。直播幼苗生长缓慢，当年不开花。

（2）育苗移栽

采用春播育苗后移栽。保护地和露地均可育苗。沙藏种子在翌年春季即可直接播种，未经沙藏的种子用50 mg/kg赤霉素浸种2 h，晾干后再播。保护地育苗可在4月下旬开始，播种后搭设遮阳网，使土壤保持湿润，以利出苗。露地直播育苗可从5月中下旬开始，播种后要加盖草帘。在整好的畦上条播，行距12 ~ 15 cm，开深1 ~ 2 cm的浅沟，均匀播种后覆土1 cm，稍镇压即可。

移栽时，优选无病虫害的健壮种苗，用50%多菌灵或70%甲基托布津800倍液蘸根处理10 min，晾干后移栽。可采用露地和覆膜栽培。露地栽培可秋栽也可春栽。秋栽于地上部枯萎后、土壤封冻前进行；春栽于根茎萌动前进行。按行距30 cm，株距10 ~ 15 cm栽植。栽后视土壤墒情浇适量定根水，忌漫灌。也可向种植田中施12～13.5 t/hm^{2}腐熟农家粪、300～375 kg/hm^{2}尿素，深耕耙平后，挖穴，穴距为50 cm×50 cm，每穴移栽幼苗3～5株，加入营养土后再埋土，浇水。覆膜栽培适宜春栽。在整好的畦上覆黑膜，行距40 cm，株距35 cm，每公顷开49 500穴，每穴栽3株，栽后浇透水，穴口封土。

（3）分株繁殖

可在植株枯萎时，采挖野生种苗，或于4—5月出苗时挖取。将挖起的根状茎进行分株，每株留1～2个芽，按行距30 cm，株距10～15 cm栽植。采种田则以30 cm×30 cm为宜。

2.19.2.3　田间管理

（1）松土除草

植株生长前期除草松土，保持畦内清洁无杂草。栽后出苗返青，当苗高5 cm时，第1次中耕除草，宜浅，可连续3次，最后1次要深些，结合培土，防止倒伏。

（2）灌溉排水

苗期不耐旱，返青至开花前，宜勤灌溉，但不宜太湿。雨季注意排涝。

（3）追肥

结合中耕除草和灌水，幼苗期可施氮肥，开花前多施磷肥。生育期追肥2～3次，出苗返青后每公顷施尿素150 kg或人畜粪尿7.5～12 t，当年移栽的小苗施人畜粪尿时应稀释1～2倍。6—7月可追施磷铵颗粒肥450～600 kg/hm^2，也可叶面喷施磷酸二氢钾水溶液，加施过磷酸钙225 kg/hm^2。冬季封冻前施有机肥1.5～2 t/hm^2，开沟施入，施后盖土。

（4）遮阳

在低海拔地区引种要特别注意遮阳，阴蔽度控制在30%～50%，可搭建高1 m左右的棚。也可采用与高秆作物或果树间套作的形式，达到遮阳目的。

2.19.2.4　病虫害防治

常发生的病害有叶斑病、萎蔫病等，可用50%托布津可湿性粉剂500倍液喷洒。有粉纹夜蛾和粉蝶为害时，用90%敌百虫原液1 000倍喷杀；有粉虱和红蜘蛛危害时，可用40%氧化乐果1 500倍液喷洒。蝼蛄可用50%敌百虫30倍液1 kg与50 kg炒香的麸皮拌匀诱杀。

2.19.2.5　收获与加工

采用种子繁殖的植株，播后第2年即有少量植株开花，第3年以后才大量开花；分根繁殖的当年即可开花。开花季节及时将开放的花朵采下放在晒席上，摊开晒席进行晒干或晾干即可供药用。也可将花经过煮提浓缩后制成金莲花片。种子可在7—8月采收，一般花谢至种子成熟20～30 d，成熟的种子呈黑色，果裂即落，应及时采收。

2.20 铁苋菜

2.20.1 生物学特性

铁苋菜，大戟科铁苋菜属1年生草本植物，别名人苋、血见愁、海蚌含珠、撮斗装珍珠、叶里含珠、野麻草等。高0.2～0.6 m，小枝细长，被贴柔毛。叶膜质，长卵形、近菱状卵形或阔披针形，顶端短渐尖，基部楔形；基出脉3条，侧脉3对；叶柄具短柔毛；托叶披针形，具短柔毛。雌雄花同序，花序腋生，稀顶生，长1.5～5.0 cm，花序梗长0.5～3.0 cm，花序轴具短毛，雌花苞片1～2枚，卵状心形，花后增大，边缘具三角形齿，外面沿掌状脉具疏柔毛，苞腋具雌花1～3朵；花梗无；雄花生于花序上部，排列呈穗状或头状，雄花苞片卵形，长约0.5 mm，苞腋具雄花5～7朵，簇生；花梗长0.5 mm；子房具疏毛，花柱3枚，长约2 mm，撕裂5～7条。蒴果直径4 mm，具3个分果。果皮具疏生毛和毛基变厚的小瘤体；花果期4～12月。种子近卵状，长1.5～2.0 mm，种皮平滑，假种阜细长，千粒重仅0.5 g左右。

药用价值：以全草或地上部分入药，记载于《中药资源学》，具有清热解毒、利湿消积、收敛止血的功效，用于肠炎、细菌性痢疾、阿米巴痢疾、小儿疳积、吐血、衄血、尿血、便血、子宫出血、痈疖疮疡、外伤出血、湿疹、皮炎、毒蛇咬伤等。

适应性：铁苋菜喜温暖、湿润、光照充足的生长环境，不耐干旱、高温、渍涝和霜冻，较耐阴，生长适温15～25 ℃。铁苋菜对土壤要求不严格，以向阳、土壤肥沃和偏碱性的潮湿地种植为宜，多生于山坡、沟边、路旁、田野。

2.20.2 栽培技术要点

2.20.2.1 选地与整地

选择土壤肥沃、排灌方便、杂草较少的地块种植。整地前深翻晒土3～5 d，翻前撒施有机肥或腐熟农家肥30 t/hm^2、复合肥750 kg/hm^2、钙镁磷肥1 500 kg/hm^2，然后翻耕，耙细整平，除净杂草。起平畦，畦面宽100～120 cm，畦间开挖宽30 cm、深20 cm的侧沟，地块四周开好排灌沟。

2.20.2.2　采种与种子处理

铁苋菜种子随生长期边生长边成熟脱落，一般采收植株晒干后收集种子，贮于冰箱和干燥器中。播前需用1%～2%石灰水浸种24 h，捞起，清洗干净，晾干后播种。

2.20.2.3　繁殖

（1）种子直播

早春当地温达15 ℃时即可播种，用种量12 kg/hm^2，用3～4倍体积的细沙或草木灰拌匀后，按行距25 cm进行条播。均匀撒种，不用盖土，保持土壤湿润即可，7～10 d即可出苗。

（2）育苗移栽

育苗播种可在温室内或露地进行，一般育苗天数约30 d。种子拌草木灰或细沙均匀撒在苗床表面，播种量不超过0.2 kg/m^2，耙平表面，使种子与土壤充分接触，保持土壤湿润，并保证充足的光照。待苗长到5～6叶（约10 cm）时，选雨后移栽。按行、株距各约25 cm、每穴2～3株栽植。移栽前5～7 d，施1%尿素水1次。移栽时不能太深，将根部盖严，苗能站稳即可。移栽时用黑地膜覆盖畦面，盖膜时将膜拉平，四周盖严，移栽时破膜，栽后用细土将膜孔封严，严禁盖土埋心。

2.20.2.4　田间管理

（1）追肥浇水

直播田在苗出齐后除草，并施1%尿素溶液。当苗高10 cm时匀苗、补苗，并浅耕、追肥1次。开花前再中耕、除草、追肥1次。育苗移栽的在移栽后15～20 d浅耕、追肥1次，至开花前再中耕、除草、追肥各1次。追肥可用复合肥750 kg/hm^{2}或沼液肥，施复合肥时可于雨后撒施，或开沟浅埋，沼液肥宜灌施。保持土壤湿润，雨季要及时排水。

（2）中耕除草和摘心

生长期间要及时中耕除草，以免发生草荒，中耕除草应与追肥结合进行。适期进行摘心修剪，促进侧枝萌发和分枝生长。

2.20.2.5 病虫害防治

铁苋菜抗病性较强，病虫害较少。主要病害是白锈病，发病初期用25%甲霜灵可湿性粉剂1 000倍液，或64%杀毒矾可湿性粉剂500倍液，或58%雷多米尔锰锌可湿性粉剂500倍液，每10 d喷洒1次，共2 ~ 3次。主要虫害是蚜虫，选择内吸性好、兼备触杀和熏蒸作用的药剂轮换使用，如25%蚜虱绝乳油2 000 ~ 3 000倍液、15%蓟蚜净乳油2 000倍液、3%莫比朗乳油3 000倍液、19%克蚜宝乳油2 000 ~ 2 500倍液、50%辟蚜雾可湿性粉剂1 500倍液、10%杀虫王太山乳油2 000倍液，连续2 ~ 3次，每次相隔5 ~ 7 d。

2.20.2.6 采收

作为药材，3月种植的铁苋菜到7月可以收获，9月种植，12月则可以收获，生育期130 d左右。当果实颜色变淡，基部叶片变黄，即可采收。拔起全草，去掉根部泥土，晒干即可。

2.21 茵陈

2.21.1 生物学特性

茵陈为菊科艾属多年生草本植物，又名白蒿或陈蒿。基生叶片2 ~ 3回制状全裂，裂片细丝状，密布白色绢毛，基部抱茎。头状花序卵形，有短梗；总苞片多3 ~ 4层，外层雌花常为10个，内层两性花常为2 ~ 9个。瘦果长圆形，黄棕色。气芳香，味微苦。以香气浓者为佳。

药用价值：以地上部入药，收载于《中华人民共和国药典》2020年版（一部），味苦、性微寒、有清热利湿、消炎解毒、平肝利胆等功效。特别是治疗黄疸方面效果更好。除此之外，茵陈蒿还可预防流感、肠炎、痢疾、结核等疾病。还有降低血压、增加冠状动脉血流量、改善微循环、降低血脂、延年益寿的功效。

适应性：对土壤要求不严格，但以土质疏松、向阳肥沃的壤土或沙壤土最宜种植。茵陈耐寒、耐热、耐干旱，对光照适应范围也较广泛。

2.21.2 栽培技术要点

2.21.2.1 选地与整地

选择阳光充足、土壤含盐量低于5‰，排水良好、肥力较高的地块种植。

深翻25 cm，翻耕前每公顷施入腐熟的有机肥60 ~ 75 t作基肥，混合均匀，整细耙平，使土壤疏松。去杂草，开沟作畦，畦高20 cm、宽1 m。

2.21.2.2　栽培方式

分为露地栽培、保护地栽培2种模式。

（1）露地栽培

露地播种一般3—4月初进行，每公顷用种量750 ~ 1 500 g，将种子与细沙拌匀，可选择穴播、条播、撒播等。穴播选择优良种子，按行株距25 cm × 20 cm开穴播种；条播按行距25 cm开沟，将种子均匀撒入；撒播需先浇足水，等半干时，均匀撒种，覆细土一层，以不见种子为度。露地也可选择分株移栽，每公顷用种量15 kg左右，播种不能太密。播后保持湿润，幼苗出齐后除草浇水，分株栽培。

（2）保护地栽培

首先，挖取母根，于地上部分植株开始凋零时，选择根粗壮的野生茵陈，挖出并去掉泥土，定植前埋入湿土或湿沙中。然后每隔15 cm开10 cm宽沟，沟内浇足定植水，株距为15 cm，将根埋入，进行栽培。

2.21.2.3　田间管理

（1）露地栽培管理措施

苗高4 ~ 5 cm时间苗，保持株距5 cm。播后1个月需进行首次松土除草和施肥。出苗后及始花期每公顷各追施尿素75 kg或复合肥112.5 kg，并注意配施微肥。其后生育期可追施1 ~ 2次复合肥。花期遇旱，应及时在沟中灌跑马水。一般当年春季不采收，使其根系粗壮。

（2）保护地栽培管理措施

越冬后尽早覆棚，可在10月下旬至11月初进行，拱棚扣好后，在垄畦表面覆一层农膜。当苗芽长到6 ~ 8 cm时，要及时将棚内农膜收起，以免影响苗芽长高。每茬采收完浇水后再盖好。扣棚和每次采收后、未出苗前，可暂不通风，以保持棚内较高的温度与湿度。但当苗芽长出3 ~ 5 cm、晴天棚内温度升至24 ℃时，需要及时放气通风，防止高温灼伤苗芽。夜间棚内农膜下温度低于3.8 ℃时，可在外膜加盖草帘等物。3月底至10月，将棚内地膜卷好备用。4月中旬后揭去棚膜。留种田4月以后不再采收，并在畦中间去掉1行，以促发壮苗。在苗芽采收田，为防止夏季苗芽木质化，5月下旬在原拱棚架上搭设银灰色遮阳网，网边用土压实，9月底揭去。茵陈收割后，根部经过4 ~ 7 d伤流期，愈伤组织形成期20 d左右，便开始新芽分化，形成多枝的株丛。伤流期至新芽分化不宜浇水，以防烂根。

定植后，新叶生长前一般不需浇水，如果土壤干旱，可用喷壶浇灌。待长出新叶时松土。定植后，出现缺苗时应及时补栽。采收后第3天宜浇水，最好是晴天的中午用小水浇灌，灌水前每公顷撒施尿素300 ~ 400 kg或随水追肥。

2.21.2.4　病虫草害防治

茵陈常见的病虫害有斑点病、白粉病，可在发病前后用50%甲基托布津1 000倍液或50%多菌灵500倍液喷雾防治。茵陈幼苗期要防治好地老虎、蚜虫及老鼠等地下害虫。蚜虫、红蜘蛛均可用40%乐果乳油1 000 ~ 1 500倍液喷雾防治。蛴螬、金针虫、小地老虎等地下害虫可用80%敌百虫可湿性粉剂800倍液灌根。茵陈需清理杂草，可采用松土浅锄、人工拔除等方法，同时栽苗时注意挑除杂草，同时避免重茬。

2.21.2.5　适时采收

鲜食茵陈可在苗芽长到10 ~ 12 cm时采收，棚内鲜食茵陈每隔15 d左右收1茬。采收时留茬要低而整齐，采收的苗芽要随手用皮筋捆扎，装入塑料袋内，以防失水，降低商品率。不能鲜售的，可在自然阳光下干燥，干草入药。

2.22　猪毛菜

2.22.1　生物学特性

猪毛菜别名猪毛蒿、扎蓬蒿、野鹿角、野针菜，为藜科猪毛菜属1年生草本。猪毛菜株高50 cm左右，茎直立，通常由基部分枝，开展，无毛或疏生短硬毛，单叶，无柄，叶片线状圆柱形，肉质，生短粗毛，先端具小尖刺。基部下延略抱茎。种子小，扁圆形，千粒重2.7 g。花期7—9月，果期8—10月。

药用价值：全草入药，收载于中国植物物种信息数据库，具有平肝潜阳，润肠通便之功效。用于治疗高血压病、头痛、眩晕、肠燥便秘等。

适应性：猪毛菜较耐寒、耐旱、耐盐碱，在碱性沙质土壤上生长最好，野生种常见于村庄附近、路旁、荒地，喜直射较强光照，生长适温为18 ~ 25 ℃。

2.22.2　栽培技术要点

2.22.2.1　选地与整地

选微碱性沙质土壤，每公顷施腐熟有机肥37.5 t，翻耕整平。沿海地区为延长收获时间，可利用大棚栽培。

2.22.2.2　作畦

作宽150 cm的平畦。播种前先浇足底水，杂草多的地最好喷1次灭生型除草剂。

2.22.2.3　播种

春季可提早播种，可于春节后在大棚保温栽培，秋播于9月中下旬进行。播前用温水浸种6 ~ 8 h，采用直播方式，每公顷用种量15 ~ 18 kg。因种子细小，宜用细土拌匀后撒播，播后用耙将畦面耧一遍，再撒过筛的细土覆盖种子，约1 cm厚。稍压，覆盖地膜，3 ~ 4 d出苗后，即可撤去地膜。

2.22.2.4　田间管理

出苗后要保持畦面湿润，春季早播的要注意保温，秋播的于初霜前覆盖大棚膜。温度白天控制在25 ~ 28 ℃，夜间15 ~ 18 ℃，冬季不低于5 ℃。采收后2 ~ 3 d可用0.2%尿素水浇，促侧枝萌发。

2.22.2.5　病虫害防治

时有蚜虫为害，以5月发生较多，要注意防治。

2.22.2.6　采收

植株高20 ~ 25 cm时，留2 ~ 3片基叶，收割上部嫩梢，并用保鲜膜分装保鲜上市。每茬一般可收割3 ~ 4次。

2.23　骆驼蓬

2.23.1　生物学特性

骆驼蓬，蒺藜科骆驼蓬属多年生草本植物，又名臭古朵等。草高20 ~ 70 cm。全株有特殊臭味。根肥厚而长。多分枝，分枝铺地散生，下部平卧，上部斜生，茎枝圆形有棱，光滑无毛。叶互生，肉质，三至五回全裂，裂片条状披针形，长达3 cm；托叶条形。花单生，与叶柄对生；萼片5，披针形，有时先端分裂，长达2 cm；花瓣5，倒卵状长圆形，长1.5～2 cm；雄蕊15，花丝近基部宽展；子房3室，花柱3。蒴果近球形，褐色；3瓣裂开；种子三棱形，黑褐色，有小疣状突起。花期6月，果期7—8月。

药用价值：以全草与种子入药，记载于《陕西中草药》，全株能祛湿解毒、活血止痛、止咳；可治疗关节炎、气管炎等；种子能祛风湿、强筋骨，主治瘫痪、筋骨酸痛等。

适应性：抗性强，属于耐盐碱的强旱生植物。

2.23.2 栽培技术要点

2.23.2.1 选地

选择具有灌溉条件，土质疏松、肥沃、灌排方便、排水良好、光照充足、开旷通风、土地坡度<10°的地块种植。土壤以排水良好的弱碱性沙质壤土或沙土为佳。

2.23.2.2 整地作畦

每公顷施厩肥45～60 t或磷酸二铵120～150 kg，深耕30 cm，耙好整细，做成宽约1.5 m的平畦。

2.23.2.3 播种

春播或秋播均可。春季在地表解冻后即可播种，宜早不宜晚，秋季在霜冻前播种。在整好的畦内浇足水，待水渗下，按行距30～40 cm开1 cm左右深的浅沟，将种子与细沙或细土拌匀，撒于沟内，然后覆薄层细土。每公顷用种量为6～7.5 kg。

2.23.2.4 田间管理

（1）中耕除草

幼苗出土后，如有杂草，应及早拔除或结合中耕除掉。一般来说，需中耕除草2～3次。

（2）间苗定苗

结合1～2次中耕除草，对过密的小苗及时进行疏间，在苗高6～8 cm时，按株距20～25 cm定苗。

（3）灌溉与排水

骆驼蓬在幼苗期喜湿润，在种子萌发期及幼苗期不能干旱，要及时浇水。

一个生长季内，20 ~ 30 d浇水1次，每次浇透。夏季多雨时期，应及时排涝，以免积水烂根。

（4）追肥

视植株生长状况，可于5月下旬及6月底分2次施少量氮肥；7月初可追施少量氮磷复合肥。

2.23.2.5 采收

种子繁殖的第2年开始采收，在骆驼蓬种子变褐成熟后，一次性割取植株地上部分。宜选择晴天露水干后收获，将采收的全草置于晾晒场，至七八成干时，打下果序和种子，再晒至全干，打下种子，除去杂质，防潮贮存。

2.24 柽柳

2.24.1 生物学特性

柽柳，柽柳科柽柳属落叶灌木或小乔木植物，又名垂丝柳、西河柳。乔木或灌木，高3 ~ 6 m；老枝直立，暗褐红色，光亮。叶鲜绿色，从生木质化生长枝上生出的绿色营养枝上的叶长圆状披针形或长卵形。每年开花2 ~ 3次。每年春季开花，总状花序侧生在生木质化的小枝上；花5出；萼片5，狭长卵形，具短尖头，略全缘；花瓣5，粉红色。蒴果圆锥形。夏、秋季开花；总状花序长3 ~ 5 cm，较春生者细，生于当年生幼枝顶端；花柱棍棒状。花期4—9月。

药用价值：以细枝嫩叶入药，记载于《本草纲目》，味甘、咸、性平，可解毒、祛风、透疹、利尿。

适应性：植株根系发达，萌生力强，容易繁殖和栽培，耐旱、耐盐碱、耐贫瘠和沙埋，适应性极强。

2.24.2 栽培技术要点

2.24.2.1 产地环境

柽柳适应性强，极易成活，山区、平原、丘陵、平地、坡地、荒山等均可生长，疏松的沙壤土、碱性土、中性土均可作为栽培地。可选择排灌方便，土质疏松，春季播前0 ~ 20 cm土层全盐含量为0.5% ~ 1.5%，土壤pH值8.0 ~ 9.5的土地。

2.24.2.2　繁殖方式

（1）种子繁殖

①采种：柽柳种子细小，待花序上多数果实变黄色时采收，阴干后筛除小枝等，干燥通风保存。

②播种：可夏播或翌年春播，一般夏播较好。由于种子细小，采用床播，水面落种，床宽为100～150 cm，长为10～20 m，灌满水后，按1 g/m^{2}种子量，均匀撒在水面，用锨轻轻拍打，使种子浸入水中，待水面降落后，再在上面撒上薄薄1层细土或粉沙，保持土壤湿润，播后3 d内即可出苗。适当追肥、浇水、除草、松土。

（2）扦插育苗

①扦插材料：选择生长健壮的1年生萌芽条或苗干做插条，粗1～1.5 cm，剪成长10～20 cm插穗，下剪口呈大斜剪口。

②插穗处理：用0.1%多菌灵药液浸泡1～2 min，抖落水滴后再用1 000 mg/L NAA或100 mg/L生根粉水溶液（或ABT1号生根粉）浸润基部20～30 s备插。

③扦插方法：秋插或春插皆可。春插在2—3月进行，选用1年生以上健壮枝条，长15～20 cm，按行距40 cm，株距10 cm，直插于苗床，插穗露过土面3～5 cm。插后每隔10 d灌水1次，到4—5月即可生根生长。平时稍加管理，适当浇水施肥，1年生苗木可高达1 m以上。秋插于9—10月进行，以当年生枝条为插穗，方法同春插。此外，还可用压条、分根法繁殖。

2.24.2.3　定植技术

定植苗以大苗为好，要求壮苗高1 m，粗0.7～1 cm，秋冬早春均可定植。按行距2 m，株距50 cm栽植，栽前在水中浸泡1～2 h，根系剪留15～20 cm。挖直径30～40 cm，深30 cm的定植穴，把苗木放在穴内，边填土边踩实，随即浇透水，20 d浇1次水。

2.24.2.4　田间管理

栽后适当加以浇水、追肥。柽柳极耐修剪，在春夏生长期可疏剪整形，剪去过密枝条，以利通风透光，秋季落叶后可再进行1次修剪。

2.24.2.5　虫害防治

柽柳树主要害虫有梨剑纹夜蛾，可在幼虫期以敌百虫800～1 000倍液喷洒防治。蚜虫可用40%乐果2 000倍液喷杀。

2.24.2.6　采收

未开花时采下幼嫩枝梢，阴干，即可入药。

3　种子类

3.1　车前

3.1.1　生物学特性

车前，车前科车前属2年生或多年生草本植物，又名车前草、车轮草等。须根多数。根茎短，稍粗。叶基生呈莲座状，平卧、斜展或直立；叶片薄纸质或纸质，宽卵形至宽椭圆形。花序直立或弓曲上升；花序梗有纵条纹，疏生白色短柔毛；穗状花序细圆柱状；苞片狭卵状三角形或三角状披针形。花具短梗；萼片先端钝圆或钝尖，龙骨突不延至顶端，前对萼片椭圆形。花冠白色，无毛，冠筒与萼片约等长。雄蕊着生于冠筒内面近基部，与花柱明显外伸，花药卵状椭圆形。蒴果纺锤状卵形、卵球形或圆锥状卵形。种子卵状椭圆形或椭圆形；子叶背腹向排列。花期4—8月，果期6—9月。

药用价值：以全草入药，收载于《中华人民共和国药典》2020年版（一部），味甘、性寒，具有利尿通淋、清热明目、祛痰止咳的功效。

适应性：适应性强，耐寒、耐旱，对土壤要求不严，在温暖、潮湿、向阳、沙质沃土上生长良好。

3.1.2　栽培技术要点

3.1.2.1　整地施肥

选地势高、排水良好、光照充足、比较肥沃的沙质壤土种植。车前草根系主要分布于10～20 cm耕作层内，因此整地要精细。深耕20～25 cm，耙细整平，做1 m宽、15～20 cm高的平畦。每公顷施厩肥7.5～15 t或有机质基肥60 t，捣细撒匀。天旱时向畦内灌水，待水渗下后将畦面锄一遍，耙平，以待播种。

3.1.2.2　播种

6—10月陆续采收成熟种子，春季播种，条播或撒播均可。播前用70%甲基托布津或50%多菌灵粉剂掺细沙土拌种，按行距为15～20 cm，开浅沟，深1～1.5 cm，株距6～7 cm，每公顷用种量4.5 kg。播后盖土，以不见种子为宜，播后镇压1次。如土壤干旱，播后2～3 d可喷1次水，水流要小，干后浅松土。播后10～15 d出苗。

3.1.2.3　田间管理

（1）苗期管理

出现2片真叶时，追施1次淡尿水肥，以后苗期内每隔1周施肥1次。

（2）间苗补苗

齐苗后应及时间苗，拔除杂草。当苗高6～7 cm时，即可结合间苗采收幼苗供食用，每穴留2株健壮苗。若出现缺苗，应及时补苗。

（3）中耕除草。

应及时除草，一般1年进行3～4次中耕除草。

（4）追肥

根据长势合理施肥，一般进行3次追肥。第1次在5月，每公顷施稀薄人畜粪水22.5 t；第2次于7月上旬，每公顷施磷酸二铵150 kg，增施钾肥450 kg/hm^2；第3次于采种以后，每公顷沟施厩肥22.5 t。当车前抽薹开花时，应重施1～2次壮籽肥，以利于抽穗。每次追肥应选晴天，先中耕除草，后施肥。

（5）病虫害防治

白粉病发病初期用50%甲基托布津1 000倍液、25%敌力脱1 000倍液、10%世高1 000倍液进行喷雾防治。穗枯病发病初期喷施20%杀菌霸800倍液或1 000倍液，或10%世高1 000倍液，每隔7 d喷1次，连喷3～4次。褐斑病发病初期用10%世高1 000倍液或1 500倍液体进行喷雾防治，每隔7 d喷1次，连喷2～3次；或在始穗期用50%多菌灵或甲基托布津1.5 kg/hm^{2}加乐果1.5 L兑水675 kg叶面喷施，每隔7 d喷1次，连喷2～3次即可。霜霉病发病初期及时喷洒50%甲霜铜可湿性粉剂600～700倍液、64%杀毒矾可湿性粉剂400～500倍液、80%三乙膦酸铝可湿性粉剂400～500倍液，或72.2%普力克水剂700～800倍液，每隔7～10 d喷1次，连喷2～3次。车前圆尾蚜可喷40%乐果乳油2 000倍液防治，每隔7 d喷1次，连喷3～4次；或喷50%马拉松乳油1 000倍液，每隔5～7 d喷1次，连喷3～4次。土蚕、毛虫可用50%多菌灵或托布津1.5 kg/hm^2+辛硫磷1.5 L/hm^{2}兑水1.5 t叶面喷施。蛴螬、蝼蛄可用敌百虫毒饵诱杀；或用50%辛硫磷乳油1 000倍液浇灌。造桥虫可喷洒40%乐果乳剂1 500～2 000倍液防治。

3.1.2.4　采收与加工

在5月中下旬，当车前草果穗下部果实外壳约呈淡褐色、中部果实外壳呈黄色、上部果实已经收花时，即可收获。可分批采收，将先成熟者剪下，每隔3～5 d割穗1次。收割果穗宜在早上或阴天进行，以防裂果落粒。利用晴天晒穗，脱粒，用风车清杂吹扬过筛，去净杂质，即可得车前子，暴晒1～2 d，晒干后在干燥处保存。

3.2　苦荞麦

3.2.1　生物学特性

苦荞麦，蓼科荞麦属1年生草本植物，别名菠麦、乌麦、花荞等。茎直立，高30～70 cm，分枝，绿色或微呈紫色，有细纵棱，一侧具乳头状突起，叶宽三角形，长2～7 cm。花序总状，顶生或腋生，花排列稀疏；苞片卵形，长2～3 mm，每苞内具2～4花，花梗中部具关节。瘦果长卵形，长5～6 mm，具3棱及3条纵沟，上部棱角锐利，下部圆钝有时具波状齿，黑褐色，无光泽，比宿存花被长。花期6—9月，果期8—10月。

药用价值：麦粒、根及全草皆可入药，记载于《本草纲目》，味苦、平、寒，有益气力、提精神、利耳目、降气、宽肠健胃的作用。

适应性：多生长于海拔500～3 900 m的田边、路旁、山坡、河谷等地。喜凉爽湿润，不耐高温旱风，畏霜冻。

3.2.2　栽培技术要点

3.2.2.1　选地与整地

选择有机质丰富、结构良好、养分充足、保水力强、通气性好的土壤。苦荞麦忌连作，比较好的前作是豆类、马铃薯，其次是玉米、小麦、菜地。秋冬季进行大水洗盐，随后晒田。深耕一般以20～25 cm为宜。深耕又分春深耕、伏深耕和秋冬深耕，以伏深耕效果最好。

3.2.2.2 施足基肥

结合整地，每公顷施用腐熟农家肥15 t、过磷酸钙120 kg作基肥。土肥混合均匀，平整土地。

3.2.2.3 选用良种

选择生育期适中的品种，挑选大而饱满的种子。播前可用清水选种，将沉在水底的饱满种子捞出晾干，备播。

3.2.2.4 适时早播，合理密植

适时早播有利于增加籽实产量。每公顷播种量一般45～60 kg，合理密植。主要有条播、点播、沟播、撒播等方式，一般采用条播。条播以南北垄167～200 cm开厢，播幅13～17 cm。人工点播行距27～30 cm，穴距17～20 cm，每穴种8～10粒种子，待出苗后留苗5～7株。撒播先耕地随后撒种子。播种时遇干旱要及时镇压、踏实土壤，减少空隙，以利出苗。

3.2.2.5 田间管理

（1）间苗定苗

播后遇雨或土壤含水量高时，会造成地表结板，可破除板结，疏松地表。要注意在雨后地表稍干时浅耙，以不伤幼苗为度。幼苗长至2～4片叶时，及时定苗。注意田间排水防涝。

（2）中耕除草

一般中耕除草2次，苗高5～7 cm时第1次中耕除草；开花封垄前中耕第2次，并结合培土。

（3）施肥灌溉

苗期追施5～8 kg尿素，初花期用1%硼砂水溶液进行叶面喷施，能显著提高结实率。开花灌浆期如遇干旱，应灌水。

（4）花期管理

苦荞麦是异花授粉作物，开花前2～3 d，每公顷苦荞麦田安放蜜蜂15～45箱。在没有放蜂条件的地方采用人工辅助授粉，以牵绳或长棒赶花为好。

3.2.2.6 病虫害防治

立枯病、轮纹病、褐斑病可100 kg种子使用40%五氯硝基苯粉剂1 kg拌种防治。钩刺蛾用90%敌百虫1 000 ~ 2 000倍液喷雾防治。

3.2.2.7　适时收获

苦荞籽实成熟延续时间长达20 ~ 45 d，一般有70%的籽实变成黑褐色并呈现出品种固有的颜色时收获。宜在清晨收获，割下植株。收回后，宜将植株竖堆，使之后熟，但要避免堆垛。

3.3　草决明

3.3.1　生物学特性

草决明，豆科决明属1年生亚灌木状草本植物，又名草决明、假花生、假绿豆、马蹄决明。直立、粗壮草本，高1 ~ 2 m。决明花黄色，荚果细长，四棱柱形；小决明植株较小，荚果较短。

药用价值：以种子入药，收载于《中华人民共和国药典》2020年版（一部），味苦，性微寒，有清肝、明目、通便之功能，可用于头痛眩晕，大便秘结等症。

适应性：决明子喜温暖湿润气候，不耐寒冷，怕霜冻，但对土壤要求不严，pH值6.5 ~ 7.5均可，耐轻度盐碱。

3.3.2　栽培技术要点

3.3.2.1　选地

在平地或向阳坡地，选择排水良好，土质深厚、疏松的沙质壤土种植，稍碱性土壤最佳。

3.3.2.2　整地施用基肥

播种前将土地耕翻1次，施足底肥，每公顷施腐熟好的厩肥、堆肥或土杂肥30 ~ 37.5 t、过磷酸钙750 kg或钙镁磷肥1 500 kg，均匀施入地面，再翻耕耙平。整平耙细后，作畦宽1.2 m的平畦或高畦。

3.3.2.3　播种

草决明种子发芽的最佳温度为25 ~ 30 ℃，北方于4月上中旬适时播种。播前可用50 ℃的温水浸种12 ~ 24 h，吸水膨胀后，捞出晾干，拌草木灰即可播种。可穴播或条播。穴播在畦面上按株距50 cm、行距50 cm播。穴深由墒情而定，墒情好，穴深3 cm，覆土1.5～2 cm；墒情差，覆土2 cm。每穴5～6粒，稍加镇压。条播按行距50～60 cm，开浅沟2～3 cm，将种子均匀撒入沟内，然后覆土3 cm，稍压实。播种后经常保持土壤湿润，7～10 d发芽出苗，每公顷用种量为15～22.5 kg。播种时也可使用地膜，能提高草决明的产量和质量。

3.3.2.4 田间管理

（1）间苗、定苗、补苗

穴播苗高3～5 cm时，剔除小苗、弱苗，每穴留3～4株壮苗；当苗高10～15 cm时，进行定苗，每穴留壮苗2株。如发现缺苗，及时补栽。条播苗高3～6 cm时间苗，把弱苗或过密的苗拔出；苗高10～13 cm时，结合松土除草，按株距30 cm定苗。

（2）灌溉与排水

草决明生长期需水比较多，特别是苗期，不耐干旱，注意勤浇水。雨季注意排水，防止积水死苗。

（3）中耕除草和追肥

出苗后至封行前，要勤于中耕，保持土壤湿润，雨后土壤易板结，要及时中耕松土。中耕除草后，结合间苗，进行第1次追肥，每公顷施腐熟人粪尿水7 500 kg。第2次追肥在分枝初期，每公顷施人粪尿水15 t+过磷酸钙600 kg。第3次追肥在封行前，中耕除草后，每公顷施腐熟饼肥2 250 kg+过磷酸钙750 kg，促进果实发育充实，籽粒饱满。即将成熟时不宜追肥。

（4）培土打底叶

苗高40 cm以上时，根部培土以防倒苗。适期打除底叶以利通风受光。

（5）病虫防治

灰斑病与轮纹病需及时拔除病株，集中烧毁深埋；发病的病穴用3%的石灰乳进行土壤消毒；发病初期用50%的多菌灵800～1 000倍液喷雾防治，7～10 d喷1次，连续2次；严重时，喷波美度0.3的石硫合剂。蚜虫可用40%的乐果2 000倍液喷雾防治或1：10的烟草、石灰水进行防治。蛞蝓早晨撒石灰可防治。也可将去掉大蒜头的大蒜茎叶切成6～7 cm的小段，每公顷用1 200～1 500 kg和草木灰2 250 kg，均匀地撒在地里，让其自然腐烂，具有较强的杀菌作用，对防治草决明的灰斑病、轮纹病及其蚜虫有较好的效果。将干草木灰研末过筛，在早晨露水未干时喷洒在草决明的叶茎上，隔5～6 d再喷洒

1次，连用2～3次，可防治蚜虫。

3.3.2.5　收获

春播草决明于当年秋季9—10月果实成熟，当植株上大部分荚果由绿色变为黄褐色或黄色时，适时采收。大田谨防人畜入内，防止碰落荚果。选晴天早晨、露水未干时，割掉全株，晒干，打出种子，去净杂质，即得成品。成品以足干、颗粒饱满、无杂质、无虫霉者为优质药材。

3.4　苘麻子

3.4.1　生物学特性

苘麻，锦葵科1年生草本植物，别名青麻、空麻子、白麻。苘麻叶片为互生心脏型，可随太阳作跟踪移动。其叶柄有长叶柄与短叶柄2种，花着生在假轴分枝上。花冠橙黄色或黄色，种子灰色，肾脏形。苘麻根为直根型。苘麻种子呈三角状肾形，长3.5～6.0 cm，宽2.5～4.5 cm，厚度1～2 mm，表面灰黑色或暗褐色，有白色稀疏绒毛，凹陷处有类椭圆形种脐，淡棕色，周围有放射状细纹。种皮坚硬，重叠折曲，富油性。

药用价值：以种子入药，收载于《中华人民共和国药典》2020年版（一部），味苦淡性平。能清热利湿、解毒退翳，临床常用于赤白痢疾、淋病涩痛和红肿目翳等。

适应性：苘麻适应性很强，性喜高温、多湿与多光，适宜密植。全国各地均有分布，多生于耕地、田边、路旁、荒地。

3.4.2　栽培技术要点

3.4.2.1　选地与整地，施足基肥

选择阳光充足、排灌方便、土层深厚，盐分含量低于0.3%的地块种植。一般应与禾本科作物轮作，避免连作。秋季深耕，一般深耕25 cm左右，耕后可不耙。次年早春解冻时，浅耕耙耱保墒，晾晒后，再耙平田面，留待播种。播前精细整地，可结合春耕，每公顷施有机肥15～22.5 t作基肥。

3.4.2.2　适期早播，合理密植

适期早播，一般5 cm深度地温达10 ℃以上即可播种。可分为条播与撒播2种方式，条播更好。播种量15～22.5 kg/hm^2，提倡合理密植。条播

行距40～50 cm，株距10 cm，每公顷保苗在22.5万～30万株。播种深度以1.5～2.0 cm为宜。

3.4.2.3 田间管理

苘麻苗出土后，苗高5 cm左右时，应进行第1次间苗，拔出过高、过细、生长不良或有病虫害的植株。植株高10 cm左右时，进行第2次间苗即定苗，株距6～10 cm。结合第1次间苗时进行第1次中耕除草；定苗时进行第2次中耕除草；苗高50 cm时进行第3次中耕。

生育期间共追肥2～3次。每公顷追施硫酸铵225～375 kg，酌量施草木灰和过磷酸钙。株高40～50 cm时，每公顷追施氮肥300～375 kg、钾肥75～150 kg，沟施于行间。

夏旱缺雨时要及时灌水，涝洼地要注意排涝，多风地区要注意培土。

3.4.2.4 防治病虫害

苘麻病害主要有斑点病、立枯病等，应以综合防治为主，包括拔除病株、实行轮作、避免连作、选留无病种子、增施钾肥、生长期间喷波尔多液等。苘麻害虫有小地老虎、切根虫、玉米螟、小造桥虫、麻天牛等，可采用堆草诱杀或黑光灯诱杀、清洁麻田、铲除杂草及药剂防治等方法除去。种子成熟前及时拔除田间杂草。

3.4.2.5 收获

待苘麻株上有7～8个蒴果成熟时，割倒，晒干脱粒。

3.5 莲子

3.5.1 生物学特性

莲为睡莲科多年生水生宿根草本植物，又称荷、荷花、莲花、芙蕖、鞭蓉、水芙蓉，根状茎横生，肥厚，节间膨大，内有多数纵行通气孔道，节部缢缩，上生黑色鳞叶，下生须状不定根。叶圆形，盾状，全缘稍呈波状，上面光滑，具白粉，下面叶脉从中央射出，有1～2次叉状分枝；叶柄粗壮，圆柱形，长1～2 m，中空，外面散生小刺。花梗和叶柄等长或稍长，也散生小刺；花直径10～20 cm，美丽，芳香；花瓣红色、粉红色或白色，矩圆状椭圆形至倒卵形，长5～10 cm，宽3～5 cm，由外向内渐小，有时变成雄蕊，先端圆钝或微尖；花药条形，花丝细长，着生在花托之下；花柱极短，柱头顶生；花托（莲房）直径5 ~ 10 cm。坚果椭圆形或卵形，长1.8 ~ 2.5 cm，果皮革质，坚硬，熟时黑褐色；种子（莲子）卵形或椭圆形，长1.2 ~ 1.7 cm，种皮红色或白色。花期6—8月，果期8—10月。

药用价值：莲全身是宝，藕、叶、叶柄、莲蕊、莲房（花托）可以入药，收载于《中华人民共和国药典》2020年版（一部），能清热止血；莲心（种子的胚）有清心火、强心降压功效；莲子（坚果）有补脾止泻、养心益肾功效。

适应性：抗性较强，耐盐碱，自生或栽培在池塘或水田内。

3.5.2　栽培技术要点

3.5.2.1　选好莲田

选择水源丰富、排灌方便、阳光充足、土层深厚、肥力中上、有机质含量3%以上的壤土、黏壤土或黏土地块种植，灌溉便利的沙壤土也可。土壤pH值在6 ~ 7之间。对莲田进行整理，精耕细作，做到深度适当，土壤疏松，田面平坦。冬季应深耕晒垡，每公顷施入农家厩肥30 t，开春再灌水，进行两耕两耙。莲子生育期长，茎叶高大，需肥量大，基肥占总肥量的60%。栽前20 d，每公顷施猪牛栏肥33.75 t或鸡鸭栏肥12 t、普钙600 kg、硫酸钾300 kg、硅肥150 kg，深翻入土。灌水翻耙整平，加固田埂防漏水。

3.5.2.2　选种

根据需要选择品种，可选择十里荷一号、太空36号、太空3号等优良品种。选择上年单产高、品种纯正、未发生病害的田块作留种田，选用色泽新鲜、藕身粗壮、节间短、顶芽完整、无病斑、无损伤、具有3个节以上的主藕作藕种。

3.5.2.3　适时栽种，合理密植

在种植前，用70%甲基托布津可湿性粉剂800倍液对种藕喷雾，并将喷雾后的种藕进行24 h的堆闷。清明前后栽种为好，每公顷栽1 800 ~ 2 250支种藕，均匀安排密度。栽种时，将藕头埋入土中8 ~ 10 cm，尾梢略上翘，防止烂种，田中保持3 ~ 5 cm浅水，栽后及时检查是否有浮起种苗并及时补救，力争全苗。

3.5.2.4　田间管理

（1）除草

莲子从移栽到荷叶封行，先后要进行2～3次耘田除草，当莲主茎抽出第一立叶时，开始耘田，之后每隔10～15 d耘田1次，到荷叶封田为止。结合耘田进行除草，先行排水，只保持泥皮水，耘田时将杂草拔尽并埋入泥中，不可使用除草剂。

（2）施肥

施肥应强调施足有机肥，增施磷、钾肥，少量多次追肥，适补微肥。大田追肥每公顷施用尿素600 kg、氯化钾300 kg、硼砂37.5 kg。之后每过10～15 d追1次肥，每次肥料用量递减10%，全程5～6次。可以成苗期结合第1次耘田追施苗肥，每公顷用尿素75 kg、氯化钾37.5 kg，点施在莲苗周围，施肥后即行耘田。始花期重施花肥，于第一花蕾出现时施用，每公顷施尿素112.5 kg+氯化钾60 kg，全田均匀撒施，不能将肥料撒到荷叶或花上。结蓬初期施壮子肥，每公顷施尿素75 kg，氯化钾37.5 kg、硼砂7.5 kg。

（3）水位控制

莲田水位应为20～40 cm，整个生育期不可断水，移栽后保持田间浅水3～5 cm，花果期保持水层10～12 cm，盛夏高温季节灌水20 cm，采收完毕后也不可断水，保持田面有浅水层。

3.5.2.5　病虫害防治

蚜虫可用10%吡虫啉防治，斜纹夜蛾可用性诱剂捕杀或用18%毒死蜱1 000倍液防治。待莲叶长出水面及莲花开花期喷洒控制虫害的绿色环保型药物，次数视具体情况而定。

3.5.2.6　及时采摘与莲子加工

当莲蓬上的莲子颜色变成深绿色即可采摘。莲子开花结果期长，应成熟一批采收一批，天天采摘或隔天采摘。采摘过程中及时摘除老叶，腾出空间延长开花结蓬期，提高莲子产量。

莲子贮存关键是保持干燥和低温，要求籽粒一次性晒干或烘干，勤检查。石灰干燥贮存法适用于贮存50～100 kg少量产品，预备好生石灰，按50 kg莲子与25 kg石灰比例将生石灰放入缸或木柜等容器的底部，石灰上面垫一层干稻草或纸张，然后放入装有干莲子的塑料袋，加盖密封，可贮存到次年新莲上市，莲子不会霉变，色泽如新。

3.6　亚麻子

3.6.1　生物学特性

亚麻，亚麻科扁卵圆形植物，别称亚麻子、壁虱亚麻、亚麻仁等。1年生草本，高40～70 cm。茎直立，上部多分枝。叶线形至线状披针形，长1～3 cm，宽1.5～2.5 cm，先端锐尖，全缘，无柄。花萼片卵状披针形，边缘有纤毛；花瓣蓝色或白色；雄蕊5，退化雄蕊5；子房5室，花柱分离，柱头棒状。蒴果球形，直径约7 mm，顶端5瓣裂。种子10。花期5—6月，果期6—9月。亚麻子呈扁卵圆形，一侧较薄，一端钝圆，另一端尖，并歪向一侧，长4～6 mm，宽2～3 mm，厚1.5 mm。表面棕色，平滑而有光泽；扩大镜下可见微小的凹点，种脐位于尖端凹入部分，种脊浅棕色，位于一侧边缘。种皮薄，除去后，可见棕色薄膜状的胚乳，其内面有2片一面平、一面突起的大型子叶，黄色，富油性，胚根朝向种子的尖端。以色红棕、光亮、饱满、纯净者为佳。

药用价值：以种子入药，收载于《中华人民共和国药典》2020年版（一部），主治麻风、皮肤痒疹、脱发、大便干燥等症。

适应性：亚麻子适宜温和凉爽、湿润的气候，抗性较强，耐瘠薄、盐碱。

3.6.2　栽培技术要点

3.6.2.1　选地倒茬

选择湿润、保水保肥、排水良好、地表干净，距水源比较近的地块。最好选择前茬农家肥量大，残肥多，地表干净的地块，以玉米茬为好，其次是大豆、小麦等，不宜选择甜菜茬、白菜茬、葵花茬和瓜茬。亚麻不宜重迎茬，同一块地最好间隔4年以上种植。

3.6.2.2　整地施基肥

亚麻种子出土能力较差，要求整地质量要好，最好是伏秋整地。深松或翻地深度40～50 cm，翻、耙、耢和镇压几个环节联合作业，达到不漏耙、不拖堆、翻垡整齐严密，不重耕、不漏耕，地表平整，土质细碎，达到播种状态。结合翻地施用农家肥，每公顷施30～37.5 t农家肥作基肥。水地实行秋翻，随后耙耱，解冻后多次耙耱；旱地要在前茬作物收获后及时伏耕或秋耕，趁雨季吸纳更多的水分，并要及时耙耱。

3.6.2.3　播种

选用丰产性高、抗病虫能力强、抗倒伏的品种。首先进行种子清选和发芽试验，要求种子纯度达98%以上，净度达98%以上，发芽率达95%以上，不能低于70%。其次是进行种子处理，用FA-抗旱拌种剂拌种，提高抗旱性；每公顷用3 g 99%的硫酸锌配成0.06%药液拌种，可提高抗倒伏能力，改善品质；用多菌灵5‰拌种可防病害。

亚麻播种期可根据各地气候特点调整，一般在气温稳定在5 ℃时，土温达7～8 ℃时为宜。旱坡地每公顷播量45～52.5 kg，留苗375万～450万株，行距25～27 cm：水地及滩地每公顷播量60～75 kg，留苗450万～600万株，行距15～20 cm。盐碱地和地下害虫较多的地块，要适当多留苗。播种时每公顷施磷酸二铵75 kg作种肥。播种深度一般在3 cm左右为宜。土壤墒情好的地块，宜浅不宜深，墒情较差的地块，可以深一点，但不能超过5 cm，要深浅一致。土壤墒情差的应深播浅覆土，播后及时镇压。一般有开沟人工撒种、耧播和机播等形式。

3.6.2.4　田间管理

（1）中耕除草

第1遍在苗高3～6 cm时开始，这时幼苗较小，要浅锄3 cm为宜；并且要锄细，达到地表疏松，无杂草。第2遍在苗高15～18 cm时，此时亚麻将要现蕾，可适当深锄，但不要伤根。

（2）化学除草

亚麻幼苗生长比较缓慢，而早春杂草生长快，若不及时除草会形成草荒。可采用化学除草的方法，在株高3～4 cm时，用20%拿捕净6每公顷用药105 g，兑水450 kg喷雾，防止单子叶杂草。或每公顷用20%拿捕净200～300 g+70%的二甲四氯750～1 050 g兑水450～600 kg，可同时除去单子叶和双子叶杂草。

（3）追肥浇水

出苗后40 d进入现蕾期，是营养生长和生殖生长的旺盛期，要及时浇水、追肥、深锄。旱地每公顷施硫酸铵150～225 kg或尿素75～112.5 kg，均匀撒施后中耕，或雨前追施；水地在苗高13～20 cm时，第1次追肥、浇水，每公顷施尿素75 kg，现蕾前第2次追肥、浇水，每公顷施尿素37.5 kg。开花后应慎重浇水，以防贪青。现蕾至开花期，每公顷用磷酸二氢钾1 500 ~ 3 000 g，加尿素3 750 g，兑水300 kg喷施1 ~ 2次，可增产10%左右。

3.6.2.5　病虫害防治

亚麻常发生立枯病、炭疽病、锈病及金针虫、地老虎、漏油虫等病虫害，应及时防治。立枯病、炭疽病、萎蔫病防治可在播前用种子重量0.2%的50%的福美双可湿性粉剂拌种，发病期喷65%的杀毒矾800倍液，每隔10 d喷施1次，共喷2 ~ 3次。锈病用20%萎锈灵乳剂400 ~ 600倍液或80%代森锰锌可湿性粉剂600 ~ 800倍液防治。白粉病喷50%甲基托布津可湿性粉剂1 000倍液防治。在播前用辛硫磷处理土壤，用药7.5 kg/hm^2，掺土300 kg，防治地下害虫。

3.6.2.6　收获

8—10月果实成熟时，割取全草，捆成小把，晒干，打取种子，除净杂质，晒干后贮存。

3.7　菟丝子

3.7.1　生物学特性

菟丝子，旋花科菟丝子属1年生缠绕性寄生草本植物，别名禅真、豆寄生、豆阎王、黄丝、黄丝藤、金丝藤等。茎缠绕，黄色，纤细，直径约1 mm，无叶。花序侧生，少花或多花簇生成小伞形或小团伞花序，几乎近于无总花序梗；苞片及小苞片小，鳞片状；花梗稍粗壮，长仅1 mm；花萼杯状，中部以下连合，裂片三角状，长约1.5 mm，顶端钝；花冠白色，壶形，长约3 mm，裂片三角状卵形，顶端锐尖或钝，向外反折，宿存；雄蕊着生花冠裂片弯缺微下处；鳞片长圆形，边缘长流苏状；子房近球形，花柱2，等长或不等长，柱头球形。蒴果球形，直径3 mm，几乎全为宿存的花冠所包围，成熟时整齐的周裂。种子淡褐色，卵形，长1 mm，表面粗糙。

药用价值：以种子入药，收载于《中华人民共和国药典》2020年版（一部），主要补肾益精、养肝明目、止泻安胎等。主治腰膝酸软、阳痿、滑泄、尿频、头晕目眩、视力减退、胎动不安、先兆性流产和降血压等症。

适应性：菟丝子喜高温湿润气候，对土壤要求不严，适应性较强。常见于平原、荒地、坟头、地边，以及豆科、菊科、蓼科等植物地内。

3.7.2 栽培技术要点

3.7.2.1 选地与整地

选择土质疏松、肥沃，排水良好的土壤，整地前每公顷施有机肥30～45 t或复合肥90～120 kg+尿素45～75 kg，深施入土壤中，耕深整细，平整土地。

3.7.2.2 栽培模式

菟丝子为寄生植物，需要同其他作物混作。在此举几种栽培方式为例。

（1）与大豆混种

于6月中下旬，先播大豆，后播菟丝子。在整好的畦面上，按行距30 cm先开沟条播大豆。用豆种量180～225 kg/hm^2，比常规大豆播种量约多1倍。大豆出苗后要精心管理，确保全苗、齐苗。首先要使大豆生长旺盛，才能为菟丝子提供良好的寄主植物。大豆播后15 d左右，待大豆株高20～25 cm时，即可播种菟丝子，切勿早播，否则菟丝子出苗后找不到寄主植物。菟丝子播种在大豆株旁，越靠近越好，播时在大豆苗株旁顺畦开沟，将菟丝子种子与细沙混拌均匀，然后均匀撒入沟内，覆盖细肥土，以不见种子为宜，播后经常保持土壤湿润，7 d左右即可出苗，用种量为22.5 kg/hm^2。

（2）与胡麻混种

播前先将精选的胡麻种子，拌25%多菌灵种子用量的4%～5%，加辛硫磷0.01%适当兑水湿拌、堆闷5～6 h，晾干待播。菟丝子种子每公顷用种量7.5～10.5 kg，与胡麻种子90～105 kg充分拌匀，用24行播种机，每公顷带种肥复合肥675 kg、尿素225 kg播种。播种时要镇压，播种深度2～3 cm，不宜过深。胡麻出苗快，地温稳定在8～10 ℃以上时，4～5 d出苗，菟丝子比胡麻晚出苗15 d左右。胡麻地一般浇1～2次水，二水为灌浆水，要在晴天无风时浇，以防倒伏。在胡麻开花至灌浆期，进行叶面追施喷施宝、磷酸二氢钾、高效叶肥宝等1～2次。

（3）小麦套种大豆间种菟丝子

小麦套种大豆总带宽1.45～1.5 m，其中，小麦带宽1 m，种10行小麦；大豆带宽45～50 cm，种2行大豆。或者总带宽1 m，其中，小麦带宽0.5 m，种5行小麦；大豆带宽0.5 m，种2行大豆。小麦3月上旬播种，播量375 kg/hm^2；

大豆4月15—20日播种，播量97.5 kg/hm^2；菟丝子在小麦头水后，二水前播种，播量3.75 kg/hm^2。播种时将菟丝子种子均匀撒在大豆行间，及时灌水，要注意稳水、浅水。大豆播后进行除草。6月中旬追施尿素75 ~ 112.5 kg/hm^2，促大豆生长，为菟丝子提供足够的养分。8月中旬用40%氧化乐果加速灭杀丁或用快杀灵等防治大豆蚜虫。小麦收获前要及时将菟丝子生长过旺、缠绕严重的藤丝挑断，防止大豆被缠死。小麦收获以后再缠绕的藤丝不必挑断，任其生长，直到开花、结果、成熟。

3.7.2.3　田间管理

菟丝子出苗的幼茎为淡黄色，细如丝线，3 ~ 5 d开始缠寄主，地下部分逐渐死亡，靠寄生营养生活。田间管理需要注意及时除草。防治阔叶杂草用二甲四氯水剂1 500 ~ 1 800 mL/hm^2+2，4-D丁酯120 ~ 150 g/hm^2，兑水150 ~ 225 kg叶面喷雾。对狗尾草、野燕麦等禾本科杂草，在3 ~ 5叶期用盖草能375 ~ 450 mL/hm^2，威霜900 ~ 1 050 mg/hm^2、禾草克、拿捕净等药剂进行防除。菟丝子出苗后，田间的双子叶杂草要人工拔除，禾本科杂草可采用化学方法除去。

3.7.2.4　采收

菟丝子一般在9月逐渐成熟。成熟时易落粒，因此需要分批采收。收获时间以上午10时前为宜。可机收或小面积人工收割，收后碾压，用细筛把胡麻、大豆等种子中的菟丝子筛出晒干，及时过碾，过大、中、小三重筛，妥善保管，待出售。菟丝子种皮薄，切勿湿压，以防将种皮挤破。

4　果实类

4.1　山杏

4.1.1　生物学特性

山杏，蔷薇科植物。落叶乔木，高达6 m。叶互生，广卵形或卵圆形，长5 ~ 10 cm，宽3.5 ~ 6 cm，先端短尖或渐尖，基部圆形，边缘具细锯齿或不明显的重锯齿；叶柄多带红色。花单生，先叶开放，几无花梗；萼片5，花扣反折；花瓣5，白色或粉红色；雄蕊多数；心皮1，有短柔毛。核果近圆形，直径约3 cm，橙黄色；核坚硬，扁心形，沿腹缝有沟。花期3—4月，果期5—6月。

药用价值：以果实种仁入药，收载于植物智，具有祛痰止咳、平喘润肠、消食解毒等功能。

适应性：山杏抗旱、耐瘠、耐寒，适应性强。

4.1.2 栽培技术要点

4.1.2.1 整地建田

根据不同的立地条件，因地制宜地修筑不同的水土保持工程。对坡度10°以下、土层深厚的地块，分别修水平梯田或复式梯田。坡度10°～15°、地势平坦、土层厚度50 cm的地块，要修水平沟，每隔3～5 m挡一个横格，防雨水串通。坡度15°～20°、土层较厚的地块，修成以植株为中心，不少于树冠投影为直径的鱼鳞坑。坡度20°以上、土层浅的坡地，要修成鱼鳞坑，有条件的地方实施树盘压绿肥和杂草覆盖。

4.1.2.2 深翻松土

深翻松土可以消灭杂草，疏松土壤。在秋季落叶之前进行，可采用环状深翻和隔行深翻，深度40 cm。

4.1.2.3 繁殖方式

（1）直播造林

适用于干旱、半干旱丘陵山区。上年雨季前，修整梯田或鱼鳞坑，根据立地条件，按2 m×3 m或1 m×3 m的株行距开挖树穴，使穴内活土层达到40～60 cm，翌年早春按株行距点播，每穴播经过沙藏处理的山杏核4粒，浇少量水，播深4～5 cm，水渗后覆土，盖1.2 m地膜即可。

（2）种子育苗移栽

6月采收成熟种子，去果肉后将种子放入缸中，倒入85～90 ℃的热水，水要淹没种子，边倒边搅拌，使种子受热均匀，以后每日用45 ℃的温水冲1～2次。待种子膨胀裂嘴后进行条播，春、秋为适播期，每公顷用种225～300 kg。育苗1年后，苗高40 cm左右即可出圃。定植的株行距为4 m×4 m或4 m×5 m，每公顷栽植450～630株。幼树前1～2年需每年松土、除草1～2次，追施人畜粪肥和钾肥；挂果树重施磷肥，并要整枝、防治虫害。

（3）嫁接

应选择无病虫害、枝条生长充实、芽体饱满的1年生枝条作接穗，按品种捆成100枝的小把，挂上标签，插入厚度10 cm潮湿沙中，置于低温处贮存，保持沙子湿润。远距离调用接穗，可用矿蜡封闭两端剪口，避免失水。3月上旬树液流动后开始嫁接，在砧木距地面6 ~ 8 cm处斜剪，剪口深3 ~ 4 cm，且剪口不能超过髓心。将接穗削剪成大面长3 ~ 4 cm、小面为大面的2/3的楔形，将接穗大面向内插入砧木，与砧穗形成层对齐，在上面露白2 ~ 3 mm。用嫁接膜由下到上扎绑严紧。仁用杏嫁接后10 ~ 15 d，接芽陆续萌发。对砧木产生的大量萌蘖应及时抹芽，在春季气温稳定、低温冻害过后进行。

4.1.2.4 田间管理

（1）施肥

山杏的施肥应依土壤条件，种植密度，树龄和产量而定。盛果期每株施优质农肥50 kg，加过磷酸钙1 ~ 2 kg，尿素0.5 kg，采用放射状沟施。在春季发芽前结合浇水追1次尿素，用量225 kg/hm^2，花后追施二铵180 kg/hm^2。在不同时期还要叶面喷肥。采收后施有机肥。

（2）灌水

水源条件好的地方，每次施肥后都要灌水，尤其浇好萌动水、硬核水和封冻水。无灌水条件的地方，注意雨季蓄水，抗旱保墒。

（3）松土

松土最好在6月之前进行，每年进行2 ~ 3次，方法是在距树主干50 ~ 60 cm处，在树下深刨10 ~ 15 cm，整平，掌握里浅外深、春浅秋深的原则，不伤大根。

（4）合理整形修剪

野生杏多为丛状灌木，没有主干，大枝密集，外围枝结果，产量低。选择其中，1 ~ 2个较大的枝做主干，将其余的从根部去掉。并在1 ~ 2年内多次根除基部发枝，并对保留大枝上的生长枝进行短截。

（5）加强花果管理，

①保证授粉受精，提高坐果率。在花期放蜂或养蜂7.5箱/ hm^2，也可人工辅助授粉，在开花前1 ~ 2 d采集大蕾期花蕾或初开的花，掰开，放在20 ~ 25 ℃温度下，经过一昼夜即可散出花粉，收集在广口瓶中，放置冷冻处保存。使用前加入5倍滑石粉，筛好后混合均匀。使用时，将花粉配成500倍的水溶液喷雾。另外，花期干旱时，可喷水或喷硼砂水溶液。

②预防晚霜危害。山杏花期正是气温剧烈变化的季节，容易受晚霜危害，造成减产或绝收。有条件的地区，可在大风、降温前灌水，有利于避开晚霜危害。无水源的可采取熏烟防霜冻措施，将推迟开花期4～5 d，能使20%以上的花芽免受冻害。

4.1.2.5　病虫害防治

山杏病害主要有流胶病、杏疔病、细菌性穿孔病，虫害主要有各种毛虫、杏仁蜂、食心虫、蚜虫、红蜘蛛和介壳虫等。防治措施：①冬季树干涂白，结合修剪销毁病枝病叶，刮除流胶部位，用50波美度石硫合剂消毒伤口；②发芽前喷3～5波美度石硫合剂；③花期树，地面撒75%辛硫磷，喷200倍液多量式波尔多液，花后喷40%乐果乳剂2 000倍液，可防治杏疔病、毛虫、杏仁蜂、蚜虫、食心虫、红蜘蛛等多种病虫害；④成熟前后，喷0.3～0.5波美度石硫合剂和25%的敌敌畏50倍液，可防治毛虫、食心虫、天牛、介壳虫等；⑤落叶前，喷多量式波尔多液200倍液，可防毛虫、细菌性穿孔病等。

4.1.2.6　适时采收

适时采收，当果实颜色变黄、果肉稍胀裂，为最适采收期。采收时，做到熟一片，采一片，不熟不采。同时注意保护好树枝和叶片。采收成熟果实后，除去果肉及核壳，取出种子，晒干。采收后，要加强管理，保证翌年山杏的生长和产量。

4.2　牛蒡子

4.2.1　生物学特性

牛蒡子，菊科2年生草本植物，又名大力子。具粗大的肉质直根，长达15 cm，径可达2 cm，有分枝支根。茎直立，粗壮，通常紫红或淡紫红色，有多数高起的条棱，分枝斜生，多数，全部茎枝被稀疏的乳突状短毛及长蛛丝毛并混杂以棕黄色的小腺点。基生叶宽卵形，边缘稀疏的浅波状凹齿或齿尖，基部心形，两面异色，上面绿色，有稀疏的短糙毛及黄色小腺点，下面灰白色或淡绿色，被薄绒毛或绒毛稀疏，有黄色小腺点，叶柄灰白色。头状花序多数或少数在茎枝顶端排成疏松的伞房花序或圆锥状伞房花序，花序梗粗壮。总苞卵形或卵球形，直径1.5～2 cm。总苞片多层，多数，外层三角状或披针状钻形，宽约1 mm，中内层披针状或线状钻形，宽1.5 ~ 3.0 mm；全部苞近等长，长约1.5 cm，顶端有软骨质钩刺。小花紫红色，花冠长1.4 cm，细管部长8 mm，檐部长6 mm，外面无腺点，花冠裂片长约2 mm。瘦果倒长卵形或偏斜倒长卵形，两侧压扁，浅褐色，有多数细脉纹，有深褐色的色斑或无色斑。冠毛多层，浅褐色；冠毛刚毛糙毛状，不等长，长达3.8 mm，基部不连合成环，分散脱落。花果期6—9月。

药用价值：以干燥成熟果实入药，收载于《中华人民共和国药典》2020年版（一部），具有疏风散热、宣肺透疹、散结解毒等功能。根亦入药，具清热解毒、疏风刮咽的功能。

适应性：适应性强，耐寒、耐旱，较耐盐碱，生长期需水较多。为深根性植物，除在大田种植外，也可在房前、屋后、沟边、山坡等地栽培，喜温暖湿润向阳环境，低山区和海拔较低的丘陵地带最适宜牛蒡子的生长。

4.2.2　栽培技术要点

4.2.2.1　选地与整地

选择土层深厚、疏松、灌排方便、排水良好的地块。深翻30 ~ 40 cm，耙细、整平。结合整地，每公顷施农家肥45 ~ 60 t作基肥。作1 ~ 1.5 m宽畦，四周开好排水沟。

4.2.2.2　繁殖模式

（1）种子繁殖

种子繁殖以直播为主。春、夏、秋均可播种，春夏播种时间为3月上旬—6月中旬，秋播在9—10月。播种前，将种子放入30 ~ 40 ℃的温水中浸泡24 h，晾干后再播，有利于出苗。在整好的畦面上按40 ~ 50 cm的行距开浅沟进行条播，将种子与灶灰混合成种子灰，均匀撒在沟内；或按50 ~ 60 cm的行距、30 ~ 40 cm的株距穴播，每穴点入种子5 ~ 6粒。播后覆土2 ~ 3 cm，稍加镇压后浇水，保持土壤湿润，15 d可出苗，每公顷用种15 kg。

（2）育苗移栽

育苗移栽于3月上旬在苗床上播种，5月上旬或秋季移栽。

4.2.2.3 田间管理

（1）间苗定苗

当苗长至4 ~ 5片真叶时，按株距20 cm间苗，间下的苗可带土移栽；苗具6片叶时，按株距40 cm定苗，穴播者每穴留1 ~ 2株。

（2）中耕除草

幼苗期或第2年春季返青后松土，前期要注意除草，后期叶子较大时停止中耕。第2年茎生叶铺开时，不再进行除草。

（3）水肥管理

追肥2 ~ 3次，可每公顷施人粪尿30 ~ 45 t。植株开始抽茎后，每公顷追施磷酸二铵225 kg或过磷酸钙300 kg，促使分枝增多和籽粒饱满，施后浇水。雨季注意排水。

4.2.2.4 病虫害防治

叶斑病发病初期喷洒50%的多菌灵1 000倍液；白粉病发病初期喷50%甲基托布津1 000倍液。牛蒡终生有蚜虫为害，严重时可造成绝产，用40%的乐果乳剂800倍液喷雾防治。连纹夜蛾幼龄期用90%敌百虫800倍液喷雾防治。

4.2.2.5 采收与加工

牛蒡幼苗或嫩叶于4—6月采摘，去除杂质，洗净。牛蒡种子成熟期一般在秋季。当种子黄里透黑时将果枝剪下，采收后将果序摊开暴晒，充分干燥后用木板打出种子，除净杂质，晒至全干后，即成商品。根可一年四季采收，一般于秋季进行。采收时，首先要切断地上茎叶，保留15 cm的叶柄，沿根部深挖，先用锹挖深至1/3 ~ 1/2处，然后用手拔出，采收后按根的长短、大小进行分级。洗净，刮去黑皮，晒干。如果收割后不能及时出售，切断根尖，洗净晾干，选择阴凉干燥处，挖坑并将其埋在沙中，盖上薄膜，可存放数月，也可将其贮存在冷库中。

4.3 水飞蓟

4.3.1 生物学特性

水飞蓟为菊科水飞蓟属1年生草本植物，别名奶蓟草、老鼠筋、水飞雉、奶蓟等。茎直立，分枝，有条棱，极少不分枝，全部茎枝有白色粉质覆被物，被稀疏的蛛丝毛或脱毛。莲座状基生叶与下部茎叶有叶柄，全形椭圆形或倒披针形，长达50 cm，宽达30 cm，羽状浅裂至全裂，基部心形抱茎。全部叶两面同色，绿色，具大型白色花斑，无毛，质地薄，边缘或裂片边缘及顶端有坚硬的黄色的针刺，针刺长达5 mm。头状花序较大，生枝端。总苞球形或卵球形。总苞片6层，基部或下部或大部紧贴；内层苞片线状披针形，边缘无针刺。全部苞片无毛，中外层苞片质地坚硬，革质。小花红紫色，少有白色。花丝短而宽，上部分离，下部由于被黏质柔毛而黏合。瘦果压扁，长椭圆形或长倒卵形，褐色，有线状长椭圆形的深褐色色斑，顶端有果缘，果缘边缘全缘，无锯齿。冠毛多层，刚毛状，白色，向中层或内层渐长，长达1.5 cm；冠毛刚毛锯齿状，基部连合成环，整体脱落；最内层冠毛极短，柔毛状，边缘全缘，排列在冠毛环上。花果期5—10月。

药用价值：以瘦果入药，收载于《中华人民共和国药典》2020年版（一部），性味苦凉，有清热、解毒、保肝利胆的作用。

适应性：喜凉爽干燥气候，适应性强，对土壤、水分要求不严，在荒原、荒滩地、盐碱地、山地均能生长，抗旱抗寒能力强。宜排水良好的沙质土壤栽培。

4.3.2　栽培技术要点

4.3.2.1　选地与整地

选地势高、排水良好、肥沃、土层深厚的沙质土壤。前茬以禾本科作物，如小麦、大麦、玉米、亚麻等为好，切忌豆茬。选好地块后，秋季深翻，耕深30 cm。整地时每公顷施磷酸二铵90 kg、尿素105 kg、钾肥75 kg作基肥，耕细耙平。随即起垄保墒，垄距65 cm。

4.3.2.2　选种与播种

选择粒大、饱满、色黑、无病虫害、发芽率高的种子。用0.3%多菌灵或退菌特拌种防病，虫害多的地块可用辛硫磷拌种防虫。

水飞蓟适应性强，播种不宜过晚，适期早播。一般按行距70 cm，株距20 cm种植。地力高宜稀植，地力低宜密植，一般保苗数75万株/hm^{2}左右，播种量11.25 ~ 15.00 kg/hm^2。可把种肥混合同种子一起加入播种箱内，播入土壤，深度为2 ~ 3 cm。

4.3.2.3 田间管理

（1）深松

苗出齐后，大约在2叶期，深松1次，然后铲除杂草。

（2）间苗补苗

幼苗2对真叶时进行间苗，每穴留壮苗2株；3对真叶时定苗，每穴留壮苗1株，保苗9万株/hm^2，若有缺苗，可用间下的壮苗进行补苗。

（3）中耕除草

苗齐后，在幼苗和基生叶生长期进行中耕除草2～3次，植株封行后停止。

（4）水肥管理

定苗后追施尿素150 kg/hm^2、过磷酸钙300 kg/hm^2。基生叶生长至抽花茎时，喷施2 g/kg磷酸二氢钾或叶绿精800倍液，每7～10 d喷1次，连喷2～3次。植株开始孕蕾时以及开花结实后期，如遇干旱天气要及时灌水。雨季注意排水防涝。

（5）疏果与抑制徒长

当苗期高温多雨，发现植株有徒长现象时，用多效唑喷洒1～2遍。为使产量提高、成熟期基本一致，可将第一个果实削掉。

4.3.2.4 病害防治

水飞蓟病害主要有软腐病、根腐病、白绢病等，虫害主要有蚜虫、菜青虫等。软腐病可用福尔马林浸种或定期喷洒代森锌600倍液或代森铵1 000倍液。根腐病发现病株及时拔除并烧毁，或用福美双等杀菌剂拌种。白绢病使用石灰硫磷合剂；或代森铵1 000倍液；或代森锌600倍液；或50 mg/L的农用链霉素喷洒。叶斑病、白绢病可用石硫合剂或代森锌600倍液或农用链霉素50 mg/kg喷施防治。蚜虫可用50%氧化乐果喷雾防治。菜青虫可用10%杀灭菊酯2 000～3 000倍液喷雾防治。

4.3.2.5 收获

在水飞蓟种桃70%变褐色时，进行采收。为防止果实开裂造成种子散落，每隔1～2 d采收成熟的果实。采收时用剪刀剪取果实。将采回的果实及时晾晒，除净杂质，一般晾2～3 d即可，用清选机清选。再晒至全干，使水分降至10%以下，装袋入库，可出售。

4.4　沙棘

4.4.1　生物学特性

沙棘，胡颓子科沙棘属植物，灌木或小乔木。别名醋柳。高达10 m，枝有刺。叶互生或对生，线形或线状披针形，长2～6 cm。叶端尖或钝，叶基狭楔形，叶背密被银白色鳞片。叶极短。花小，淡黄色，先叶开放，具球形或卵形，长6～8 mm。熟时橘黄色或橘红色；种子小，骨质。花期3～4个月，果9—10月成熟。

药用价值：以果实入药，收载于《中华人民共和国药典》2020年版（一部），是我国藏医、蒙医的传统中药，具有祛痰、健脾、化湿、壮阳等作用。现代医学研究证明，沙棘对心脑血管系统疾病、呼吸及消化系统炎症、皮肤烧烫伤及各系统癌肿具有明显的疗效。

适应性：沙棘喜光，具有耐湿、耐燥热、耐寒、耐盐碱、抗风沙、固氮能力强等特点，又能耐适度荫蔽，可在低湿地生长，适应性强。常分布在河滩、荒坡等地。沙棘生长快，根系发达，串根萌蘖能力强。枝条萌芽力强，耐修剪。

4.4.2　栽培技术要点

4.4.2.1　主要栽培品种

（1）丰产沙棘

中熟，树高2～3 m，树势中庸，枝条无刺。果实椭圆至圆柱形，深橙黄色，果柄长，味酸，平均果重0.8 g。4～5年开始结果，盛果期6～8年，株产18 kg左右。抗寒性强，抗病虫害。

（2）巨人沙棘

早熟，树势较强，枝条无刺。果实圆柱形，橙黄色，酸甜，适于鲜食，平均果重0.9 g。4～5年结果，果期6～8年，株产12 kg。抗寒，抗病虫害。

（3）琥珀沙棘

晚熟，树冠呈椭圆至圆柱形，枝无刺。果圆柱形，酱黄色，酸甜，平均果重0.7 g，加工性能好。4年开始结果，果期6～8年。株产15 kg。抗病虫害，抗寒性稍差。

（4）丘伊斯克沙棘

树体较矮，根蘖少，枝条稀有软刺。果实椭圆至圆柱形，橙黄色，酸甜，平均果重0.9 g，3年开始结果，果期5～7年，株产15～20 kg。耐寒，抗病虫害，丰产。

（5）橙沙棘

晚熟，树势中庸，枝条无刺，较柔韧。果实椭圆形，橙红色，酸甜，果柄长，平均果重0.6 g，不碎果，易于柄端分离。4年开始结果，果期6～8年，株产15 kg，抗寒、抗病。

（6）术图尼礼品沙棘

树势较强，枝无刺。果实卵圆形，浅橙黄色，花萼及果柄基部呈淡绯红色，酸甜，平均果重0.4 g。4年开始结果。果期6～8年，株产15 kg。抗寒，抗病虫害，丰产。

（7）西伯利亚沙棘

树冠不高，稀疏，刺不坚硬。果实椭圆形，橘黄色，甜酸，平均果重0.8 g。4年开始结果，果期6～8年，株产15 kg左右。抗寒，抗病虫害，丰产。

（8）蒙89-1-1品种沙棘

树势较强，枝条少刺。果实长圆形，橙黄色，味酸，果柄长，平均果重0.6 g。4年开始结果，果期6～8年，株产12 kg。耐寒，抗病虫害。

抗性较好的品种还有油沙棘、维生素沙棘、辽阜1号、辽阜2号、楚伊、向阳等。

4.4.2.2 育苗繁殖

（1）苗圃地直播育苗

①苗圃地的选择及整地：苗圃应选择背风向阳、近水源、排灌方便、土层深厚、肥沃疏松的缓坡丘陵地或平地。土壤质地最好是排水、保水良好的沙质壤土。选好地后犁耙，除去石块、草根，深翻整地，蓄水保墒。每公顷施用腐熟有机肥或土杂肥30～45 t作基肥，并用呋喃丹或敌百虫粉进行土壤消毒。

②采种：沙棘4～5年开始结果，结果期在9—10月。采种方法有2种：一是果枝剪下后，用石磙将果碾过。放在清水中浸泡一昼夜，揉去果皮，再淘洗1遍。除去杂质，晒干贮藏。二是在果实结冰后，用棍棒敲打，再净种贮藏。

③种子处理：沙棘种子播前应行种子消毒及催芽。可用高锰酸钾水溶液消

毒，种子捞出用清水冲洗干净，再用温水烫种，烫种后用清水浸种。最后，将种子捞出，用手搓洗干净种皮上的油膜，晾干水分，置于室内催芽。有1/3以上的种子露白，即可播种。

④播种育苗：施足基肥后播种。春季宜早播，当土壤解冻5 cm深，温度达9～10 ℃时，种子就可以发芽，14～16 ℃时最适宜播种，一般以4月播种为好。播前用40～60 ℃温水浸种24～48 h，再混沙处理。按行距20～25 cm播下。

（2）苗木繁殖

①插条育苗：在春、秋季均可进行。春季3月中旬至4月上旬剪插穗，长20 cm左右，粗0.5～1.0 cm，以2～3年生枝条为佳。捆把后，在流水中浸泡4～5 d后扦插。

②扦插繁殖：分绿枝扦插和硬枝扦插。其中，绿枝扦插易生根，生产上采用较多。扦插时期在6月中旬，枝条半木质化时最好。插条最好在嫩梢上剪取，也可选中部枝。插条长7～10 cm，剪茬要平，去掉下半部的叶子。用吲哚丁酸溶液进行药剂催根处理。依据木质化程度用30～150 mg/L药液浸泡基部12～24 h，木质化程度低的使用药液浓度低，浸泡时间短；木质化程度的反之，也可用1 000 mg/L药液浸1～2 min。扦插在大棚内进行，基质采用泥炭加沙子或蛭石，比例1：（1～2），通气性良好即可。可用插盘，也可做苗床，床下铺碎石。插条斜插，株行距5 cm×7 cm，深3～5 cm，压实。生根过程中要保持插条湿润。插后保持温度20 ℃，基质应比气温高1～3 ℃，相对湿度应在90%以上，最好有人工喷雾装置，光线以散射光为宜。生根2～3周后，进行炼苗，通风并逐渐降低湿度，再过2～3周即可移栽。

③压条繁殖：常用的方法有水平压条、弓形折裂压条和直立堆土压条，以水平压条应用最多。早春芽萌动前，剪取2年生枝条，去掉顶部未木质化部分，剪成15 cm的段，每2～3条一束埋入湿锯末中，保温10～15 ℃，10 d后愈伤组织长出，取出枝条埋入苗圃。苗圃浇水后，挖5 cm浅沟，放入枝条，埋土3 cm，再覆2 cm湿锯末，2周后可萌出新梢。

④嫁接繁殖：主要有枝接法和芽接法。枝接多采用劈接，可在砧苗上低接或在成龄树上高接。嫁接在春季树体萌动前，一般在3月进行。先剪接穗，以2～3年生条为好，剪成5 cm长的段，下茬斜剪以区分上下端，挂蜡保湿，接前将下部削成楔形，以便劈接。接穗应与砧木同粗或略细，接后用塑料条绑好即

可。芽接多采用“T”字形嫁接，在枝条离皮时进行。在树冠外围或中部剪取芽体饱满的粗壮枝条，用刀从距芽下1 cm处，往上斜削入枝条，深达木质部，再在芽上0.5 cm处，横切一刀至第一刀的刀口处，轻轻掰下接芽，注意保湿。然后在砧木枝条上切一“T”字形切口，插入接芽，上部皮层接齐，用塑料条绑好，芽可露出。

⑤根条繁殖：每年4—5月，将沙棘嫩根刨出，剪成10～20 cm的段，埋入圃地5～7 cm深的沟中，随刨随埋，踏实浇水，新梢萌出后再埋土，秋季可成苗。

⑥根蘖繁殖：3年生以上沙棘周围都有根蘖苗长出，可作繁殖材料。一般选取5～6年生树萌发的根蘖苗，挑选强壮者加强管理，可适当施有机肥促生新根。夏季对枝干进行摘心，可促进成熟。次春将根蘖苗挖出，剪成倒“T”字形。即带一段横走根（不定根），可直接定植。

（3）幼苗管理

幼苗出土后，早晚各淋水1次，保持土壤湿润。并搭盖荫棚遮阳或用遮光网覆盖。雨后应及时排出积水，并做好病虫防治工作。可在苗圃周围种植少量蓖麻，可防金龟子为害。

4.4.2.3　选地建园

应选择在地势平坦、土层深厚、土壤肥沃、光照充足的河滩地、沟谷地及轻盐碱地等建园，土壤以中性到微碱性的沙壤土、轻壤土为宜。

4.4.2.4　整地

栽植前要进行深翻整地，在造林前的一个季度至半年进行，提前1年进行伏、秋整地效果更好。坡度在5°以下的，可全面整地，也可带状整地，整地深度20 cm以上。坡度在5°～10°时，应采用水平沟整地法。在坡度大于10°时，应采用水平阶整地或大鱼鳞坑整地，生土筑埂，表土填坑。

4.4.2.5　栽植造林

（1）播种造林

在春季、雨季、秋季均可。雨季播种宜在雨季前期，过迟幼苗越冬困难。土壤以沙质壤土最为适宜，播后要做好幼苗管理和抚育工作，进行松土除草1～2次。

（2）栽植造林

春栽或秋栽均可，北方地区多采用春栽。一般在早春4月中旬，土壤解冻50 cm时即可栽植。栽植密度视品种的树势强弱而定，一般株高2～3 m的植株行距可采用2 m×3 m，株高4 m的可采用3 m×4 m。沙棘雌雄异株，因而需雌雄搭配栽植，一般每5～8株雌株配置1株雄株，雄株分布要均匀，作业区边行只栽雄株。

定植采用穴栽。穴深、穴宽各50 cm，穴底要平，上下通直。每穴施基肥10 kg，混入表土后拌匀，取出一半，余土堆成小丘状。将苗木埋在树坑中央，使苗根舒展。填土时表土先下，使其接近苗根，当土已填入大部而尚未填满树坑时，将苗木向上略提，使苗根展开并与土壤密切接触、踏实，再填土直到满坑，再踏实，最后在坑穴表面覆盖一层松土，以保蓄土壤水分。做树盘后浇透水。如春旱，可覆盖保湿。

4.4.2.6　整形修剪

（1）幼树整形修剪

主要在冬季或春季进行。树形依树势、立地条件而变化，一般分为灌丛状整形和主干形整形。灌丛状整形无主干。应在主干15～20 cm处截干，促进侧枝萌发。一般在地上部15 cm处留3～4个骨干枝，每枝留2～3个侧枝，形成灌丛。头2年只剪枯枝，第3年至第4年疏去重叠枝、过密枝，短截细长枝及单轴延长枝，控制树高2～3 m封顶即可。贫瘠地块的植株在主干高为60～80 cm时，按自然开心形整形，即在70 cm处留3～4个骨干枝。每枝留2～3个侧枝。土壤条件较好、无灌水条件的坡地，可按2层主干分层整形。第2年在第1层主枝中选一较直立的，在70 cm处剪截，促发2层主枝，同时对1层侧枝轻截10～20 cm，第3年再对2层主枝及1层主枝的侧枝轻短截，重剪主干延长枝抑制其生长。土壤肥沃、有排灌条件的地块，可整成3层，即在2层主干基础上，在第4年将中央延长枝在50 cm处再短截，促发第3层主枝1～2个，并对第2层主枝的侧枝轻短截，第5年剪截中央延长枝并封顶。

（2）成龄树修剪

冬剪和夏剪。冬剪主要疏去徒长枝、下垂枝、三次枝、干枯枝、病弱枝、过密枝及外围弱结果枝，对外围的1年生枝进行轻短截，稳定树冠。夏剪主要是疏除过密枝，并对留作更新的徒长枝摘心。

4.4.2.7 园林管理

（1）土肥水管理

每年5—10月间，除草3次。杂草再生的，在灌水及雨后应进行中耕，幼龄园深15 cm，成龄园深5 ~ 10 cm，靠近树干处应浅些。每2 ~ 3年施1次有机肥30 t/hm^2，施后耕翻、灌水。在花期补施磷钾肥，每株0.2 kg。有灌水条件的地方应在萌芽开花期灌水1次，促进根系生长，如遇旱季也应灌水。

（2）平茬更新

沙棘林如果长期不进行平茬，会出现生长停滞，甚至枝梢干枯现象。因此，造林后5 ~ 7年开始要进行平茬管理，重剪结果枝下部的徒长枝使其成为结果枝。平茬间隔期以4 ~ 6年为宜，一般采用“片砍”，也可使用农机具“选砍”。如在缓坡地块进行林分改造，混栽其他树种，可实行“带砍”。砍时要注意降低茬口，保持平滑不裂。10年生林应考虑大更新，丛状整形的可留1个枝从60 cm处短截，其余从基部截去，从当年发出的新枝中选留主枝，形成主干形新冠；主干形的可在春季从根茎处锯断，促发枝条后可按丛状整枝处理，第3年即可结果。

4.4.2.8 病虫害防治

常见的病害主要有疮痂病和凋萎病。疮痂病可喷200倍波尔多液，发病中期可喷50%扑海因粉剂1 200倍液或50%退菌特粉剂800 ~ 1 000倍液。同时结合夏剪去除病枝。凋萎病发病时应剪去病枝烧毁，如根系侵染，应整株挖出烧掉，原址不再栽沙棘。

虫害主要有沙棘蚜和瘿壁虱。沙棘蚜可在休眠期喷50%甲基1605乳剂1 200倍液杀越冬虫卵，为害期喷40%氧化乐果或乐果乳剂1 000倍液。沙棘瘿壁虱可在萌芽时喷50%乙基1605粉剂2 000倍液，产卵期可喷20%三唑磷乳剂1 000倍液。

4.4.2.9 采收

沙棘果实成熟后即可采摘。部分沙棘品种果实熟后不脱落，可在树上挂果越冬；部分沙棘品种成熟后果实即萎蔫、脱落，成熟后应立即采摘。采摘可分为人工手采、采果器采摘、剪枝采摘、采收冻果等方式。人工手采多为无刺沙棘，在果基部轻掐，连同果柄一起采下，不带果柄则易弄破果实。手轮式采果器采果每小时可采3～5 kg。剪枝采摘是在成熟后或冬季，连果带枝一同剪下，或振落或剪断枝条一起入机。采收冻果的多为不落果的沙棘品种，大多果小、柄短、枝条有刺。在冬季-20 ℃以下时，树下铺塑料，振动树枝或用短棒敲打枝条，收集落果。加工用沙棘果实可用桶装，生食果应用木盒和塑料盒装。沙棘果实不耐贮，采用冷藏可贮1个月。

4.5　酸枣仁

4.5.1　生物学特性

酸枣，鼠李科落叶灌木，别名酸枣核、枣仁、野枣、山枣、山枣仁、刺枣等。树高5～10 m。根系发达，茎直立，老茎和枝灰褐色，有纵裂、翘皮，幼枝绿色、光滑；枝上有2种刺，一为针形刺，另一为反曲刺，均为紫红色。叶互生，柄极短；托叶针状，叶椭圆或卵圆枝针形，脉3条；叶缘有细齿，正、反面均光滑。花2～3朵簇生叶腋，黄绿色；萼片5，卵状三角形；花瓣5片，与萼片互生；雄蕊5枚、与花瓣对生，比花瓣稍长；子房椭圆形，埋生于花盘中，柱头短2裂。核果狭长、皮坚、褐色，两端钝，肉薄、味酸。核大，每果24粒，扁平、紫红色、坚硬。

药用价值：以果实入药，性平、味甘、有中毒，有镇静、安眠、养肝、宁心、安神、益胆、敛汗等功能，主治虚烦不眠、惊萎怔忡、烦渴、虚汗等症。

适应性：酸枣属喜温植物，适宜在海拔1 300 m以下，年均气温20 ℃以上的地区种植。酸枣耐旱，可生长于山坡、荒山、地埂无水灌溉的地方；且耐湿、耐涝，在河边、沟边、溪边及排水不良的地方也有生长。一般在年雨量600～1 000 mm、年均相对湿度在60%～80%的地区均可栽培。对土壤的要求不严，但以土层深厚、土质疏松、有机质丰富的沙壤土最为理想。酸、碱不忌。

4.5.2　栽培技术要点

4.5.2.1　选地与整地

选向阳、植被稀疏的山坡、峡谷、丘陵、平坝和田边地角、沟边水旁、路边空地等均可种植。种植前深耕土地、施足底肥、起垄。

4.5.2.2 种植方法

（1）种子繁殖

①选种采种：秋季选生长健壮、挂果率高的植株，采摘荚大核多、核大、色艳、无色斑的种子作种。采种后立即晒干，置于通风处保存。

②催芽育苗：一般于早春气温稳定回升到15 ℃以上时，准备育苗床，同时进行种子催芽。在催芽前暴晒种子1～2 d，再用55～60 ℃温水浸种10 min，再冷浸48 h，捞出。置于青蒿中堆捂，在温度20～25 ℃条件下，催芽10 d左右即萌动。以5～10 cm株行距播种。苗床施足腐熟农家肥，以细土肥盖种，保持床面湿润，用塑料薄膜地及小拱棚保温保湿。当苗高15～20 cm时移栽。

（2）分株繁殖

可将老株根蘖带根劈下栽种。此法繁殖率低，很少采用。

（3）移栽

在整好的地上开穴移栽，穴距30 cm左右。施足有机肥、过磷酸钙、硫酸钾混合肥料，回填土至与地面齐平。于5月上中旬，以小苗带土移栽，每穴1株，栽后填土高出地面并踩实，浇透水。

（4）定植模式

①稀植模式：幼树期和初果期可间作棉花、小麦等。每公顷用酸枣仁2 250～3 000 g，按行距4 m、穴距0.25 m播种，每穴2～4粒种子；或按4 m×0.5 m嫁接，每公顷不超过4 950株；按1.5 m的株距确定永久株，株间可留1～2株作临时株，间距0.5～0.75 m。永久株主要是小冠疏层形；临时株在不影响永久株条件下，采用单轴形、水平扇形和“Y”字形。

②密植模式：行距1.0～2.5 m，不间作，每公顷需用酸枣仁3 000～7 500 g。每公顷6 000株以上的，行内按1 m确定永久株，可留1株临时株，距永久株0.4～0.5 m。永久株采用主干形，临时株采用单轴主干形、单轴形、水平扇形和“Y”字形。

4.5.2.3 田间管理

（1）中耕和除草

栽后1～2年的中耕除草十分重要。一般每年中耕2～3次，除草5次以上，入冬前中耕松土，夏秋季中耕除草，保持土壤疏松无杂草。

（2）追肥

每年追肥2～3次，以农家肥为主，辅施化肥。一般于冬末春初，在根部开盘施肥，肥后培土。生长期采用半环状施肥2次，每次施半环。盘、环范围依据树冠大小决定，深15～20 cm。

（3）修剪与促冠

生长3年后，树势强大，分枝众多。为了改善树冠通风透光条件，提高坐果率，必须每年1次，于冬季进行整形修剪。

促冠技术包括：

①根茎部嫁接：上部苗木长30 cm处摘心，转至低位根茎部嫁接。嫁接后及时抹芽、喷药、松土、除草、施肥、灌水及捆绑支架防风折等。

②除萌蘖：去掉砧木及距地面不足40 cm的枣树主干上的萌蘖。当年的嫁接苗，嫁接部位以上20 cm内萌发的枝条，在开花前摘除。

③嫁接当年早摘心：嫁接苗长至50 cm时摘心，保留4～5个二次枝摘心，留心不留桩，促进枝条健壮和木质化，积累养分，增强树势。

④短截：采用小冠形疏层树形的枣园，第3年，当永久株二次枝直径达0.8 cm粗度时，留一节进行短截，培养第1层主枝；二次枝直径粗度达不到0.8 cm时，不短截，养护枝条，翌年再短截培养第一层主枝。

⑤改变整形方法：改传统定植第1～2年清干法整形为快速成形与早期丰产同步进行。主枝上不设侧枝而直接着生各类结果枝组。嫁接第2年根据长势按株距确定永久株，其余嫁接苗为临时株，第3年再对永久株培养成形。

⑥低定干：当年即可培育出饱满的主芽。第2年春季适时修剪。

⑦把握整形修剪节奏：可采用一年短截培养骨架、一年缓放控长增粗的方法，第3年短截前2个二次枝，同时培养主枝和侧枝。

（4）环剥

3年以后树龄，于10月盛花期，在主干离地面10 cm高处，横切0.5 cm宽树皮并剥去。

4.5.2.4　虫害防治

酸枣常见虫害包括星室木虱、蓑蛾等。星室木虱可及时砍除带虫的枝梢集中烧毁；修剪虫枝；早春和发生初期用10%吡虫啉可湿性粉剂4 000～5 000倍液，或25%扑虱灵可湿性粉剂1 000倍液，或20%甲氰菊酯乳油1 000倍液喷雾防治。蓑蛾可春秋季喷药防治，常用10%快杀敌乳油1 000 ~ 1 500倍液，或10%氯氰菊酯乳油1 000 ~ 1 500倍液，或18%杀虫双水剂600 ~ 700倍液喷雾。

4.5.2.5 采收

9—10月果实成熟后摘下，去果皮，浸泡24 h，去果肉。取果肉后留下的种子，再碾破种皮，取枣仁，生用或炒用。

4.6 枸杞

4.6.1 生物学特性

枸杞，茄科枸杞属灌木，又称苟起子、枸杞红实、甜菜子、西枸杞、狗奶子、红青椒、枸蹄子、枸杞果、地骨子、枸茄茄、红耳坠、血枸子、枸地芽子、枸杞豆、血杞子、津枸杞等。高0.5 ~ 1 m，栽培时可达2 m多；枝条细弱，弓状弯曲或俯垂，淡灰色，有纵条纹，棘刺长0.5 ~ 2 cm，生叶和花的棘刺较长，小枝顶端锐尖呈棘刺状。叶纸质或栽培者质稍厚，单叶互生或2 ~ 4枚簇生，卵形、卵状菱形、长椭圆形、卵状披针形，顶端急尖，基部楔形。花在长枝上单生或双生于叶腋，在短枝上则同叶簇生。花萼长3 ~ 4 mm，裂片多少有缘毛；花冠漏斗状，淡紫色，筒部向上骤然扩大，稍短于或近等于檐部裂片，5深裂，裂片卵形，顶端圆钝，平展或稍向外反曲，边缘有缘毛，基部耳显著；雄蕊较花冠稍短，花丝在近基部处密生一圈绒毛并交织成椭圆状的毛丛；花柱稍伸出雄蕊，上端弓弯，柱头绿色。浆果红色，卵状，栽培者可成长矩圆状或长椭圆状，顶端尖或钝。种子扁肾脏形，黄色。花果期6—11月。

药用价值：以果实入药，收载于《中华人民共和国药典》2020年版（一部），枸杞有养肝，滋肾，润肺，补虚益精，清热明目等功效。

适应性：枸杞喜冷凉气候，耐寒力很强。根系发达，抗旱能力强，在干旱荒漠地仍能生长。

4.6.2 栽培技术要点

4.6.2.1 产地环境

枸杞多生长在碱性土和沙质壤土，最适合在土层深厚，肥沃的壤土上栽培。可选择光照充足，土层深厚，灌排方便，地力水平中等，春季播前0 ~ 20 cm土层土壤全盐含量在0.5%以下，土壤pH值为7.8 ~ 9.0的壤土和沙质壤土，但不可选择长期积水的低洼地。

4.6.2.2　整地施肥

盐碱地一般土壤瘠薄，栽种枸杞必须先培肥土壤。一般在栽种前，结合深翻施入切碎的农作物秸秆6 000 kg/hm^2、优质农家肥35～40 t/hm^2、过磷酸钙700 kg/hm^2。按100 m间距设置沟渠，沟深1.8 m，使灌排水畅通。打埂划地，做到地面平整。

4.6.2.3　选择良种，定植壮苗

枸杞的品种很多，选用优质壮苗是盐碱地栽种枸杞的关键环节。可选用优良品种宁杞1号等，苗茎粗应在0.6 cm以上。于4月上中旬定植，株行距1.0 m×1.5 m，栽植密度6 667株/hm^2，栽植当年就可结果，3～4年进入盛果期。

4.6.2.4　田间管理

（1）水肥管理

在5月初至6月下旬，每隔25 d灌水1次；在7月初至8月下旬，每隔20 d灌水1次；在9月上旬至10月下旬，每30 d灌水1次。第1次和最后1次灌水量要大，达900～1 200 m^3/hm^2；生长季节中的灌水量要小，当田间有积水应及时排出。在5月下旬和6月下旬，结合灌水分别追施尿素300 kg/hm^2；从6月初开始，每隔15～20 d向树冠喷施5 g/kg的磷酸二氢钾水溶液1 500～2 000 kg/hm^2。

（2）整形修剪

盐碱地种植的枸杞，生长发育受到一定程度的限制，其树形应整修为主干低、树冠矮的半圆形或圆锥树形，将树冠高度控制在1.5 m左右，冠径控制在1.6 m左右。第1年栽植后，当幼树长到50～60 cm高时，要剪顶定干；然后在主干周围选3～5个分布均匀的健壮枝作第1层主枝，并在10～20 cm处短截，使其再发分枝。当第1层主枝发侧枝后，每主枝的两侧再各留1～2个分枝，在分枝10 cm处摘心，培养成大侧枝。第2年以后，要对徒长枝进行摘心。若第1年选留的主干枝发出较直立的徒长枝，应选留1个枝作主干的延长枝，并在20 cm处摘心；当延长枝发出分枝后，在其两侧各选1个枝，在10 cm处摘心，培养成大侧枝，然后在侧枝上培养结果枝。若主干上部发生直立徒长枝时，选1个枝，在高于树冠15 cm处摘心，待发生分枝时，再选留4～5个分枝结果。对多余的枝条要及时剪去。经过5～6年的整形，就可实现对树形的要求。

春季修剪在4月中下旬进行，剪去越冬后干死的枝条、枝梢。夏季修剪在7—8月进行，主要是对徒长枝进行消除或选留。秋季修剪在10—11月进行，主要是剪去主干基部和冠顶的徒长枝，消除树膛内的串条、老弱枝和病虫枝。

（3）病虫防治

枸杞的虫害主要有枸杞蚜虫、木虱、红蜘蛛、锈螨、瘿螨等，可选用50%氧化乐果乳油1 500～2 000倍液、20%速灭杀丁乳油3 000～4 000倍液、50%辛硫磷乳油1 000倍液喷雾防治，用药时要注意各种农药的轮换性。病害主要有黑果病、流胶病等，可用50%退菌特可湿性粉剂500～600倍液、4～5波美度石硫合剂喷雾防治。

4.6.2.5　果实采收

当果实成熟时，选择晴朗天气的上午或傍晚采果。早晨有露水时或雨后不宜采摘。采收时要轻采、轻拿、轻放，果筐一般以盛10 kg以下为宜，以防果实相互挤压破损。

4.7　黑果枸杞

4.7.1　生物学特性

黑果枸杞，茄科枸杞属多棘刺灌木。高可达150 cm，多分枝；坚硬，有不规则的纵条纹，小枝顶端渐尖成棘刺状，节间短缩，有簇生叶或花、叶同时簇生，在幼枝上则单叶互生，肥厚肉质，顶端钝圆，基部渐狭，中脉不明显，花生于短枝上；花梗细瘦，花萼狭钟状，花冠漏斗状，浅紫色，裂片矩圆状卵形，耳片不明显；花柱与雄蕊近等长。浆果紫黑色，球状，种子肾形，褐色，5—10月开花结果。

药用价值：以果实入药，记载于《名贵中药材的识别与应用》，黑果枸杞味甘、性平，富含蛋白质、枸杞多糖、氨基酸、维生素、矿物质、微量元素等多种营养成分。

适应性：适应性强，长于高山沙林、盐化沙地、荒漠河岸林中，喜阳、耐寒、耐旱、耐碱、耐瘠薄，适应性强，喜盐碱荒地、盐化沙地、河滩等各种盐渍化环境土壤。

4.7.2　栽培技术要点

4.7.2.1　选地与整地

选择地势平坦、灌溉方便、土质肥厚、土壤pH值7.0～8.5，可溶性盐不大于0.3%的沙壤、轻壤和中壤土。地下水位在1.2 m以下为宜。秋季深耕20～30 cm，结合耕翻施厩肥30～45 t/hm^{2}作基肥，并浇冬水。翌年春浅耕细耙，作畦宽1.2 m。

4.7.2.2　种子采集与贮存

野生状态下，黑果枸杞的成熟采果期为7—10月，果实变为紫黑色、颗粒饱满时即可采摘。采集时可选生长旺盛、植株较高、结果量大的母株采集。浆果采摘后要及时晾干，存放于凉爽处。采收后将果实用纱布包裹，进行水洗脱粒，再用细筛滤洗，晾干存放，备播。

4.7.2.3　育苗

（1）播种育苗

播种前，春、秋两季均可进行种子净化处理，去除发霉的种子，用大量清水冲洗掉果实的糖分，直至清水。再用0.3%～0.5%高锰酸钾溶液，浸泡种子2～4 h进行消毒，捞出后用清水洗净。可采用撒播、条播、穴播等方式。撒播前，按照种沙比1：3的比例混拌均匀，撒播于合适的苗床上，稍覆细沙后浅浇水，每隔1～2 d在沙面喷洒清水，保持土壤湿润。条播是按行距30 cm开沟，沟深0.5～1 cm，种子掺细沙混匀，均匀播入沟内，稍覆细沙，轻镇压后浇水，保持土壤湿润，用种量22.5 kg/hm^2，产苗60万～75万株/hm^2。穴播采用每穴2～3粒的播种形式，也可用容器在温室育苗，等苗高20 cm左右再移出温室，进行大田种植。若无浇水条件或水源不足时，播后稍覆细沙及土，然后用塑料地膜覆盖，再在地膜上全面覆土1.5～2 cm，以透不进阳光为宜，每天观察，待种芽出土后，选阴雨天气揭去地膜。

（2）扦插育苗

扦插可在春季发芽前和秋季进行。选取优良单株上1年生徒长枝或粗壮、芽饱满的枝条，剪成15～18 cm长，按株距20 cm、行距50 cm，将插条斜插入整好的畦中2/3深度，然后压紧、踏实、浇水，保持土壤湿润。及时中耕除草，苗木生长20 cm以上时，要选留一个位置正中、生长旺盛的枝条为主枝，其余枝条及萌发的侧枝要及时剪去，以培育壮苗。

（3）分根育苗

黑枸杞果根系发达，根萌生能力强，也可以截断主根，在其周边萌发新苗株，经分蘖后，可培植少量新苗。也可在春季挖取母株周围的根蘖苗，归圃培育。

4.7.2.4　育苗期管理

（1）中耕除草

出苗后要及时松土除草，注意防止除草时带出幼苗，1年内结合灌水进行4～6次松土除草。

（2）灌溉

幼苗10 cm以下时，尽可能不灌水。生长后期，根据土壤状况适时灌水，一般1年内4～6次。每次灌水不宜超过苗自身高度。

（3）间苗

6月中旬，当苗高3～5 cm时，进行间苗。除去弱苗和过密苗，间苗宜早不宜迟，防止伤及邻近苗木。7月中旬左右，进行定苗，留苗株距10～15 cm，留优去劣，去弱留强。

（4）追肥

于6月中下旬，结合灌水追施速效氮肥1～2次。7月中下旬，再追肥1次磷酸氢二铵，8月以后不再施肥。

（5）病虫防治

虫害有蚜虫、瘿螨、锈螨、木虱、枸杞负泥虫、枸杞白粉病、根腐病等。虫害一般可用3～5波美度石硫合剂；3%高渗苯氧威3 500倍液；或5%吡虫啉乳油2 000～3 000倍液喷洒。蚜虫大量繁殖时，用50%抗蚜威可湿性粉剂2 000倍液或与40%乐果乳油1 000倍液混合喷洒。病害使用0.1%多菌灵0.1%等药剂防治。

4.7.2.5　移植

当苗高20～40 cm，根茎粗大于0.6 cm时，即可出圃造林。定植时，选阴天或早晨、傍晚，以免伤苗。按株行距30 cm × 50 cm定植，连袋移栽，注意尽量不把袋体土堆弄碎，保持主根完整。定植后立即浇水。

4.7.2.6　田间管理

田间管理的重点是整形修剪，分春剪、夏剪、冬剪。其中，1～4年龄的初果期，夏季修剪是关键，而冬、春季修剪主要在落叶后至春芽萌动前进行，一般2—3月修剪为宜，主要是剪除根部萌蘖和主枝上40 cm以下的枝条，疏除徒长枝和老弱病残枝等。黑果枸杞的整形必须在定植的前3年完成。定植当年，在高度40～60 cm，短截全部枝条，留4～5个方向不同、发育良好的主枝，此为第一层。然后每30～40 cm留1层，每层留2～5个主枝条。随层数增加，主枝少量递减，最终将整个树形修剪成一个3～4层的伞状形态，在此基础上每年进行适当修剪，不断调整生长和结果的关系。

4.7.2.7　采收制干

黑果枸杞为无限花序，开花坐果不一致，成熟时间也不一致，所以在实际生产中，一般当果实成熟度达八九成，即果色黑紫、果肉软、果蒂松时，即可采摘。一般6月中旬至6月下旬，7～9 d采摘1次；7月上旬至8月中旬，每隔5～6 d采摘1次；9月中旬至10月下旬，8～10 d采摘1次。采收时注意要带果柄采摘。轻采、轻拿、轻放，防止鲜果被挤压破损；树上采净，树下掉落的拣净；早晨有露水不采，喷农药间隔期大于5～7 d，否则不采收，阴天或刚下过雨不采收。

小面积黑果枸杞加工以自然制干法为主。及时将采摘的成熟果实，摊在特制阴凉场地上，厚度不超过3 cm，一般以1.5 cm为宜，晾至皮皱，然后曝晒至果皮起硬、果肉柔软时，去果柄，再晾晒干。不宜暴晒，以免过分干燥，晒干时切忌翻动，以免影响质量。遇多雨时宜用烘干法，先在45～50 ℃下烘至七八成干后，再在55～60 ℃下烘至全干。

4.8　银杏

4.8.1　生物学特性

银杏，裸子植物门银杏科银杏属落叶乔木，别名白果、公孙树、鸭掌树。树干端直。枝分长枝及短枝。叶扇形，有多数叉状并列的细脉，在长枝上螺旋状排列，散生，在短枝上簇生。球花单性，雌雄异株，生于短枝顶部叶腋。种子椭圆形、倒卵形或近球形，外种皮熟时淡黄色或橘黄色，有臭味，被白粉；中种皮骨质，白色，具2～3条纵脊；内种皮膜质，淡红褐色；胚乳肉质，味甘略苦。花期3月上旬至4月中旬，种子9—10月成熟。

药用价值：以叶和果实入药，收载于《中华人民共和国药典》2020年版

（一部），银杏叶提取物对治疗冠心病、心绞痛和高脂血症有明显的效果。果实有止咳、化痰、润肺益气、利尿等功效。

适应性：银杏适应性广，抗性强。在气候冬春温寒干燥或温凉湿润、夏秋温暖多雨、土层深厚，排水良好的条件下生长旺盛；在高温、多雨条件下，虽能适应但生长缓慢，在瘠薄干燥、过度潮湿或盐分太重的土壤上生长不良。

4.8.2 栽培技术要点

4.8.2.1 选地

选温暖向阳、土层深厚、肥沃疏松、排灌条件好的壤土或沙壤土作为园址。

4.8.2.2 银杏良种

（1）大果银杏

主栽于湖北安陆、孝感、随州，广西灵川，河南罗山，安徽大别山等地。种实倒卵形，平均单果重11 g。种核个大饱满，坐果率高，倒卵形，略扁，边缘有翼，纵径2.6 cm，横径2.2 cm，平均种核重3.3 g，出核率29%。

（2）大梅核

在浙江的诸暨、临安、长兴，广西的灵川、兴安，湖北的安陆、随州等地为主栽品种，江苏邳县，山东郯城也有栽培。种实球形或近于球形，纵径3.0 cm，横径2.8 cm，平均单果重12.2 g。种核大而丰满，球形略扁，纵径2.4 cm，横径1.9 cm，平均单粒重3.3 g，出核率26%，出仁率75%。本品种种仁饱满、糯性强。抗旱，耐涝，适应性强，丰产性能较好。

（3）大佛手

主栽于江苏吴县。江苏邳县、浙江长兴、湖北孝感、河南罗山、安徽大别山也有栽培。种实卵圆形，纵径3.5 cm，横径2.8 cm，平均单果重17.6 g。种核卵状长椭圆形，纵径2.9 cm，横径1.7 cm，平均单粒重3.3 g，出核率26%，出仁率75%以上。核大壳薄，糯性较差。耐涝抗风性能较弱，大小年不明显。

（4）大金坠

主栽于山东郯城、江苏邳县。种实长椭圆形，形似耳坠，故而得名。种实纵径2.9 cm，横径2.4 cm，平均单果重10 g，柄较长。种核长椭圆形，纵径2.7 cm，横径1.6 cm，平均单粒重2.8 g，出核率25.4%。核大，壳薄，糯性强。速生丰产，耐旱，耐涝，耐瘠薄。

（5）大圆铃

山东郯城、江苏邳县栽培较多。种实近球形，纵径2.9 cm，横径2.8 cm，平均单果重13.7 g，柄歪斜。种核短圆，纵径2.5 cm，横径2.1 cm，平均单粒重3.6 g，出核率26.1%。核大，壳薄，种仁饱满。树势强，生长旺，抗性强，生长快，结实早，高产稳产，对肥水条件要求高。

（6）佛指

主栽于江苏泰兴。江苏邳县、山东郯城也有栽培。种实倒卵状长圆形，纵径3.1 cm，横径2.4 cm，平均单果重13.3 g，柄细长。种核倒卵状长扁圆形，纵径2.7 cm，横径1.7 cm，种核平均单粒重3.3 g，出核率28%。核大，壳薄，品质优。

（7）洞庭皇

主栽于江苏吴县，广西灵川、兴安。种实倒卵圆形，纵径3.6 cm，横径2.8 cm，平均单果重17.6 g。种核卵状长椭圆形，纵径3.1 cm，横径1.9 cm，平均单粒重3.6 g。

4.8.2.3　繁殖方式

（1）种子直播建园

①采种：银杏4—5月开花，9月果熟。采摘后堆沤，除去果肉，洗净，晾干沙藏，或装入瓦缸中密封窖藏。

②种子处理；在播种前13 ~ 17 d，将种子置于容器中，不断搅拌加入清水，至没过种子5 ~ 10 cm，漂去瘪籽。浸泡种子使其种皮软化，70% ~ 80%的种子吸水膨胀裂口后捞出。

③整地：种植当年，开春土地解冻后，施用腐熟农家肥37.5 ~ 45 t/hm^{2}作为底肥，随后深翻土地30 ~ 50 cm，耙地整平。做宽1 ~ 1.2 m、高10 cm、沟宽30 cm的高床，浇透水以待播种。播种在3—4月以每公顷1 500 ~ 1 800 kg的播种量将种子均匀撒播在高床上，从沟中取土对种子覆土，厚度5 ~ 8 cm。

④间苗定苗：在种植第3年采叶后，进行首次间苗，在银杏种植密集区起挖50% ~ 60%的种苗进行移栽，并且拔除病苗、弱苗。在种植第4年采叶后，进行第2次间苗，再次在密集区起挖50% ~ 60%的种苗进行移栽，并且拔除病苗、弱苗。在种植第6年采叶后，以50 cm × 50 cm的株距定苗，留取生长健壮、无病虫害的植株，去除病苗、弱苗，其他苗用于移栽。定苗密度为3.9万株/hm^2。

（2）育苗移栽建园

有播种、扦插、嫁接和分蘖等几种繁殖方法，但一般以播种育苗为主。

①播种育苗：苗圃地选择及整地：应选择地势平坦、开阔、排灌良好、背风向阳、土壤肥沃的地块，以沙壤土、壤土或轻黏壤土为宜。平整土地，适当深耕，精细耙耢，均匀碎土，除净石块和草根。作床，床面宽1.2 m。于播前5～7 d，浇洒1%～3%的硫酸亚铁溶液，施入呋喃丹22.5～37.5 kg/hm^2，防治病虫害。

浸种催芽、消毒：经过贮藏的种子，首先，粒选，清除虫蛀、腐烂种子，然后，用0.5%硫酸铜溶液浸种6 h，再用温水浸种2昼夜，捞出种子与2～3倍湿沙拌匀，置于室内架好的木板上，摊平，用麻袋或草帘覆盖，每日翻3～4次，边翻边喷温水。经10 d后，裂口种子占1/3时即可播种。

播种：一般采取春播，当土壤解冻后，在早春抢墒播种，纵条播，播量1 500 kg/ hm^2。

苗圃地管理：播后半个月内，注意保持土壤湿润。15 d后即可发芽。苗木出土后，要因地制宜遮阳，进行田间精细管理。每公顷产苗15万～30万株，1年生苗高40 cm左右。苗高达1.5 m左右，即可出圃栽植。

②萌蘖繁殖育苗：母树应为壮龄雌株。2—3月，在所选母树挑选根系直径1～4 cm、基部半边带根的萌蘖枝条，进行移栽。移栽前苗圃要进行整地施基肥，栽植深度要适合，移栽后保持土壤适度干旱。

③嫁接繁殖育苗：选择当地已开始开花结果、生长发育健壮、抗性强的优良银杏树种作采穗树。选取树冠中部或外围，向阳、无病虫害、生长健壮的枝条做接穗。在新梢停止生长、枝条木质化时采集。雌、雄母树分别采集发育良好的一年新生新梢，分区嫁接。剪下后立即摘除叶片。如果用芽接法，在摘除叶片时要留叶柄；如果用枝接法，则不留叶柄。枝条要随采随运随嫁接。在田间嫁接时，要保持湿润。嫁接方法可选用劈接法或舌接法。劈接法截留的砧木高度是接穗长度的2倍，接穗可留3～4个芽。舌接法是把接穗和砧木各削3～4 cm的斜面，再从斜面2/3处各直削1～2 cm，使成舌状，互相嵌入。秋季嫁接温度较高，只要保持适宜的湿度，及时进行除草、施肥等管理措施，接口就能快速愈合，接穗还可萌芽，但在翌年春萌芽后方能解绑。

④扦插生根育苗：5—6月，选择当年生软枝或结果株的当年生短枝，剪

成10～15 cm，留3～4片叶，将枝条的下剪口处削成马耳状斜面，然后将其基部在清水中浸泡2 h，在蛭石中扦插生根，经常喷洒水雾以保证叶片的湿度，1.5～2个月即可生根。

⑤科学移栽：

整地：造林地一般于立冬前后深翻或春季造林前深耕，清除杂物、杂草，整平土地。结合整地每公顷撒施腐熟的厩肥75 t、磷肥或复合肥750 kg作基肥，与土壤混匀，浅松耙平。

栽植时间：在银杏落叶前至翌春萌芽前都可进行，最好落叶后至封冻前移栽。

栽植：采用穴状整地，穴径60 cm，深50 cm。修剪过长、受伤的根系，放入栽植穴，回填心土，将苗轻轻提起，使根系自然舒展，与土密接，然后再浇足水，待水渗下后再填土。栽植后要浇透水，7 d后再浇。

4.8.2.4　定植

可以分矮干密植和高干稀植两种模式。矮干密植模式，栽植密度大的每公顷4 950～6 600株，株行距为1 m×2 m、1 m×1.5 m；密度小的每公顷627.75株，株行距为2 m×4 m、2 m×3 m、4 m×4 m。高干稀植模式，株行距一般采用4 m×5 m、5 m×6 m、6 m×6 m、8 m×8 m等，定干高度一般在1 m以上。

4.8.2.5　管理措施

（1）人工授粉

人工授粉是提高银杏产量的重要措施。在撒粉前7～10 d，直接从树上剪取长30～40 cm，粗1～1.2 cm的花枝，在室内水培催花，勤换水。雄花穗每天采粉1～2次。采收时，在桌面铺白纸，轻轻敲击花枝，花粉即落在纸上，或将盛开的雄花序放在纸上抖落花粉。花粉采后过筛，除去杂质，摊晾使之干燥，装瓶贮藏，适期授粉。授粉最好在无风的上午8—10时。用喷粉器或毛笔、毛刷、棉花球等，蘸花粉涂抹雌球花柱。也可用1 kg雄花加30 kg水后，挤捏洗出花粉，滤去雄花，将花粉水对树喷洒。采集雄花枝，插到装满水的瓶子里，再将瓶子悬挂于零星产果树上。

（2）修剪树形

银杏树平均生长量比较小，一般一年只抽梢1次，只进行适当轻剪即可。

（3）除草施肥

种植首年，每隔2月除草1次，以后每年6、11月各除草1次。种植首年每隔3个月施肥1次，施尿素225 ~ 375 kg/hm^{2}和磷酸二氢钾150 ~ 300 kg/hm^2，将肥料均匀撒施在高床上，生育期内视生长情况喷施叶面肥，11月撒施腐熟农家肥30 ~ 37.5 kg/hm^2。银杏应多施有机肥，厩肥、农家肥等最好在9—10月浅施，或冬季挖放射形或环形深沟埋施。也可间种绿肥，花期压青。

（4）深挖松土

每年应进行深挖松土，多在秋冬两季进行。保持树盘周围土壤疏松透气。

（5）灌溉排水

注意灌溉和排水，干旱季节要适当浇水，雨季及时排水。

4.8.2.6 病虫害防治

常见虫害有金龟子、地老虎和尺蠖，前两种可用糖醋毒剂和灯光诱杀，后者在其幼龄期喷敌百虫、乐果等均可有效防治。

4.8.2.7 采收

（1）银杏（白果）采收

9—11月，当外皮呈橙黄色，或自然成熟脱落后，采集果实。采后堆放在阴湿处或浸泡，使果肉腐烂。然后取出，于清水中洗去肉质外皮，冲洗干净，晒干贮存。若打碎外壳，剥出种仁，称为生白果仁，以蒸、炒等方法加工，为熟白果仁。

（2）银杏叶采收

要分期、分批、分层采叶。即7月采苗木的下层，8月采中层，9月下旬至10月上旬采上层叶。有人工、机械和化学3种采叶方法。人工采叶适于结果期，分期分批采，于10月上旬前采完，不影响翌年结果。可用竹竿敲打叶子，保护好短枝。对于幼树，可沿枝条伸展方向逆向逐叶或簇叶采下，不可损伤短枝和芽。机械采收适于大面积的采叶园，可采用往复切割、螺旋式滚动和水平旋转勾刀式等切割式采叶机械。一般机采3 ~ 4年后，结合1次人工采收或予以平茬，以恢复树势。化学采叶于采叶前10 ~ 20 d，喷施浓度为0.1%的乙烯利。

叶子的贮运与干燥处理：

①鲜叶贮运：采后严禁暴晒，于阴凉处暂存，厚10 ~ 20 cm，勤翻动。运输前装入干净无菌、通气的容器内，不能挤压，每袋以40 ~ 50 kg为宜。运输

后，需立刻晾晒或进行干燥处理。

②叶干燥：处理前需清除杂物。有自然干燥和机械干燥2种方法。自然干燥是将叶子暴晒，一般厚度为10～15 cm，每天至少翻动5次，晚上用塑料薄膜覆盖，一般2～4 d可收藏贮运。为防“回潮”，每15 d再晾晒1次。机械干燥指用烘干机进行快速处理。

③包装运输和贮藏：经干燥的标准叶应尽快打捆包装运输。已包装的叶子应贮存在通风、低温、干燥的室内。如冷库贮藏则要求：温度0～2 ℃、相对湿度低于50%，且经常通风换气；堆高2.5 m以下，且应勤翻动和检查，同时注意防虫。

4.9　蒺藜

4.9.1　生物学特性

蒺藜，蒺藜科蒺藜属1年生草本植物，又名白蒺藜。茎平卧，偶数羽状复叶；小叶对生；枝长20～60 cm，偶数羽状复叶，长1.5～5 cm；小叶对生，3～8对，矩圆形或斜短圆形，长5～10 mm，宽2～5 mm，先端锐尖或钝，基部稍扁，被柔毛，全缘；花腋生，花梗短于叶，花黄色；萼片5，宿存；花瓣5；雄蕊10，生于花盘基部，基部有鳞片状腺体，子房5棱，柱头5裂，每室3～4胚珠；花期5—8月；果有分果瓣5，硬长4～6 mm，无毛或被毛，中部边缘有锐刺2枚，下部常有小锐刺2枚，其余部位常有小瘤体；果期6—9月。

药用价值：以果实入药，收载于《中华人民共和国药典》2020年版（一部），辛、苦，微温；有小毒。平肝解郁，活血祛风，明目，止痒。用于治疗头痛眩晕，胸胁胀痛，乳闭乳痈，目赤翳障，风疹瘙痒等症。

适应性：蒺藜适应性强，喜温度、湿润的气候。喜阳光，耐干旱，喜干燥环境，对土壤要求不严格。多雨易涝地区不宜种植。全国各地有分布，多生于野生山坡、草地、沙丘、田边、田埂、荒地等。

4.9.2　栽培技术要点

4.9.2.1　选地与整地

选择阳光充足、排水良好、土质疏松、质地肥沃的沙壤土地块。种植前可施腐熟有机肥15～22.5 t/hm^2，深翻20 cm左右。耙细整平，做成1.2 cm宽的高畦，畦沟宽30 cm，深15～20 cm，四周挖80 cm宽，50 cm深的排水沟。

4.9.2.2 繁殖技术

种子成熟时选择个大、充实、饱满的青白色果实，晒干备用。播前将种子在石碾或碾米机上碾，使果瓣分开，去除杂质后，留下纯净种子备播。在春季3月下旬至4月上旬，将畦面浇透，撒上种子，覆盖。点播时可按行距50 cm，株距30～40 cm挖穴，每穴播种子4～5粒，覆土后浇水，播量15～30 kg/hm^2。也可把种子催芽，置于用保水剂为基质配制的流体悬浮胶状液中，用流体播种机播下，更有利于发芽。

4.9.2.3 田间管理

（1）间苗定苗

在苗高4～7 cm时，去掉弱苗和过密苗。在苗高10 cm左右时定苗，撒播的按株距30～40 cm留苗，点播的每穴留壮苗2～3株。如果发现缺苗，应带土移栽补齐。

（2）中耕除草

出苗后，及时进行中耕除草，苗期宜浅，以1～2 cm为宜。定苗后，进行第2次中耕，疏松土壤，清除杂草。生育后期，一般不再中耕，可人工拔除杂草。

（3）追肥

在施足底肥的基础上，视地力情况适当追肥，一般追肥2次。第1次在定苗后，结合中耕，每公顷施入人畜粪尿15 000～22 500 kg，干旱时施后应浇清水1次。第2次在开花前，可施入1 500～2 000 kg人畜粪尿掺5%的过磷酸钙，以促使开花结果。如果结果后出现脱肥，可叶面喷施农人液肥300倍液，雷力2 000营养液500倍液及硒素喷施剂800倍液。

（4）掐顶

在8月中旬后，可掐去各枝的生长点，可使枝蔓上多生短枝，多结果，并能提早成熟。

4.9.2.4 病虫害防治

（1）病害

人工栽培蒺藜常见病害有白锈病、黑斑病、白粉病、锈病及猝倒病。白锈病防治用0.2%～0.3%拌种双可湿性粉剂拌种；用50%甲霜铜可湿性粉剂或64%杀毒矾可湿性粉剂及58%赛福（甲霜·锰锌）可湿性粉剂及25%瑞毒霉—锰锌可湿性粉500～600倍液喷洒，每隔7 d喷1次，连喷2次以上。黑斑病用65%代森锌可湿性粉剂600倍液或1∶1∶200波尔多液，50 mg/kg多抗霉素溶液、50%多菌灵可湿性粉剂800倍液，32%乙蒜素酮乳剂1 500倍液喷洒，每隔7 d喷1次，连喷2次。白粉病、锈病可用15%粉锈宁（三唑酮）可湿性粉1 000倍液、50%硫胶悬剂300倍液、32%乙蒜素酮水剂1 500倍液、2%农抗120或武夷菌素150～200倍液喷洒，每隔10 d喷1次，连喷2次以上。猝倒病可用32%乙蒜素酮乳剂或20%甲基立枯磷乳油1 000倍液，50%猝枯净800倍液喷洒，每隔7 d喷1次，连喷2次。

（2）虫害

人工栽培蒺藜常发生的虫害有蟋蟀、豆蚜、红蜘蛛、珠硕蚧等。蟋蟀可喷洒2.5%三氟氯氰菊酯乳油3 000倍液或40%毒死蜱乳剂1 500倍液，也可撒3%乙敌粉或甲敌粉107.5 kg/hm^2。也可用炒麦麸37.5 kg/hm^2，拌入50倍液的90%敌百虫溶液，傍晚撒田间。豆蚜可用20%快克乐（氰·马）乳油1 000倍液或10%吡虫啉乳剂1 500倍液喷洒。红蜘蛛可用1.8%阿维菌素乳剂3 000倍液或5%噻螨酮乳油1 500～2 000倍液喷洒。珠硕蚧可用50%辛硫磷乳剂1 200倍液，25%喹硫磷2 000倍液喷淋或灌根。

4.9.2.5　采收

蒺藜以果实入药。秋季果实由绿变黄白，并有部分果实成熟落地时，及时采收。收获时用镰刀割下蔓茎，收起落地果实，筛去泥土及杂质，晒干。

4.10　苍耳子

4.10.1　生物学特性

苍耳，菊科苍耳属1年生草本植物。别名：老苍子、苍子、苓耳、卷耳、痴头婆、虱麻头、狗耳朵草等。高30～80 cm，全株生白色短毛。茎直立，粗壮，圆柱形。叶互生，有长柄；叶片呈三角状卵形或心形，基出三脉，两面有糙毛，先端尖，茎部心形和广楔形，边缘有不整齐的牙齿，常呈不明显的三线裂。头状花序，聚生枝端和叶腋，花单生，同株；雄花序球形，密生柔毛；总苞片小，1列，花托圆柱形，有鳞片，小花管状，顶端5齿裂，雄蕊5枚，花药近于分离，有内折的附片；雌花序卵形，总苞片2～3列，外列苞片小，内列苞片大，结成一个卵形，2室的硬体，外面有倒刺毛，顶端有2圆锥状的尖端，小花2朵，无花冠子房在总苞内，每室有一个花柱线形，突在总苞外，瘦果倒卵形。包藏在有刺的总苞内，无冠毛，熟时绿色或浅黄色，总苞片变坚硬，外面疏生有钩状总苞刺，顶端有2枚直立或弯曲喙，花期6—8月，果期8—9月。

药用价值：以干燥成熟带总苞的果实入药，收载于《中华人民共和国药典》2020年版（一部），苍耳的茎叶性寒。味苦辛、有毒。祛风散热，解毒杀虫。治头风、头晕，热毒疮疡，疔肿，疯癫，皮肤瘙痒等症。

适应性：喜温暖稍湿润的气候，适应性广，抗性强，在排水良好而肥沃的沙质壤土生长较好。分布于全国各地，多生于平原或低山丘陵地，生长于荒地及路旁杂草中。

4.10.2 栽培技术要点

4.10.2.1 选地与整地

选择疏松肥沃、排水良好的沙质壤土地块。耕翻30 cm，耕翻前每公顷施入有机肥30～37.5 t，然后整细、耙平。

4.10.2.2 繁殖栽培

主要用种子繁殖，直播或育苗移栽。

直播一般在4月。按株距45 cm×45 cm开穴，穴深6～8 cm，每穴播6粒。覆土，稍加镇压，浇水。

育苗移栽在4月中下旬播种，每穴2～4粒种子，播后覆土，浇水。至苗高10～12 cm时移栽。也可在温室内播种，可加大密度，待苗高10 cm左右移栽。移栽可起垄种植，行距30～40 cm，穴距20～25 cm，进行常规的田间管理即可。

4.10.2.3 田间管理

一般苗高10 cm时补苗，每穴留苗2～3株。每年松土除草2～3次，同时追施人粪尿或尿素与硫酸铵。

4.10.2.4 病虫害防治

常见虫害有菜青虫、地老虎等，发病期可用20%氰戊菊酯乳油1 200倍液喷雾防治。

4.10.2.5 采收与加工

采收茎叶宜在开花生长最旺盛时进行。果实宜在8—10月成熟时采收，割取全草，打取果实，晒干，入药。也可贮存保管，待榨油用。

5 花类

5.1 红花

5.1.1 生物学特性

红花，菊科红花属1年生草本植物，又名红蓝花 、刺红花、草红花、杜红花等。高可达150 cm。茎直立，上部分枝，光滑，无毛。叶片质地坚硬，革质，有光泽，基部无柄，半抱茎。头状花序，苞片椭圆形或卵状披针形，总苞卵形，无毛无腺点。小花红色、橘红色，全部为两性，瘦果倒卵形，5—8月开花结果。

药用价值：以干燥花入药，收载于《中华人民共和国药典》2020年版（一部），有活血化瘀，散湿祛肿的功效。红花也可作红色染料，还可作胭脂。

适应性：红花喜温暖和稍干燥的气候，耐寒、耐旱、耐盐碱、耐瘠薄，根系发达，适应性强，怕高温、怕涝，尤其是花期忌涝。

5.1.2 栽培技术要点

5.1.2.1 选地

选择土层深厚、排灌方便、地力水平中等及以上，春季播前0 ~ 20 cm土层土壤全盐含量在0.3%以下，土壤pH值在7.50 ~ 8.50的壤土或沙壤土，前茬以豆科、禾本科作物为好，忌连作。

5.1.2.2 整地

播前浇地，每公顷施有机肥60 t作底肥，翻耕20 cm，整细耙平，作平畦，畦宽1.5 ~ 2.0 m。

5.1.2.3 播种

春播，地温达5 ℃时就可播种，宜早不宜迟。播前用50 ~ 55 ℃温水浸种10 min，转入冷水中冷却，取出晾干备播。一般采用穴播，行距40 cm，株距25 cm，穴深6 cm，每穴放4～5粒种子后覆土，稍加镇压、耧平，用种量52.5～60 kg/hm^2。

5.1.2.4 田间管理

出苗后，当幼苗具2～3片真叶时间苗，去掉弱苗。当苗高8～10 cm时定苗，每穴留壮苗2株。如需补苗，选择在阴雨天或傍晚时进行。生长期需中耕除草3次，结合追肥培土进行。4—8月，分次追施农家肥45 t/hm^2，第2次追肥应加入硫酸铵150 kg/hm^2，第3次在植株封垄现蕾前进行，增施过磷酸钙225 kg/hm^2，此外，可喷施0.3%的磷酸二氢钾，可促花蕾生长。抽薹后打顶，可使分枝和花蕾增多。

5.1.2.5 病虫害防治

红花常发炭疽病，可用50%可湿性甲基托布津粉剂500～600倍液或代森锰锌500～600倍液喷施，7～10 d 1次，连续2～3次。

5.1.2.6 采收与加工

一般6—7月开花，当花盛开，花冠顶端由黄变红时，于晴天早晨采摘。采收时留下子房，使其继续生长结实。花采后置于通风阴凉处阴干，也可在40～50 ℃下烘干，未干时不能堆放，以免发霉变质，以表面深红微带黄色，无枝、叶杂质者为佳。

5.1.2.7 留种技术

将生长健壮、株高适中、分枝多、花序大、花冠长、开花早、花色橘红、早熟无病的植株作为采种母株。待种子充分成熟后单独采收，去除杂质，筛选大粒、色白、饱满的种子晾干贮藏作种。

5.2 合欢

5.2.1 生物学特性

合欢，为豆科合欢属落叶乔木，又名绒花树、夜合花，盔缨花。高可达15 m，树冠扁圆形，多呈伞状，树皮浅灰褐色，干裂，树干不高，合轴分枝，分枝点较低。叶为2回偶数羽状复叶，羽片4～12对，各有小叶10～30对，小叶镰刀状长圆形，长5～11 mm，宽1～3 mm；花序头状，腋生或顶生，萼及花瓣均为黄绿色，雄蕊长25～40 mm，花丝粉红色；荚果扁条形，长

9～17 m，种子扁平。花期6—7月，果9—10月成熟。

药用价值：以花和皮入药，收载于《中华人民共和国药典》2020年版（一部），合欢树皮具有活血止痛、安神解郁、驱虫等功效，树花可以开胃理气、解郁宁心。

适应性：合欢具有喜光、喜温暖湿润、不耐阴等特点，可适应于多种气候条件，包括温带气候、亚热带气候、热带气候，对土壤要求不严，耐贫瘠、耐干旱，不耐严寒、不耐洪涝，在肥沃、湿润的土壤环境中生长更好。具根瘤菌，可改善土壤，浅根性，萌芽力差，不耐修剪，花期长。有一定的耐盐碱力，在pH值8.8、含盐量0.2%的轻度盐碱土中可正常生长。

5.2.2　栽培技术要点

5.2.2.1　选地与整地

选择在背风向阳、土壤肥沃、水源充足、灌排方便、排水良好的沙质壤土种植，不宜选低洼地。施农家肥75 t/hm^2、复合肥225～300 kg/hm^{2}作基肥。土壤深耕25 cm，灌足底水，待土壤不黏时，撒施40%五氯硝基苯375 kg/hm^2，进行第2次翻耕耙细，做到土壤细碎疏松。然后整平做垄，垄距50～60 cm，垄高20 cm。

5.2.2.2　种子采集与播前处理

每年9—10月，果荚由绿变黄褐色时，选择生长健壮、干形良好、无病虫害的壮龄母株采种。选取无病虫害、籽粒饱满的荚果，采种后晾晒、脱粒、去杂、精选，贮于干燥通风处备播。

播前14 d进行种子处理，用0.5%高锰酸钾冷水浸泡2 h，之后捞出，用清水洗净，放入55 ℃水中浸种10～15 min。之后再用20 ℃水浸泡2 h，完毕后用2层纱布包裹种子，催芽24 h即可播种。也可在播前10 d用80 ℃热水浸种，次日换水1次，第3天捞出，混以等量的湿砂，堆于温暖背风处。厚30～40 cm，用草帘遮盖保湿，10 d左右播种。

5.2.2.3　繁殖模式

（1）直播繁殖

春季播种，进行种子处理后，采取条播，每公顷播种量为75～90 kg，行距60 cm，播后5～6 d可出苗。在抚育条件好的情况下，当年苗高可达2 m。

（2）育苗移栽

春季，在做好的垄上开沟播种，播幅10 cm，覆土厚度约1 cm。用种量为45 kg/hm^2。播种后至出苗前，保持土壤湿润，如土壤干旱可灌水，但不可将水漫过垄。一般12～15 d出苗。

也可使用营养钵育苗，苗床宽度1～1.2 m，间距30～40 cm。营养钵灌满水后，次日即可播种。每钵点播3～4粒，覆土1 cm，之后覆盖稻草并浇灌，保持土壤湿润。播后1周内，晴天喷水1～2次。幼苗出土后逐渐揭开覆盖物，将土壤中的杂草拔除。

播后14 d出苗，得长到15 cm时定苗。结合灌溉追施有机肥和尿素，也可以喷施0.3%尿素+0.2%磷酸二氢钾混合液。育苗期间可合理密植或间作，并注意修剪侧枝。不留大枝，去除竞争枝，留辅养枝。苗龄3～4年即可出圃。

（3）移栽

合欢以春季萌芽前移栽为宜，移栽前将多余的侧枝从根部剪掉，避免再次萌发。小苗为佳，大苗移栽要包好土球，随挖、随栽、随浇。移栽前，提前挖坑，高温晾晒，栽时对根部杀菌消毒，用1%的硫酸铜溶液浸泡或喷洒65%代森锌可湿性粉剂500倍液，并喷施生根粉。栽后立即浇透水，搭设支架，加强管理。

5.2.2.4 生长期管理

（1）间苗定苗

苗出齐后，在长出第3～4片真叶时。第1次间苗。间苗后及时浇水，并松土除草。长出10片叶后定苗，留苗9.75万～10.50万株/hm^2。定苗后浇水。

（2）肥水管理

定苗之后结合灌溉追肥，8月上旬施氮肥300 kg/hm^2，8月下旬到9月下旬，施氮磷钾复合肥600～900 kg/hm^2。幼苗生长速度快，每20 d可叶面喷施0.5%～1%的尿素+磷酸二氢钾混合液。成林后，秋季在树冠的正投影下挖环状沟，施有机肥，每2年施1次。栽种当年，除浇好三水外，还应于5月、6月、9月、10月各浇1～2次透水，以利于植株生长。雨季视情况调整灌水次数。合欢不耐水涝，要开挖排水沟，及时排积水。冬前浇足封冻水，同时施1次牛马粪或芝麻酱渣，翌年花后可施1次氮磷钾复合肥。

（3）整形修剪

对于3～4年幼树，选择3～4个方向合适、生长健壮、上下错落的枝作主枝。冬季短截主枝，各留几个侧枝，彼此错落分布。及时疏去病虫害枝、枯死枝、过密枝、交叉枝、下垂枝等。修剪后的伤口用硫酸铜30倍溶液消毒，干后蜡封。

（4）越冬管理

对于种植前两年的苗，秋末浇透冻水后，树干绑草帘或缠草绳御寒。对于大苗或者种植年限较长的成株，浇透封冻水后，可涂白。入秋后要控制浇水，施肥要注意增施磷钾肥。

5.2.2.5 病虫害防治

（1）病害

合欢常见病害有枯萎病和枝枯病。枯萎病可在种植前用75%百菌清可湿性颗粒800倍液对根部进行消毒；发生后可用50%多菌灵可湿性颗粒200倍液灌根，并对树体喷雾，每隔10 d实施1次，连续3～4次。枝枯病可在早春喷洒3～5波美度石硫合剂防治。

（2）虫害

可常年使用护树将军涂刷树体防止树木皮层病虫害。纹须同缘蝽可在其若虫期喷洒25%除尽悬浮剂1 000倍液或25%阿克泰水分散水剂5 000倍液杀灭。斑衣蜡蝉若虫孵化初期喷洒40%绿来定宝乳油500倍液或40%乐斯本乳油3 000倍液杀灭。木虱可喷洒10%吡虫啉可湿性颗粒2 000倍液或48%乐斯本乳油3 500倍液杀灭。日本纽绵蚧若虫盛孵期喷洒25%高渗苯氧威可湿性颗粒300倍液或10%吡虫啉可湿性颗粒2 000倍液杀灭。桑白盾蚧若虫孵化盛期喷洒95%蚧螨灵粉剂400倍液或20%速可灭油1 000倍液杀灭。常春藤圆盾蚧初孵若虫盛期喷洒95%蚧螨灵乳剂400倍液杀灭。尺蠖和樗蚕蛾可用20%除虫脲悬浮剂8 000倍液杀灭。宽边黄粉蝶可在其幼虫发生期喷洒20%除虫脲8 000倍液或1.2%烟参碱乳油1 000倍液杀灭。合欢吉丁虫用40%氧化乐果乳油50倍液涂塞虫孔杀灭。刺角天牛可用磷化铝片封堵虫孔熏杀幼虫。桑褐刺蛾可用BT乳剂500倍液或1.2%烟参碱乳油1 000倍液杀灭。扁刺蛾喷洒BT乳剂500倍液或楝素杀虫乳油2 000倍液杀灭。石榴巾夜蛾喷洒1.2%烟参碱乳油1 000倍液杀灭。

5.2.2.6 及时采收

以花入药者，多于夏季花开时，选晴天采其花序，及时晒干。合欢皮的采收多用环剥法，在夏初的阴天，日平均温度在22～26 ℃，选健壮、无病虫害的植株，用刀在树段的上下两端分别围绕树干环割一圈，再纵割一刀，切割深度以不损伤形成层为度，然后将树皮剥下。剥取合欢皮后，用愈伤防腐膜直接涂擦伤口，可迅速形成一层坚韧软膜，防腐烂、防侵染，防冻、防伤口干裂。注意剥皮后要加强管理，否则会出现衰退现象。

5.3 蒲黄

5.3.1 生物学特性

香蒲，香蒲科香蒲属多年生水生或沼生草本植物，别名蒲草、水蜡烛。多年生水生或沼生草本植物，根状茎乳白色，地上茎粗壮，向上渐细，叶片条形，叶鞘抱茎，雌雄花序紧密连接，果皮具长形褐色斑点。种子褐色，微弯。花果期5—8月。

药用价值：以干燥花粉入药，称蒲黄，收载于《中华人民共和国药典》2020年版（一部），具有止血、化瘀、通淋等功效，临床常用于吐血、衄血、咯血、崩漏、外伤出血、经闭痛经、脘腹刺痛、跌仆肿痛、血淋涩痛等症的治疗。

适应性：香蒲多生于湖泊、池塘、沟渠、沼泽及河流缓流带。

5.3.2 栽培技术要点

5.3.2.1 整地

选择湿地、沼泽等具有水生环境的种植地，挖成等高度的可蓄水的水池，水池底部距地面（50±5）cm，并引入灌溉水。

5.3.2.2 移栽定植

于5月中旬将香蒲苗按插秧的方式投入水池中，株行距为30 cm×45 cm。定植的株行距为（20～40）cm×（35～55）cm。

5.3.2.3 田间管理

（1）除草

移栽后次年开始，每年6—8月人工除草1次。

（2）灌溉

移栽次年春季，对水塘补水，确保其水位恒定保持在30～40 cm。

（3）施肥

移栽后第2年开始，每年4月下旬香蒲出苗时，追施羊粪5 550 kg/hm^2，分3次施用，每次施用间隔10 d。

5.3.2.4　采收

蒲黄采收期包含在花期中，一般于花朵盛开时采收，不宜迟收，过迟则花粉会自然脱落。现有技术所种植的香蒲，开花期不一致，蒲黄采收持续时间较长。采收蒲棒上部的黄色雄花序，晒干后碾轧，筛取花粉，注意尽量少伤害蒲棒，以免影响来年的产量和质量。也可以用一张干净的纸叠成斗状，然后轻拍采收的蒲棒，用纸斗接住花粉，虽然效率低下，但得到的蒲黄非常纯净。

5.4　旋覆花

5.4.1　生物学特性

旋覆花，菊科多年生草本，别名金佛草花、旋福花、旋复花、六月菊、金钱花，驴儿菜。株高30～80 cm，有长伏毛。茎直立，不分枝或上部有分枝，单叶互生，无柄。基生叶花期枯萎。基生叶片狭椭圆形，基部渐狭或有稍半抱茎，边缘有小尖头的疏齿或全缘，下面有疏伏毛和腺点。头状花序直径约3 cm，排列成疏散伞房状。花梗细，总苞半球形，总苞片5层，条状披针形，绿色，仅最外层披针形，较长。舌状花黄色，顶端有3小齿，筒状花长约5 mm。瘦果圆柱形，长1 mm左右，有10条纵沟，有疏短毛，冠毛白色，有20余条微糙毛，与筒状花近等长。花期7—8月，果期8—9月。

药用价值：以干燥头状花序入药，收载于《中华人民共和国药典》2020年版（一部），有降气平逆、祛痰、止呕及行水消痞的功效。

适应性：旋覆花分布极广，对环境的适应性极强，对土壤要求不严，喜凉爽湿润环境。耐旱、耐湿又耐严寒，故可在山坡、池沟边地栽种。

5.4.2　栽培技术要点

5.4.2.1　选地与整地

选择周围无污染，交通方便，阳光充足、土质疏松、透水透气良好、灌排方便的沙质壤土或腐殖质壤土种植。选好地块后，种植前至少翻地3次，第1次翻地50～60 cm深，保持翻地的区域土壤成块，以便晒地；第2次翻地细翻，深度50～60 cm，边翻边清除杂物；第3次翻地细翻，深度40～50 cm。结合翻地，每公顷施腐熟厩肥或堆肥45 000～60 000 kg作基肥，施后深耕20～25 cm，耙细整平作畦。畦宽1.2 m，畦长因地势而定，畦间步道宽40 cm，畦面平整，畦埂坚实。

5.4.2.2　种植方式

用种子繁殖或分株繁殖。

（1）种子繁殖

一般于8—9月采收种子，选健壮、无病害的植株，采割果枝，晒干，搓出种子，簸去杂质，将种子装入布袋，阴凉干燥处贮藏备用。翌年4月中下旬播种，条播，按行距30 cm开沟，沟深1.5 cm，将种子均匀撒入沟中，覆盖薄层细土，稍加镇压，用喷雾器浇一遍水，保持土壤湿润，20 d左右出苗。为使种子撒播均匀，可加入2倍种子量的湿沙拌匀，每公顷用种量约15 kg。

（2）分株种植

春季，母株根际周围会萌生幼苗，将母株挖起，分出幼苗。选择无病、生长健壮的幼苗作种秧，按行、株距30 cm×15 cm挖穴，每穴栽种秧苗2～3株，保证秧苗根部舒展。将种苗根部伸入穴底，顶部伸出土壤3～5 cm，覆土镇压后浇水，保持土壤湿润。7 d左右缓苗，届时疏除弱苗和过密苗，按株距5～6 cm间苗。当苗高5～10 cm时，按株距15～20 cm定苗。如要补苗，带土移栽并随后浇水。7月后，植株生长旺盛，要及时灌水及中耕。雨季注意排涝，防止烂根。盛花期注意除草、松土和追肥。

5.4.2.3　田间管理

（1）中耕除草

种子繁殖的幼苗出土后，及时松土除草，保持地中无杂草、不板结。之后结合间苗和定苗进行松土除草。6月中耕除草时进行培土。分株繁殖的苗松土除草2～3次。植株封垄后，停止除草。

（2）追肥

以施足基肥为主。追肥2次，第1次在苗高10～15 cm时，每公顷追施人粪尿水15 000 kg或尿素75 kg；第2次在花前，每公顷施堆肥22 500 kg，于行间开沟施入，覆土后浇水。

（3）摘蕾

分枝后，当苗高25 cm时，进行第1次摘心，选晴天摘去顶心1～2 cm，以后每隔半个月摘心1次。

（4）换地栽种

栽种2～3年后，母株老根生长势变弱，易发生病虫害，要换地栽种。

5.4.2.4　病虫害防治

病害主要有根腐病，发病初期用70%的甲基托布津或50%的多菌灵800倍液灌根，发病期用70%的五氯硝基苯200倍液灌根。

虫害主要有红蜘蛛。防治可结合秋季清理田园，清园后用2波美度的石硫合剂进行喷洒。在早春可用波美度0.2～0.3的石硫合剂进行喷洒，每周1次，连续使用4次。

5.4.2.5　采收与加工

旋覆花以头状花序及全草入药。花期较长，夏、秋季节分期采收即将开放的花序及全草，晒干或烘干，贮藏于通风、干燥处，防止霉变、生虫。

6　其他入药部位

6.1　阿魏

6.1.1　生物学特性

阿魏，伞形科阿魏属多年生植物。高0.5～1.5 m，全株有强烈的葱蒜样臭味。根纺锤形或圆锥形，粗壮，根茎上残存有枯萎叶鞘纤维。茎通常单一，粗壮；叶片轮廓为三角状卵形，三出式三回羽状全裂。复伞形花序生于茎枝顶端，直径8～12 cm，无总苞片。分生果椭圆形，背腹扁压，果棱突起；每棱槽内有油管3～4，大小不一。花期4—5月，果期5—6月。

药用价值：植物花茎中分泌的油胶树脂俗称阿魏，收载于《中华人民共和国药典》2020年版（一部），具有消积、散痞、杀虫的功效，可用于治疗胃病、消化不良、虫积腹痛等疾病；是我国维吾尔族、蒙古族、藏族等少数民族传统民族药和中药阿魏的唯一来源。

适应性：对土壤、气候要求不严，性喜干旱，适宜沙质土壤地种植，其他土壤亦可。

6.1.2 栽培技术要点

6.1.2.1 选地与整地

选择海拔1 000～1 300 m，土壤pH值7.0～8.5，地面坡度为5°～15°的阳坡或半阴坡，排水良好、排灌方便的沙壤土作为栽培地。选好地后，10月初至11月中旬对栽培地进行整地，每公顷地施入有机肥37.5～60 t，翻土深度大于30 cm，土、肥翻匀，耙平，耙碎。

6.1.2.2 种子采集与处理

选择成熟饱满、无病虫害的种子，待种皮由绿色变为淡黄褐色，果柄近干枯时，将整个果序采下，去除杂质，低温贮藏。

6.1.2.3 起垄作畦

起垄作畦，垄宽40～50 cm，高10～15 cm，畦宽200～240 cm。

6.1.2.4 种植方式

（1）直播播种

秋播在10月初至地面冷冻之前，种子不需催芽处理，直接播种；春播在3月下旬至4月中旬，日平均气温稳定在5～8 ℃时，种子需提前催芽。即在播前50～60 d，将种子与湿度50%～60%的沙子按照重量比为1：（8～12）的比例混合，在3～6 ℃的条件下冷藏40～50 d，待胚根伸出种皮，即可播种。采用人工条穴播，垄两侧穴播2行，株距30～40 cm，行距40～50 cm，秋播每穴播3～4粒种子，春播每穴播1～2粒种子。

（2）育苗移栽种植

选沙壤或壤土作为育苗地。10月初至地面封冻之前，进行整地。翻土深度25 cm以上，耙平，耙碎。整成宽2～3 m、长4～6 m的畦，土壤相对湿度保持在40%～60%，用作苗床。

选择成熟、无病虫害的当年生种子作为播种材料。条播，行距30～35 cm，用种量37.5～45 kg/hm^2，播后用细沙土或沙土覆盖，厚度不超过1 cm。

春季气温4～10 ℃时，观察种子萌发情况，及时破土放苗，适当浇水。第

2年返青后进行移栽，起苗前灌1次透水，当土壤湿度为60%～70%时起苗。可用铁锹在行间竖直挖入20 cm，轻轻翻出，不要伤苗。沿行间依次挖出，挑拣出主根长12～20 cm，根粗0.8～1.5 cm，无病虫害、无损伤的幼苗移栽，去除泥土。

栽植可选择成行或混散穴植，保持株间距60～100 cm，挖穴深18～25 cm。用手提住幼苗悬于穴中心位置，填土至穴2／3位置时，轻提幼苗，继续填平，保持土壤没过幼苗根头部发芽点1～2 cm，踩实。移栽后立即浇定根水，浇透。

6.1.2.5　田间管理

（1）破土放苗

春季及时观察种子萌发情况，如有土壤板结情况应及时破土，即在幼苗开始顶土时，轻轻耙松表土，切忌过深，造成幼苗损伤。或者用小石碾压的方法，顺播种方向碾压，破碎压在种苗上方的板结土壳。

（2）间苗与定植

当年播种幼苗生长旺盛期，进行间苗，每穴保留1～2株健壮幼苗，继续生长至第2年再进行定苗，每穴保留1株健壮幼苗，发现缺苗断垄，及时补种。

（3）浅耕除草

幼苗现行时，适当浅耕，松土保墒，增加土壤透气性。出苗当年一般浅耕1～2次，翌年根据幼苗生长需要及杂草情况中耕2～3次。移栽田生长前2年，及时拔除杂草。

（4）灌溉排水

若春季干旱，可适当浇水1～2次，可漫灌，保持0～10 cm土壤相对含水量为40%～60%。防止积水，雨季注意及时排水。移栽田移栽当年根据情况浇水1～2次，翌年及以后可根据长势及天气状况，每年浇水1～2次。高温干旱季节，适当增加浇水次数，保持20 cm以上土壤相对含水量范围20%～60%。

（5）追肥

在营养生长期，即每年4月初，穴施腐熟有机肥1～2次，每次15～30 t/hm^2。

（6）回苗期管理

阿魏种子萌发一个月后，进入生长旺盛期，在每年5月中旬至6月中旬陆续回苗，地上部分枯死，根部进入休眠状态。1～2年生阿魏根系不发达，若天气过度干旱或炎热，需根据情况浇水1～2次，保持0～10 cm土壤相对湿度不低于20%～30%。3年生以上阿魏，其田间管理以防涝为主。

6.1.2.6 病虫害防治

下雨季节注意排水，保持土壤疏松透气，发现病株时，及时拔除，并喷洒50%多菌灵500～800倍液，病害严重时，每隔7 d喷施1次，连续喷施2～3次。

6.1.2.7 及时采收

春末夏初，盛花期至初果期均可采收，但以盛花期采收为佳。分次由茎上部往下斜割，收集渗出的乳状树脂，阴干。除去杂质，剁成小块。

6.2 秦皮

6.2.1 生物学特性

小叶白蜡，木樨科白蜡树属落叶小乔木或灌木，又名苦枥、秦皮、蜡条、青椰木、白荆树。白蜡为落叶乔木，树高可达15 m。树冠卵圆形，茎干挺直，树皮黄褐色，枝灰绿色，光滑无毛；小叶5～9枚，多数为7枚，无柄或有短柄，卵圆形或卵状椭圆形，长3～10 cm，先端渐尖，基部宽模型，边缘具钝齿，表面暗绿色无毛，背面苍白色，沿脉有短柔毛，叶柄基部膨大，入秋叶色变黄；雌雄异株，圆锥花序侧生或顶生于当年生枝上，花无花瓣；花冠白色至淡黄色，裂片线形，翅果倒披针形，长3～4 cm。花期3—5月，果期10月。

药用价值：以干燥枝皮或干皮入药，称“秦皮”，收载于《中华人民共和国药典》2020年版（一部），味苦、涩，性寒。具有清热燥湿、收涩止痢，止带，明目的功效。用于治疗热毒泻痢、赤白带下、目赤肿痛、目生翳障等症。

适应性：白蜡枝叶繁茂，根系发达。适宜温暖湿润气候。喜光，稍耐侧方遮阳。耐寒，稍耐旱，耐水湿，较耐瘠薄。萌芽力强，繁殖容易。对土壤的适应性较强，在酸性土、中性土及钙质土上均能生长，并能耐轻度盐碱，在含盐量0.5%的土壤上也能生长，但喜湿润肥沃的沙质和沙壤质土壤。

6.2.2 栽培技术要点

6.2.2.1 种子采集与处理

应选择长势茂盛的大树，当种子逐渐失水变黄时开始采种。采下的种子摊在通风向阳处晾晒。晒干后，清除坏种与杂质，装在布袋中，置于干燥通风处保存。

6.2.2.2　选地与整地

选择四周无高大树木、地势平坦、排灌方便、土层深厚的沙壤土和壤土作为种植地。注意田间避免存在田旋花、菟丝子和冰草等杂草。种植前每公顷施入300 kg磷肥、225 kg的尿素以及45 kg的钾肥作基肥。将土地深翻28～30 cm，耕翻后晾晒，并进行田块平整。依照5 m × 5 m的宽度、25 cm的高度进行打梗，同时进行灌溉规划。

6.2.2.3　灌水洗盐

入冬前合理冬灌，以灌水量1 200 m^3/hm^2进行均匀灌水洗盐。春季适时耙地，捡拾残膜、残秆。

6.2.2.4　繁殖方法

（1）种子直播

播前将种子暴晒2 d，杀死杂菌以及虫卵。田间可通过机械铺设按80 cm间距铺设滴灌带，带间按宽窄行50 cm+30 cm种植。人工撒种，播种量45～60 kg/hm^2，开2～3 cm的浅沟，按150粒/ m下种。覆盖好表土，之后进行灌溉。

（2）扦插育苗

一般在春季3月下旬至4月上旬进行。扦插前细致整地，施足基肥，使土壤疏松，水分充足。选择无病虫害、粗壮茂盛的1～2年生，粗度为1 cm以上，长度15～20 cm的枝条作插穗。先将插穗上切口剪成平口，下切口剪成马耳形，然后按行距40 cm、株距20 cm扦插，每穴插2～3根，春插后深埋、压实，稍露头，密度约6万株/hm^2，并经常喷水，保持床面湿润，约30 d即可生根。

（3）嫁接育苗

接穗选用当年生半木质化枝条，取中间芽体饱满、发育健壮的枝段。8月下旬—9月上旬嫁接，嫁接部位距地面10 cm左右，用厚0.008 mm的薄膜包扎，芽体部位包扎单层膜。

（4）移植

春季进行移植培育，株距 × 行距为40 cm × 50 cm。播种苗移植后齐地平茬，及时选留健壮端直的萌条作主干。嫁接苗移植后从嫁接芽体上端2 cm处平茬，及时去除砧木萌芽。生长期适时摘除主干上的侧芽。苗木速生期追施尿素2～3次，每次施225～300 kg/hm^2，追肥后及时灌水，适时中耕除草。

6.2.2.5　苗期管理

（1）及时定苗、中耕除草

幼苗生长至5 cm时按18万株/hm^{2}定苗，将长势不好的弱苗、病苗拔除，株距设置为12 cm左右。夏季种植后，浇水较勤，湿润的土壤极易滋生各类杂草，要做好中耕除草工作。

（2）适时灌水、施肥

根据土壤墒情及时滴灌，一般前期每5 d灌水1次，以每次25 m^{3}为宜。定苗后每2周滴灌1次，总共进行5次左右。冬季停止滴灌。结合灌溉进行施肥，苗高20 cm时，随滴灌施入2～3 kg尿素。

6.2.2.6　造林

造林地宜选择土质肥沃、保水保肥的平地或缓坡地块。造林前1个月整地，干旱地区应在栽植前3个月整地。采用穴状整地，长×宽×深分别为60 cm×60 cm×60 cm。表层土与底层土分开放置。秋冬季苗木落叶后或早春苗木发芽前均可栽植，栽植前将苗木根系浸水2～3 d。栽植密度根据造林类型不同有差异，乔灌混交林中白蜡密度90～120株/hm^{2}为宜；灌木林中白蜡密度以900～1 275株/hm^{2}为宜；纯白蜡林中以株距×行距为2 m×3 m，密度以1 650株/hm^{2}为宜。

造林时，栽植穴底部应先施基肥，回填表土后进行栽植。栽植时苗木要竖直，根系舒展，深浅适当。填土一半后要提苗踩实，再填土踩实，最后覆虚土，浇水。定植后连续浇2～3次水，以后视墒情而定，每次浇水后封土。苗木生根后，及时追肥2～3次，一般每次施尿素225～300 kg/hm^2、磷酸二铵300 kg/hm^2。

6.2.2.7　病虫害防治

紫纹羽病用25%多菌灵500倍液或20%石灰水在栽植前浸根30 min。白蜡梢距甲成虫发生期喷洒50%乐果乳油2 000倍液。云斑白条用80%敌敌畏乳油100倍液蘸棉球塞入虫孔，或用50%乐果1 000倍液注入虫道进行毒杀。盲蝽可选用90%敌百虫晶体800倍溶液、20%吡虫啉乳油3 500倍溶液，每10 d左右喷1次。黄斑蝽象喷施10%吡虫啉可湿性粉剂4 000倍液＋40%毒死蜱乳油2 000

倍防治，每15 d左右喷1次。青叶蝉可在产卵和孵化盛期，喷洒50%敌敌畏2 500 ~ 3 000倍液，或喷40%乐果乳剂2 000倍液防治。

6.2.2.8　采收

栽后5 ~ 8年，树干直径达15 cm以上时，于春、秋两季剥取树皮，切成30 ~ 60 cm长的短节。拣去杂质，洗净，润透后切块或切段，晒干。

参考文献

阿衣木古·热孜克，2021. 沙棘标准化栽培技术[J]. 农家参谋（18）：167-168.

柏志，2021. 银杏栽培技术要点及主要病虫害防治措施[J]. 特种经济动植物，24（9）：70-71.

鲍永喆，王维俊，范敬龙，等，2020. 水葱与香蒲对微咸水中TN、TP、Pb及Cd的去除率研究[J]. 环境保护科学，46（5）：81-86.

毕胜，李桂兰，闫龙民，等，1996. 山东香附及栽培管理技术[J]. 特产研究（2）：60.

陈大霞，张雪，伍晓丽，等，2019. 不同栽培调控措施对西南中山地区玄参产量的影响[J]. 中国现代中药，21（4）：482-486.

陈美清，2017. 建瓯市莲子丰产栽培及配方施肥技术[J]. 南方农业，11（17）：6-7.

陈培育，强学兰，余行简，等，2022. 南阳艾高产栽培技术[J]. 黑龙江农业科学（1）：119-121.

陈水根，何清泰，刘红梅，等，2003. 茵陈草高产栽培技术[J]. 江西农业科技（4）：17-18.

陈晓丽，崔旭盛，陈爱萍，等，2012. 盐碱地苦豆子栽培技术规程[J]. 中国现代中药，14（4）：43-44.

崔建军，董生健，2019. 柴胡秋季规范化种植技术[J]. 新农业（19）：28-29.

崔宁，高婷，孟祥霄，等，2018. 北沙参无公害栽培技术体系研究[J]. 世界中医药，13（12）：2 956-2 961，2 968.

邓玲姣，邹知明，2012. 三叶鬼针草生长、繁殖规律与防除效果研究[J]. 西南农业学报，25（4）：1 460-1 463.

董昕瑜，2017. 地稍瓜栽培管理[J]. 特种经济动植物，20（12）：46-47.

杜渐，2020. 道真县玄参规范化种植管理技术及病虫害防治[J]. 农家参谋（16）：78.
杜云飞，陈海燕，孔宪伟，2019. 牛蒡高产高效栽培技术[J]. 科学种养（3）：23-24.
段彩红，2018. 浅谈无公害苦参的栽培技术[J]. 农家参谋（11）：78.
段腾飞，张卉，李鹏，2011. 苍耳子栽培技术及药用价值分析[J]. 现代农村科技（6）：13.
段银昌，袁向前，叶艳涛，等，2015. 合欢树的栽培管理与园林应用[J]. 现代农村科技（12）：48-49.
樊继欣，徐可富，王国梁，2022. 银杏叶GAP基地规范化种植技术[J]. 山东林业科技，52（3）：98-99，97.
范振涛，2008. 广西壮族自治区青蒿生态适宜性等级区划研究[D]. 北京：首都师范大学.
封海东，周明，张文明，等，2017. 鄂西北地区北柴胡高效实用人工种植技术[J]. 湖北农业科学，56（24）：4 821-4 823.
冯潮芳，2001. 益母草种植技术要点[J]. 新农村（6）：11-12.
冯慧敏，王亚玲，秦荣，等，2021. 大兴安岭地区金莲花高产栽培技术方法[J]. 现代农业研究，27（12）：113-114.
符致坚，林盛，蔡坤，等，2016. 香附生产栽培技术标准化规程[J]. 安徽农业科学，44（2）：156-157，187.
甘会成，2020. 山杏育苗栽培与造林管理技术[J]. 农业工程技术，40（35）：37，39.
高辉，陈彦珍，王亚军，等，2022. 宁南山区枸杞栽培现状与发展对策[J]. 安徽农学通报，28（5）：67-69.
高振，2019. 大庆板蓝根高产栽培技术[J]. 中国农业文摘：农业工程，31（1）：74-76.
葛朝伦，张刚，徐晓琴，2012. 不同产地的骆驼蓬总生物碱类化合物含量变化研究[J]. 新疆中医药，30（6）：50-51.
葛廷进，吕瑞恒，王峰，等，2021. 新疆北部管花肉苁蓉栽培技术[J]. 陕西林业科技，49（3）：110-112.
耿广宇，2019. 牛蒡品种资源鉴定与高效栽培技术研发[D]. 南京：南京农业大学.

龚小林，杜一新，王海燕，2007. 败酱草高产栽培技术及利用[J]. 农技服务（8）：94-95.

缑建民，王琰，史延春，等，2020. 天水市中药材艾草驯化栽培技术初报[J]. 农业科技与信息（13）：16-18.

郭婷婷，周亚平，党文，等，2021. 传统中药阿魏的“前世”与“今生”[J]. 中草药，52（17）：5 401-5 413.

韩大勇，2005. 蒺藜驯化栽培及其生态适应性研究[D]. 长春：吉林农业大学.

韩宗贤，吴田泽，孟祥霄，等，2018. 麻黄无公害栽培技术体系和发展战略[J]. 世界科学技术-中医药现代化，20（7）：1 179-1 186.

郝伟昌，吕涛，张立欣，等，2019. 库布齐沙漠黑果枸杞栽培技术研究[J]. 种子科技，37（13）：101，103.

何伯伟，姜娟萍，徐丹彬，2020. 道地药材玄参和前胡生产技术[J]. 新农村（11）：22.

何彩，戴建昊，刘伟，等，2021. 荒漠区黑果枸杞造林及人工栽培种源筛选[J]. 经济林研究，39（2）：90-96.

侯成祥，2021. 陕北地区中药材远志种植现状与技术要点[J]. 农业工程技术，41（26）：89，93.

候传波，李吉峰，2004. 泽兰的生物学特性及栽培技术[J]. 中国林副特产（2）：17.

黄福先，2012. 车前高产栽培技术[J]. 科学种养（9）：19.

黄璐琦，张小波，2021. 全国中药材生产统计报告[M]. 上海：上海科学出版社.

黄鹏，燕新洪，1995. 水飞蓟栽培技术[J]. 北方园艺（1）：56.

黄文学，周瑜，穆琴，2022. 水烛香蒲栽培管理技术研究[J]. 种子科技，40（5）：55-57.

黄永耀，2005. 败酱草的人工栽培技术[J]. 农业新技术（3）：14.

黄永耀，2005. 败酱草特征特性和人工栽培技术[J]. 四川农业科技（6）：15.

及华，张海新，王琳，等，2022. 黄芪优质高产种植技术[J]. 现代农村科技（10）：25，12.

纪花蕊，王建广，2019. 蛇莓盐碱地引种适应性及应用探究[J]. 现代园艺（8）：129-130.

季梦成，石庆华，谢国强，等，2003. 澳大利亚牧草引种栽培初报[J]. 湖南农业大学学报（自然科学版）（5）：383-384，393.
蒋渭平，2021. 银杏栽培技术[J]. 现代农机（4）：95-96.
蒋运生，漆小雪，陈宗游，等，2007. 黄花蒿人工栽培中存在的主要问题及其对策[J]. 时珍国医国药（9）：2 184-2 185.
焦春艳，2021. 黄芩栽培技术[J]. 特种经济动植物，24（10）：46-47.
雷海英，王玺，王玉庆，等，2017. 苦参复合种植类型比较分析[J]. 山西农业科学，45（11）：1 782-1 785.
李保国，2022. 新时代下盐碱地改良与利用的科学之路[J]. 中国农业综合开发（1）：8-9.
李道明，庞永辉，2014. 寒地北苍术种植技术研究[J]. 农村实用科技信息（7）：4.
李东，孙德超，胡艳玲，2013. 芦苇的栽培与管理[J]. 湿地科学与管理，9（2）：42-44.
李浩男，翟勇，赵艳，等，2020. 割茎对北柴胡根部产量的影响[J]. 山西农业科学，48（7）：1 041-1 043.
李金华，2018. 小叶白蜡栽培技术探讨[J]. 农村科学实验（18）：83-84.
李库，2016. 牡丹江地区赤芍类野生植物人工种植技术[J]. 科技创新与应用（28）：286.
李漓，周小江，袁志鹰，等，2020. 不同种植方式对玄参产量及质量的影响[J]. 时珍国医国药，31（1）：189-191.
李品汉，2013. 大车前草的特征特性和栽培技术[J]. 科学种养（12）：18-19.
李香串，吕鼎豪，李震宇，等，2022. 不同套种模式北柴胡的化学差异研究[J]. 中国野生植物资源，41（1）：1-8.
李新，兰丽薇，2016. 食药兼用植物泽兰的价值及栽培技术[J]. 现代农业（10）：3.
李雪梅，冯军仁，田晓萍，等，2022. 高海拔冷凉区大果枸杞绿色栽培技术[J]. 现代农业科技（17）：138-142.
李艳，2013. 芦苇栽培试验研究[J]. 现代农业（7）：6-7.
李艳芳，2022. 浅谈大果沙棘的繁育及栽培技术[J]. 特种经济动植物，25（8）：96-98.
李昭日格图，萨仁格日乐，等，2017. 道地蒙药材苦参种植技术研究[J]. 中国民族医药杂志，23（6）：48-49.

廖丽霞，2017. 杨树林下经济车前草的栽培模式探析[J]. 现代农业科技（19）：154，156.
廖明晶，2021. 盐胁迫下多枝柽柳对TN、TP、Pb和Cd的去除研究[D]. 乌鲁木齐：新疆农业大学.
林艳芝，杨立柱，2009. 紫花地丁的栽培与应用[J]. 河北农业科学，13（4）：75，83.
林忠宁，陈敏健，刘明香，2012. 铁苋菜的特征特性及栽培技术[J]. 现代农业科技（6）：147，151.
凌祚勇，2021. 黄芪高产种植技术[J]. 农业知识（20）：18-19.
刘蓓蓓，郭双喜，万定荣，等，2020. 艾草规范化种植技术[J]. 亚太传统医药，16（12）：67-70.
刘冰，2012. 碗莲种植全攻略（上）——莲子播种与幼苗养护[J]. 中国花卉盆景（4）：26-28.
刘和平，王鹏，2020. 板蓝根规模化种植技术[J]. 农家参谋（1）：124.
刘尚廷，2021. 山杏苗木栽培种植技术分析[J]. 农家参谋（24）：142-143.
刘小花，2022. 坝上金莲花高效栽培技术[J]. 现代农村科技（3）：38-39.
刘亚亚，罗康宁，张秀丽，等，2022. 不同栽培方式对直播酸枣种苗生长指标的影响[J]. 甘肃农业科技，53（5）：63-67.
刘燕燕，2019. 梭梭人工造林及肉苁蓉人工栽培技术[J]. 乡村科技（35）：98-99.
刘长武，滕孝花，何广仁，等，2019. 旋覆花栽培技术及应用价值[J]. 特种经济动植物，22（8）：35，39.
卢晶，宋展树，刘秀丽，2022. 陇东地区秦艽高效栽培技术[J]. 农业与技术，42（7）：98-100.
陆媚，2019. 银叶金合欢的栽培技术措施研究[J]. 农家参谋（17）：47.
路洪顺，2001. 龙牙草的利用价值及其栽培技术[J]. 中国野生植物资源（4）：45-52.
骆文福，2003. 印度蔊菜栽培技术[J]. 四川农业科技（10）：16-17.
吕云生，吕海波，2012. 芦苇的高产栽培技术[J]. 农村科学实验（5）：15.
麻文婕，蔡景竹，王洪博，2022. 干旱地区知母不同栽培模式及优产技术筛选[J]. 贵州农业科学，50（4）：119-124.

马爱华，张俊慧，1999. 冬葵子和苘麻籽中无机元素含量测定及对比分析[J]. 时珍国医国药（2）：18.

马成亮，2004. 风花菜的栽培[J]. 特种经济动植物，7（4）：1.

马虎林，2019. 亚麻的栽培管理技术[J]. 世界热带农业信息（11）：21-22.

马洁，2006. 北京地区野生草本地被植物引种、筛选与利用[D]. 北京：北京林业大学.

马玖军，崔新国，王小龙，等，2006. 地稍瓜的利用和栽培[J]. 特种经济动植物（3）：30.

马潇源，郑双峰，覃雨辰，等，2014. 景观湖泊中芦苇人工栽培研究[J]. 安徽农学通报，20（6）：21-22.

马兴东，郭晔红，杜彂，等，2020. 干旱区栽培黑果枸杞光合特性和产量对施氮的响应[J]. 西北农业学报，29（11）：1 686-1 694.

马秀丽，赵刚，2022. 肉苁蓉产业现状及栽培技术要点[J]. 特种经济动植物，25（8）：150-152.

马玉萍，马回真，蒋小娟，2022. 临夏州大黄高产高效栽培技术要点及建议[J]. 农业科技与信息（15）：14-16.

满志礼，张俊生，2019. 中兽医中草药锁阳的药理作用与栽培技术[J]. 中兽医学杂志（2）：77.

孟晓松，2020. 中国柽柳品系耐盐性试验研究[D]. 秦皇岛：河北科技师范学院.

孟艳，2022. 河北邢台市酸枣育苗与栽培技术[J]. 农业工程技术，42（8）：79，81.

聂柏玲，2019. 冀北地区大蓟人工栽培技术及观赏效益[J]. 特种经济动植物，22（8）：33.

潘涛，王振学，胡信民，2018. 邹城市板蓝根优质高产栽培技术[J]. 中国农技推广，34（7）：44-45.

蒲素，2018. 鬼针草品种与培育[J]. 中国花卉园艺（10）：49.

祁欣，2022. 北苍术仿野生种植技术[J]. 天津农林科技（1）：32-34.

钱广涛，盛玮，侯俊玲，等，2021. 乌拉尔甘草无公害栽培技术体系研究[J]. 世界中医药，16（22）：3 387-3 393.

邱建声，2018. 毛竹林下黄花远志种植技术[J]. 福建林业科技，45（2）：44-48.

任红梅，2020. 苦参高产种植技术[J]. 新农业（23）：16.

尚涛，2001. 茵陈高产栽培技术[J]. 特种经济动植物（7）：28.

申晓慧，卢其能，刘显军，等，2020. 江西省道地药材车前子种植现状及高产高效配套栽培技术[J]. 黑龙江农业科学（12）：164-166.

石晓云，唐伟斌，2017. 高蛋白型蔬菜“养生酸模”山地有机栽培管理技术[J]. 现代农村科技（6）：22-23.

史月龙，袁凌峰，杨艳，等，2022. 桔梗林下高效栽培技术要点[J]. 世界热带农业信息（8）：7-9.

宋振阁，2010. 龙胆的栽培种植技术[J]. 农民致富之友（1）：20.

孙金，翁丽丽，肖春萍，等，2019. 农田前茬农药和重金属残留对北苍术药材质量产生的影响[J]. 中药材，42（11）：2 503-2 507.

孙明法，2022. 加强耐盐碱水稻研究，让盐碱地变成新粮仓[J]. 大麦与谷类科学，39（3）：1-2.

孙习良，2022. 高寒地区秦艽栽培研究[J]. 云南农业（1）：63-64.

孙晓惠，胡慧华，陆锦锐，2017. 北京及新疆产骆驼蓬中两种生物碱的含量比较[J]. 黔南民族医专学报，30（1）：1-5.

孙中义，孙哲禹，何鑫淼，等，2021. 亚麻田套种牧草养鹅——“麻—草—禽”高效种养模式及配套技术[J]. 黑龙江畜牧兽医（3）：67-69，74.

孙钟，苏慧明，石慧芹，等，2014. 野生花卉二色补血草的引种栽培试验[J]. 内蒙古农业科技（2）：84.

唐伟斌，2017. 太行山区养生酸模引种栽培技术初探[J]. 农业与技术，37（18）：71-72.

唐西斌，程方艳，2021. 中药材防风的用途和栽培技术[J]. 世界热带农业信息（12）：26.

滕雪梅，2010. 菜药兼用植物大蓟的栽培技术[J]. 北京农业（4）：17.

田曦，2021. 薄荷栽培技术要点[J]. 乡村科技，12（12）：60-61.

田兴云，刘海，张汉平，2020. 甘草人工种植的开发前景与栽培技术[J]. 农业科技与信息（21）：52-53.

妥德宝，李焕春，安昊，等，2015. 覆膜栽培对盐碱地向日葵产量及土壤盐分影响的研究[J]. 宁夏农林科技，56（7）：63-64，66.

万登辉，梁宗锁，韩蕊莲，2020. 远志规范化栽培技术及标准[J]. 黑龙江农业科学（10）：93-100.
万群芳，信小娟，赵光磊，等，2016. 大兴安岭地区赤芍生产技术[J]. 防护林科技（10）：107-108.
汪浩，冯继涛，刘晶晶，等，2017. 朱羽合欢的特性及栽培技术[J]. 现代园艺（7）：41-42.
汪玉红，2018. 北沙参无公害标准化栽培技术[J]. 农业开发与装备（4）：168-169.
王丹阳，李璐含，王祥，等，2021. 黄芩不同种源对其药材品质的影响[J]. 中草药，52（7）：2 091-2 098.
王丹阳，王祥，安佳，等，2022. 不同种植深度和密度对黄芩药材质量的影响[J]. 陕西农业科学，68（5）：35-40.
王国强，张天柱，陈小文，等，2020. 空中牛蒡栽培管理技术[J]. 长江蔬菜（11）：15-16.
王海平，202. 中草药黄芪栽培技术分析[J]. 农家参谋1（3）：43-44.
王娇，2022. 甘肃靖远枸杞栽培管理技术[J]. 特种经济动植物，25（9）：118-119，125.
王秋萍，王志刚，2020. 甘草高产高效栽培技术[J]. 科学种养（7）：22-24.
王佺珍，刘倩，高娅妮，等，2017. 植物对盐碱胁迫的响应机制研究进展[J]. 生态学报，37（16）：5 565-5 577.
王小龙，祁宗峰，陈叶，2006. 特菜地稍瓜栽培要点[J]. 西北园艺（蔬菜）（2）：15-16.
王晓云，2006. 菟丝子种植技术[J]. 安徽农学通报（11）：139.
王晓云，2006. 中药苍耳的药用及栽培[J]. 人参研究（4）：37.
王秀丽，关星林，2019. 麻黄人工栽培技术[J]. 内蒙古林业调查设计，42（2）：19-21.
王亚玲，冯慧敏，秦荣，等，2021. 大兴安岭地区防风栽培方法的探索[J]. 现代农业研究，27（7）：108-109.
王艳，2021. 防风种植技术及经济效益分析[J]. 特种经济动植物，24（7）：35-36.
王颖，2021. 金莲花规模化种植优质高产栽培技术[J]. 农业科技通讯（2）：287-289.
王玉兰，2015. 浅谈亚麻的种植技术[J]. 生物技术世界（12）：32.

王玉珍，2013. 盐碱地中草药——茵陈蒿选育栽培技术[J]. 农民致富之友（2）：103.

王振学，胡信民，2018. 薄荷绿色优质高产栽培技术[J]. 科学种养（6）：22-23.

王之国，2019. 板蓝根种植技术及效益分析[J]. 种子科技，37（5）：101.

王志民，2019. 桔梗种植关键技术[J]. 江西农业（8）：13.

王遵亲，祝寿泉，俞仁培，1993. 中国盐渍土[M]. 北京：科学出版社.

魏博娴，2012. 中国盐碱土的分布与成因分析[J]. 水土保持应用技术（6）：27-28.

魏学军，林先燕，李雪营，等，2014. 不同采收期和部位的黔产铁苋菜中没食子酸和总黄酮的含量[J]. 华西药学杂志，29（5）：580-582.

魏玉蓉，2019. 濒危民族药新疆阿魏分布的环境需求及适生区研究[D]. 石河子：石河子大学.

温之雨，及华，王琳，等，2021. 北苍术优质高产种植技术[J]. 现代农村科技（2）：1.

吴峰琪，崔业桃，2001. 菟丝子的利用前景及种植技术[J]. 上海农业科技（5）：94.

吴刚，2010. 野生苦豆子人工栽培技术[J]. 新疆农业科技（5）：28.

谢雪帆，2021. 浅析麻黄种植技术与栽培管理[J]. 新农业（14）：31.

邢绍周，1978. 苘麻籽与冬葵子[J]. 中医药学报（3）.

熊志凡，2004. 草决明高产栽培技术[J]. 农村实用技术（10）：21-22.

徐建中，王志安，俞旭平，等，2006. 不同来源地的益母草种源种植比较试验[J]. 时珍国医国药（11）：2 130-2 131.

徐建中，王志安，俞旭平，等，2006. 益母草GAP栽培技术研究[J]. 现代中药研究与实践（4）：8-11.

徐立，2002. 紫菀高效栽培技术[J]. 北京农业（3）：19.

徐若宁，赖晓辉，2022. 新疆阿魏人工栽培条件比较[J]. 现代农业科技（11）：48-51.

徐文栋，郎增明，李春兰，2020. 天祝藏区大黄设施高效栽培技术及病虫害防治方法[J]. 种子科技，38（17）：35-36.

徐文华，2017. 青海道地药材大黄种植技术集成与示范[D]. 西宁：中国科学院西北高原生物研究所.

徐晓丽，杨青山，章鹏飞，等，2021. 东方香蒲生态适宜性区划研究[J]. 中国中医药信息杂志，28（8）：1-4.
许小静，2015. 紫花地丁的栽培技术与推广应用[J]. 北京农业（20）：95-96.
许艳梅，吕彤，2022. 勃利县蓝靛果—赤芍高效栽培技术模式[J]. 中国农技推广，38（5）：55-56.
薛志斌，2014. 远志绿色种植技术[J]. 农业技术与装备（9）：53-55.
阎海平，1994. 种植向日葵能改良盐碱地[J]. 农业科技信息（8）：39.
杨立科，2007. 不同水肥条件对二色补血草苗期生长影响的研究[D]. 呼和浩特：内蒙古农业大学.
杨莉，2007. 主要生态因子对中药蒺藜质量影响的研究[D]. 长春：吉林农业大学.
杨雁，石瑶，田浩，等，2019. 不同林药复合种植模式滇龙胆有效成分含量研究[J]. 西南农业学报，32（6）：1 273-1 277.
杨志莹，单娜娜，邵华伟，等，2018. 固体液体有机肥在盐碱地上种植哈密瓜的配施技术规程[J]. 新疆农业科技（3）：15-16.
叶舜，2019. 火龙果园生草栽培效应研究[D]. 福州：福建农林大学.
伊力亚斯·谢力甫，李荫秀，彭云承，2022. 伊犁河谷红花高产栽培技术[J]. 新疆农垦科技，45（3）：17-18.
佚名，1977. 紫菀栽培[J]. 上海农业科技（S2）：18.
佚名，2021. 红花增产增效栽培技术[J]. 致富天地（9）：62-63.
佚名，2022. 知母栽培技术[J]. 农村·农业·农民（A版）（4）：52-54.
易骏，梁康迳，林文雄，2013. 规范化种植因素对建莲子产量与质量的影响[J]. 福建中医药大学学报，23（4）：35-38.
尤宏娟，2016. 龙胆草的生物特性及种植技术[J]. 吉林农业（14）：107.
于丹英，王敏珍，2021. 商洛桔梗高产栽培技术[J]. 西北园艺（综合）（3）：53-54.
于得才，王晓琴，李彩峰，2014. 北沙参种植技术与药材品质研究现状[J]. 中国民族医药杂志，20（10）：58-60.
于德花，2009. 二色补血草的耐盐性研究[J]. 武汉植物学研究，27（5）：522-526.
于德花，2010. 黄河三角洲盐渍土二色补血草栽培技术[J]. 农家参谋（种业大观）（1）：43.
袁晓倩，2019. 旋覆花和条叶旋覆花氮磷钾配方施肥效应研究[D]. 南京：南京农业大学.
袁晓倩，郭巧生，王长林，等，2019. 氮磷钾配方施肥对旋覆花生长及化学成分含量的影响[J]. 中国中药杂志，44（15）：3 246-3 252.
袁永年，俞发正，王雪玲，等，2011. 野生锁阳人工驯化栽培技术[J]. 现代农业（10）：11.
云雪雪，陈雨生，2020. 国际盐碱地开发动态及其对我国的启示[J]. 国土与自然资源研究（1）：84-87.
张立华，2006. 内蒙古向日葵生产的现状及发展对策[D]. 呼和浩特：内蒙古农业大学.
张丽娟，刘玉艳，杨爱颖，2014. 二色补血草生长发育规律及利用研究[J]. 河北旅游职业学院学报，19（1）：67-69.
张林，2020. 柽柳栽培繁育技术与管护[J]. 河南农业（17）：32-33.
张龙，2018. 知母高产栽培技术[J]. 河北农业（5）：17-19.
张淑丽，2014. 水飞蓟发状根培养体系的建立及其有效成分的评价[D]. 长春：吉林农业大学.
张桐，张艳华，杨嵌倩，等，2021. 高品质黄芩规范化种植技术[J]. 陕西农业科学，67（12）：89-92，100.
张晓静，2021. 甘肃黄芪栽培技术及发展前景[J]. 种子科技，39（16）：48-49.
张钰，2021. 山杏营养杯育苗及造林技术要点分析[J]. 农村实用技术（8）：68-69.
张云丽，2016. 小叶白蜡栽培管理[J]. 中国花卉园艺（12）：50-51.
赵金鹏，张亚菲，张玲，2019. 野生紫花地丁的人工栽培技术研究及在高校校园利用价值评价[J]. 南方农业，13（20）：45-47.
赵可夫，周三，范海，2002. 中国盐生植物种类补遗[J]. 植物学通报（5）：611-613，628.
赵志刚，罗瑞萍，姬月梅，等，2015. 中药材菟丝子形态特征及栽培效益评价[J]. 宁夏农林科技，56（10）：9-10，12.
郑东方，陈鑫伟，吕树立，等，2021. 商丘地区中药材红花优质高产栽培技术简介[J]. 南方农业，15（22）：65-67，100.
周灿如，2022. 沙棘栽培技术要点[J]. 南方农业，16（4）：69-71.
朱卫平，2003. 野生黄花蒿的引种驯化和高青蒿素含量栽培品种选育目标性状的研究[D]. 长沙：湖南农业大学.
朱聿利，张永强，郭岐军，2011. 泽兰人工栽培技术[J]. 国土绿化（7）：47.
朱赟，2019. 上海地区滩涂盐碱地概况及其改良研究进展[J]. 现代农业科技（23）：168-169.
朱智慧，张媛媛，孟祥霄，等，2019. 大黄无公害种植体系探讨[J]. 世界科学技术-中医药现代化，21（4）：801-807.
祝丽香，2004. 蛇莓[J]. 植物杂志（1）：17.
佐艳，古丽孜亚，2008. 小叶白蜡生物学特性及栽培技术[J]. 农村科技（7）：78.
Zhao X Y，Bian X Y，Li Z X，et al.，2014. Genetic stability analysis of introduced *Betula pendula*、*Betula kirghisorum*，and *Betula pubescens* families in saline-alkali soil of northeastern China[J]. Scandinavian Journal of Forest Research，29（7）：639-649.

甘　草

麻　黄

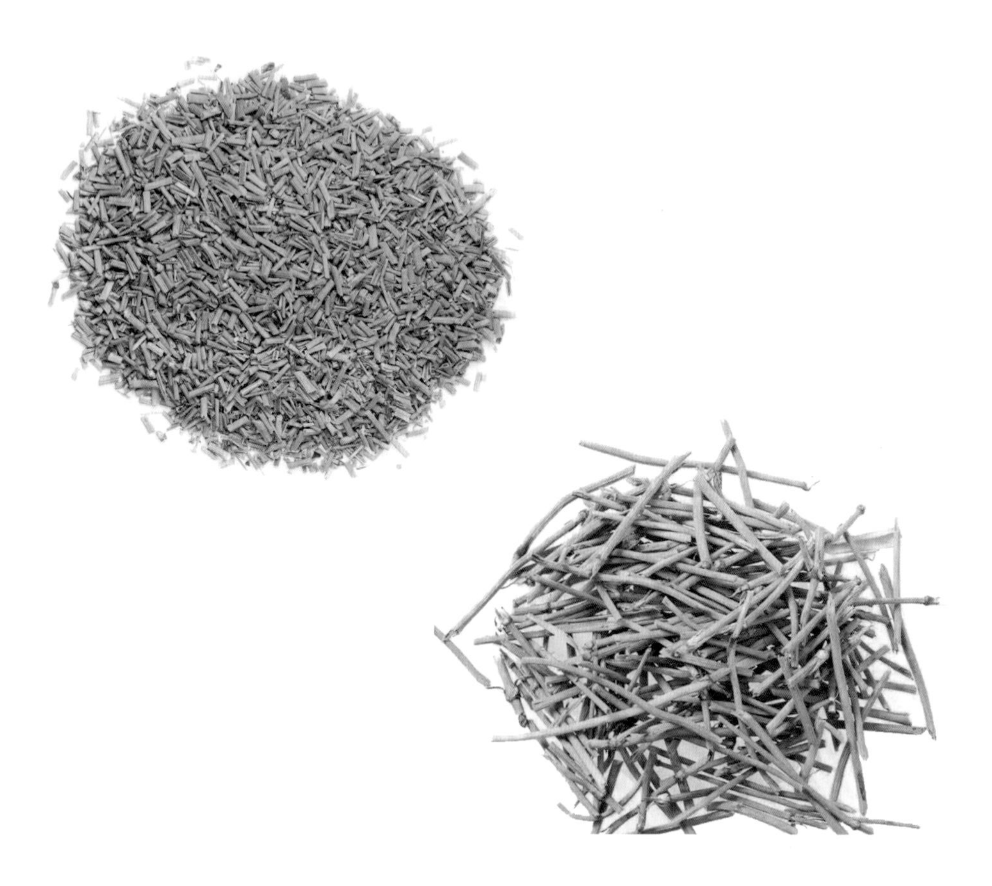

防　风

黄　芪

赤 芍

桔　梗

芦 苇

北柴胡

党 参

北苍术

黄　芩

知　母

龙 胆

肉苁蓉

锁 阳

益母草

阿　魏

沙 棘

枸 杞

沙 枣

酸枣仁

苦豆子

苦杏仁

秦　艽

金莲花

秦　皮

决 明

柽　柳

罗布麻

金银花